# 電子工作工具
## 活用ガイド

加藤芳夫 著

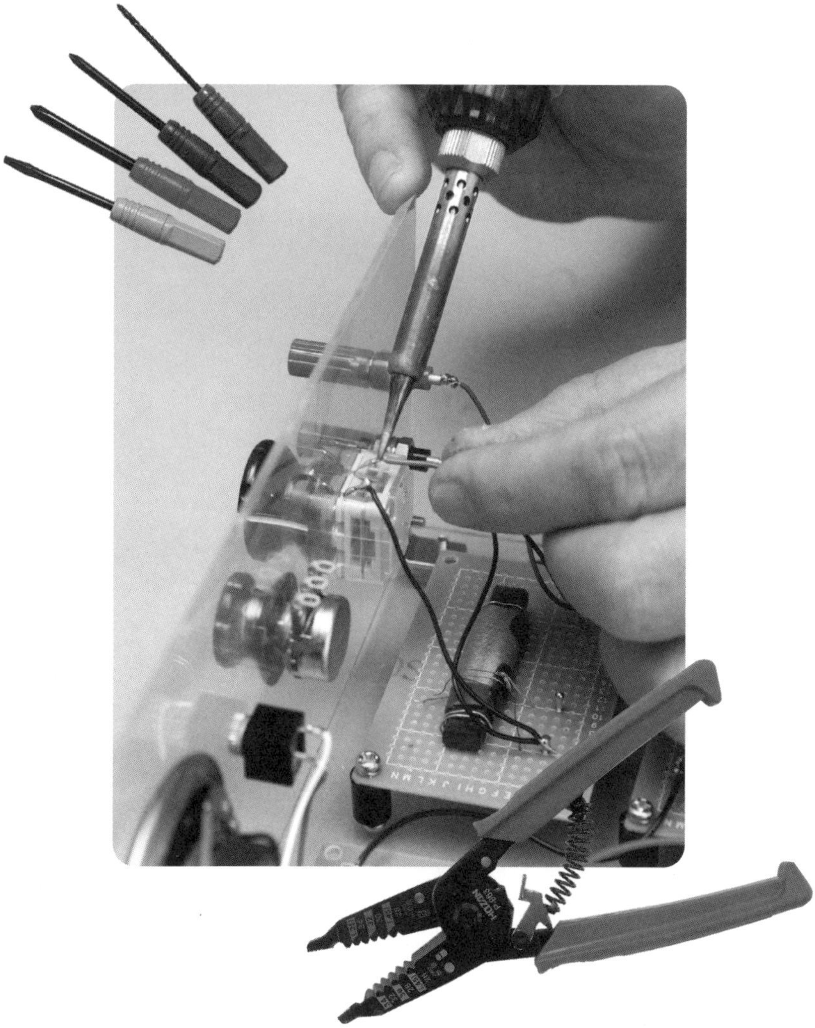

電波新聞社

# はじめに

電子工作は頭と指先を使って「もの作り」をするという趣味で、知的な趣味といわれています。製作する回路や作り方の方法など、いろいろなことを考えて試行錯誤を繰り返し、そして工具を使うために指先を使うことから脳の活性化が行われ、老化防止や思考力の増強につながるのではないかと常々勝手に考えていて、これまで何十年にもわたって作っては壊し、壊しては作っての繰り返しが続いています。筆者が考えているほど本当に老化防止や思考力の増強といった効果があるかどうか定かではありませんが、いまだもってきっぱりとやめることができないのは何らかの効果があるのではないか、あるいは電子工作中毒にかかっているのかなと思ったりしています。どちらかというと後者の症状が強いので、本当に中毒なのかもしれません。

かといって、今のところこれに効く解毒剤は見つかっていないので、しばらくの間は中毒症状が続くのではないでしょうか。世の中には中毒症状といわれるものが多くありますが、電子工作中毒は決して凶暴になるわけでもなく、身体が蝕まれていくわけでもないので解毒剤を探す必要性はないかもしれません。

ただし、休日ともなると部屋に閉じこもり、食事のときだけ家族と顔を合わせるというのは、いささか気が引けています。また、実用的で家族から感謝されるようなセットはなかなか製作できません。しょせん趣味の世界だからと自分自身にいい聞かせ、家族へは弁解がましいことをいいつつ、今日も電子工作にいそしんでいます。

さて、本書は、工作用工具の使い方を解りやすくするために3コマ・イラストなどを多用し、それに解説を加えることで電子工作の基本がわかるものにしました。

本書で紹介している工具は、ごく一般的なものです。筆者が日常使用しているものを、どんなときにどのように使うのかを紹介したもので、マニアックな工具の説明ではありません。写真で紹介している工具は筆者が日常使っているものがほとんどで、中には塗装が剥がれたり傷が付いていたり「なんでこなんものを」とお思いになるかもしれませんが、何十年も使い続けてそれなりに年季が入っている使い慣れた工具なのです。よい工具は「一生もの」と呼ばれます。大切に取り扱い、また十分な手入れをすることで長持ちさせ、自分の手に馴染むように使いこなすのが工具に対する愛情なのです。

電子工作を始めたいが、どこからから手を付けたらよいのかわからない、また回路図からどうすれば目的のものを作り出すことができるのかなど、多くの疑問をお持ちの方がたくさんおいでになるようです。確かに平面的な回路図と呼ばれる図面から立体的な形をした、しかも多くの機能を持ったものを作り出すのにはそれなりのノウハウが必要なのは当然でしょう。電子工作のノウハウは意外と奥が深く、一朝一夕で習得できるものではありません。よく使われる言葉に「継続は力なり」がありますが、正にいろいろな経験や失敗を繰り返しながら「継続」していくことが肝要なことなのです。

電子工作にはよいことばかりではなく、いくつかのリスクが付きものです。たとえば、高価な部品が一瞬にして壊れる経済的損失、そして長時間かけて挑戦したのに結果的には目的のものが完成しない時間的損失などがその一例です。これらのリスクは当然、自己責任の範囲であるという自覚が必要であることを十分に理解しておくことです。

これから電子工作を始める人や、これまで仕事や子育てに追われて長い間休止していた人が定年を迎えて十分な時間がとれ、また経済的な余裕ができたので再び楽しい電子工作に挑戦しようとする人など、多くのみなさんに本書が参考になれば望外の幸せです。そして電子工作を趣味とする層が厚くなって、電子工作中毒が蔓延することを期待しています。

最後に、本書の編集に多大なご尽力をいただいた（株）QCQ企画　宮本洋次氏に厚く御礼申し上げます。

平成20年5月

加藤芳夫

# 電子工作工具活用ガイド
# CONTENTS

## 第1章　知的な趣味　電子工作のススメ



## 第2章　電子工作用工具の使い方

## 第3章 電子工作に大切な「ハンダ付け」



## 第4章 ケースの塗装と非金属の接着

## 第5章　あるとさらに便利な工作用工具

## 第6章　電子工作を実践で学ぶ　真空管式レフレックスラジオの製作

第1章

# 知的な趣味　電子工作のススメ

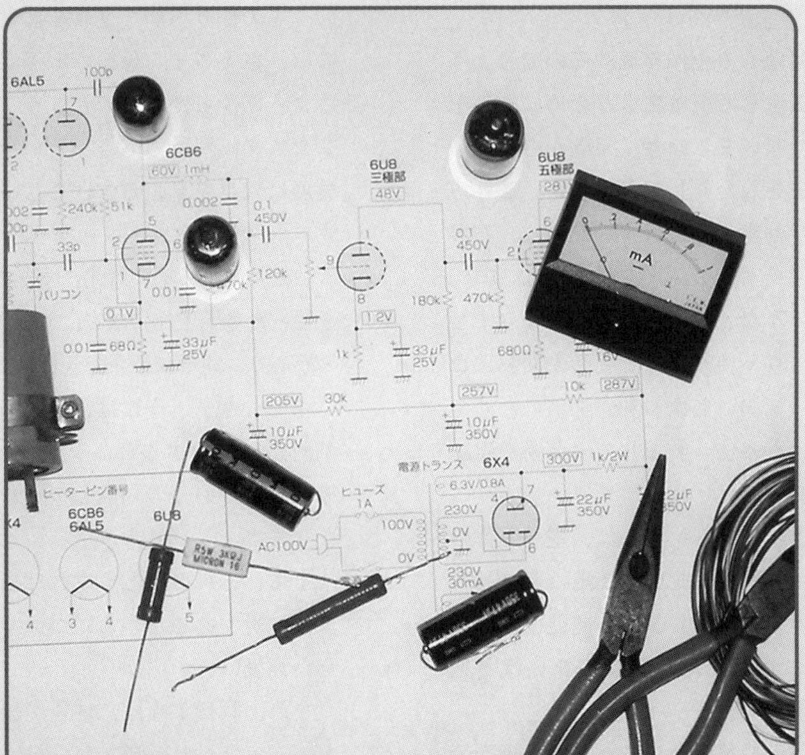

第1章
# 知的な趣味　電子工作のススメ

この章では電子工作を趣味として始めるにあたり、基本的な考えや必要とする初歩的な知識などについて説明します。また、どのような工具を揃えておけば、取りあえずの電子工作に対応できるかなどについても説明します。そして電子工作の工具ではないのですが、完成したセットの性能をチェックするための測定器についても簡単に説明します。高級な測定器があるのにこしたことはありませんが、これらはたいへん高価なので趣味としての範囲を超えてしまいますので、簡易測定器ながらテスター一つ揃えるだけでもずいぶんと重宝します。

## 1　なぜ電子工作か

なぜ、人間はものを作り続けるのでしょうか。人類が誕生した頃は生きるためにものを食べ、洞窟で寒さをしのぎ、天敵から身を守るための工夫をしたりしてきました。これらのことをより効率よく実行するために、石器を作ったり家を作ったり作物を作ったりし、そしていろいろな「もの作り」が始まりました。ものを作り、使うことで生活が便利になるにしたがって潤いも備わり、生活のためだけではない「もの作り」としての芸術や趣味の世界が始まりました。

このような歴史から比べれば、電子工作の「もの作り」の歴史はまだまだ浅いといってもよいでしょう。しかし、その発展度は生活のもの作りに対して比較にならないほど速く、そして高度になっています。

電子工作が一般的になってきたのは真空管が発明されてからで、真空管の整流・検波作用や増幅作用などで電波の扱いがたいへん身近になったからだと思います。

無線通信から始まった電波の利用も、ラジオ放送で一般の人たちに情報を伝える手段が飛躍的に発達し、リアルタイムでの情報伝達が可能となりました。

しかし、この頃は実用に供する「もの作り」でしたが、そのあとにはしだいに趣味としての「もの作り」がなされるようになってきたのは、さまざまな種類の電子部品が供給されるようになったからでしょう。真空管やトランジスタに続いてIC、LSIといった電子部品の発展には目を見張るすばらしいものがあります。

したがって、その時代にマッチした電子部品を使った電子工作には実にさまざまな種類のものがあり、簡単に紹介できないくらいです。

さて、電子工作には、それにマッチした電子回路に使用する部品を使うわけですから、それらについての知識とテクニックが必要になります。

では、それにはどうすればよいのか、電子工作に対することがらについて簡単に説明したいと思います。

なお、**写真1-1**は、筆者が数多く製作したセットのほんの一例です。

このように作っては壊し、そして壊しては作り、これまで数多くの電子工作を楽しんできました。気に入ったものはなかなか処分しづらく、部屋の中に所狭しと置いてあるため、家族からはひんしゅくを買っていますが、それにもめげず、毎日製作にいそしんでいます。

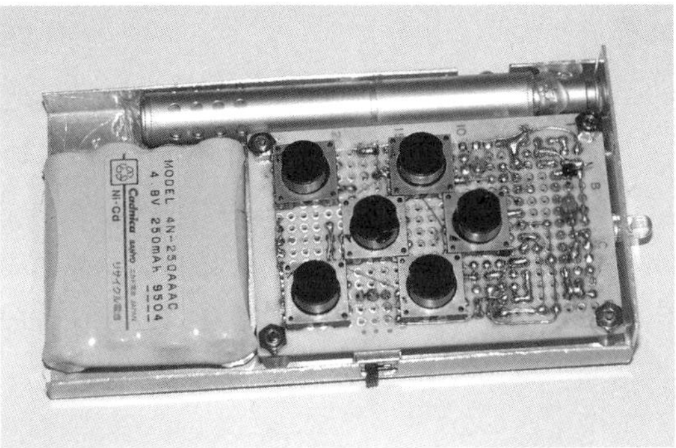

レーザーポインター付きリモートマウス

0-V-2ラジオ

定電圧電源

自動常夜灯

ミニパワーメーター

アンテナカップラー

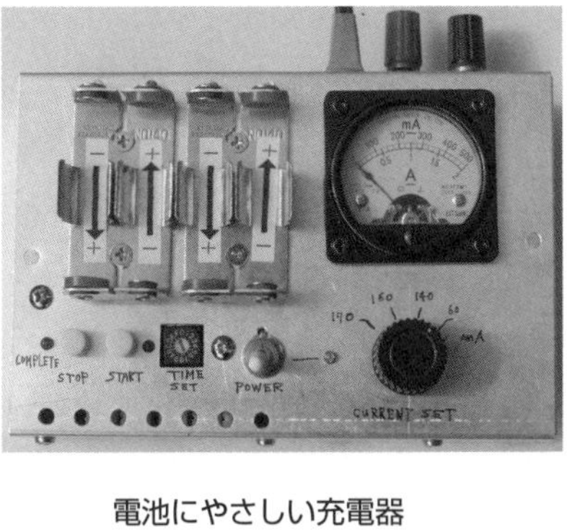


電池にやさしい充電器

並三ラジオ

写真1-1　筆者がこれまでに製作したいろいろな電子工作セットの一例

# 2　電子工作の基本

## 2.1　趣味としての電子工作

趣味には受動的なものと能動的なものがあると思います。静かに音楽を鑑賞したり、絵画を鑑賞したりするのは受動的な趣味で、スポーツをしたり、ものを作ったりするのは能動的な趣味といえるでしょう。

電子工作は、このようなことから能動的な趣味といえます。

趣味としての電子工作の醍醐味は、何といっても市販品にない独創性に富んだオリジナリティのあるものを考えたり、作ったりすることです。そして工作品が完成し、うまく動作したときの喜びは、「もの作り」を支える原点でしょう。趣味として末永く電子工作を楽しむためには、それに必要とされる基本的な知識とテクニックを備えておくことが大切です。

## 2.2　実用的な電子工作はなかなかむずかしい

実用的な電子工作といっても、しょせんは趣味の世界のことですからあまり期待してはいけません。うまくいけば実用になるくらいに考えておきましょう。

自作すると安価にできるということは決してありません。これは当然のことで、部品を単品で購入したり、ちょっと凝った部品を使ったり、ましてはレア部品など使ったりしたらたいへん高くつきます。家電工場で部品の大量発注、大量生産されて安価に提供される製品と比較すること自体がナンセンスなことです。自作品では当然のことながら設計、製作、そして試験などに費やす時間的な費用は度外視しています。このようなことから、あくまで「趣味としての電子工作」なのだ、という気持ちでいるのがよいでしょう。

## 2.3　電子工作で得られるもの

電子工作で得られるもので一番すばらしいものは、何といってもやはり「感動」です。苦労して作ったセットからすばらしい音で音楽が聴けたり、設計どおり動作したりしたときは、その苦労も吹き飛んでしまうほど感動するものです。

筆者は山登りやマラソンを楽しみますが、電子工作の感動は重い荷物を背負って山頂に着き、すばらしい展望やきれいな高山植物との出会い、またマラソンでの42.195キロを走り終わったときの感動にもよく似ています。これらは決して楽な道のりではなく、いずれも途中に苦労が付きものです。

電子工作にも失敗や挫折が付きもので、それを乗り越えてはじめて感動が味わえるのです。失敗や挫折を恐れてはいけません。それらを経験することで、いろいろなノウハウが身に付いていきます。これも、電子工作で得られるものの一つでしょう。

# 3　電子工作に必要なもの

電子工作を始めるときは、最低限揃えておかなければならないものがあります。

ものを作るためには、組み立てに必要なハンダごてやニッパー、ドライバーなどの工作する工具が必要なのはいうまでもありません。そして、製作の過程や最終段階で作ったものが正常な動作をしているかを確認するテスターなどの測定器も必要となってきます。

ここでは、電子工作に必要なものについて説明します。

## 3.1　回路図を読む、そして必要な工具を知る

回路図は電子部品の記号と線で描かれていて、文字としては部品の値が記入されている

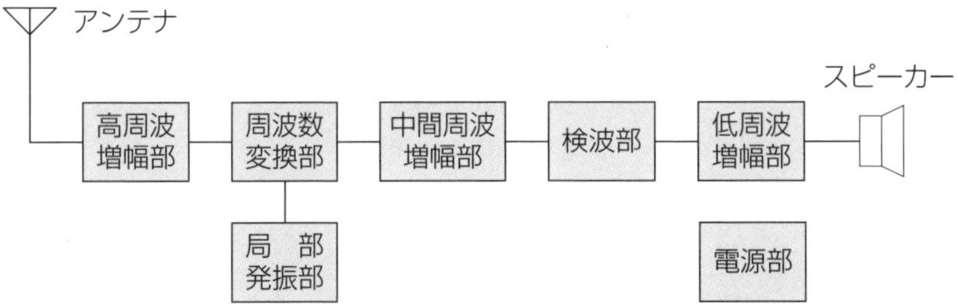


図1-1 スーパーヘテロダイン受信機のブロックダイヤグラム

程度です。本のように文字を読むところはほとんどありませんが、電子工作では「回路図を読む」とよくいわれます。これは回路図からその機器の動作、つまりその働きを理解するということです。複雑な回路図では全体を一度に読み取ることは困難なため、動作単位のブロックに分けると読みやすくなります。

たとえば、スーパーヘテロダイン方式のラジオでいえば**図1-1**に示すように高周波増幅部、周波数変換部、局部発振部、中間周波増幅部、検波部、低周波増幅部、そして電源部とそれぞれのブロックに回路を分けてその回路の働きを理解し、構成部品や信号の流れなどを理解します。

この部分を図式にしたものがブロックダイヤグラムと呼ばれる図面で、その機器の全体構成や機能をわかりやすく表現したものです。複雑な回路図を読む前に、このブロックダイヤグラムをよく見て全体の構成などを理解することをお勧めします。自分で回路を設計する場合も、まずブロックダイヤグラムを描き、そこから詳細なものを描くとよいでしょう。

## ◆信号の流れを読む

電子回路はいろいろな信号を取り扱い、それを増幅したり変化させたりして目的の動作をさせますが、回路図の読み方（描き方も同様）も信号の流れに沿って読みます。回路図上での信号は左側から右側に流れるのが一般的です。このため、真空管やトランジスタ、そしてオペアンプなどの入力端子は回路図の左側に描きます。

コイルやボリュームの入力端子についても同様なことがいえますが、アンプなどの回路に使われる負帰還回路などの一部の信号は逆方向に向かって元に戻されたりします。また、デジタル回路ではさらに複雑に流れたり、同時に複数の信号が存在したり、これらが連携（同期）をして動作し、複雑な信号の流れとなります。したがって、これらの入力端子と出力端子の関係をしっかりと把握すれば、信号の流れを理解することができます。

## ◆回路図にない部品を読む

電子工作では、回路図には描かれていませんが、実際に組み立てる場合には必要になる部品がたくさんあります。これらのものとしては、たとえばシャーシやプリント基板、ICソケット、配線材料、ネジ類、ヒューズホルダー、ケース、ツマミ、ラグ板、そしてスペーサーなどがあります。

製作する回路図のほかに使用部品一覧表が付いていて、すべての部品が網羅されていれば、そのとおりに購入すればよいのですが、部品表がないときには、その回路に必要な部品を回路図から読み取らなければなりません。電子工作をはじめた頃にはわからなくて苦労しますが、経験を積んでいくうちに自然と必要なものを読み取る技術が備わってきます。

### ◆回路図から定格や規格を読み取る

その回路に使われている部品の品目や数だけではなく、定格や規格も同時に読み取る必要があります。

抵抗は抵抗値のほかにワット数があり、これを満たすものでなくてはなりませんし、コンデンサーについても同様に耐電圧について知らなければなりません。したがって、回路図にこれらが記入されていない場合は、その値を回路図から読み取ることが必要になります。

たとえば抵抗の場合、どのような信号や電流が流れるかを知り、必要なワット数を求めます。

コンデンサーの場合は、どのくらいの電圧が加わるのかを読み取って、その電圧に耐えられるものを使用しなければなりません。

このほかそのコンデンサーの使用目的は何かを理解することも大切で、その目的に合った種類を使用します。つまり、使用するコンデンサーの種類は電解コンデンサーなのかセラミックコンデンサーなのか、そして極性のあるものなのかなどを判断しなければなりません。また高周波回路で使用するのか、あるいは電源回路で使用するのかなどでコンデンサーの種類は違ったものになり、種類を間違うと動作しないことがあります。

配線に使用する線材は、どのくらいの電流が流れるかにより太さを決めたり、また流れる信号の種類によっても検討しなければなりません。たとえば、微弱な信号はほかの回路から影響を受けやすいのでシールド線を使用したり、高周波信号を扱う箇所には同軸ケーブルを使用します。

### ◆回路図から部品配置を決める

一般に、回路図は信号の流れに沿って描かれているため、実際に製作する場合もそれに沿って部品を配置すれば回路を流れる信号は最短距離で通ることとなり、余分な線を引き回すこともなく、安定した動作をすることになります。

余計な線を引き回すことは、その線から信号が漏れてほかの回路に影響を与えたり、ノイズを拾ったりしますので、どのような電子機器でも短く配線することが安定動作につながります。

部品の配置が決まったら、実際の配線（実体配線図）を描いてからハンダ付けをすると無駄のない配線ができます。

**図1-2**は、ゲルマラジオの回路図から必要な部品を読むためのイラストです。今まで説明した事柄をまとめると、この図のようになりますから、回路図を読むということが、いかに大切であるかおわかりになったと思います。

### ◆回路に必要な電源部を読む

電子機器を動作させるためには当然のことですが、電源が必要です。回路図に描かれた電源からその機器に必要な電圧や電流容量などを読み取ります。この回路は単一電源で動作するものか、または複数の異なる電圧やマイナスの電圧が必要かなどです。

回路図によっては電源部が省略されていて、回路図中に必要な電圧だけが描かれているものもあります。このような場合は、別に電源を用意しなければなりませんが、消費電流が少ない場合は電池に置き換えることもできるので、必要な電源部はどんなものを用意すればよいのかをよく理解することが大切です。

### ◆そして必要な工作用工具を準備する

以上のように、回路図から使用する部品が決まれば、その回路をどのような形に組み上げるのかということを考えなければなりません。

電子工作というと、たとえば真空管を使ったものでは、たいていの場合アルミニウムでできたシャーシに組み立てます。また、トラ

図1-2

**STEP.1** ゲルマラジオの回路図を読む

簡単なゲルマラジオの
回路図を描くと…

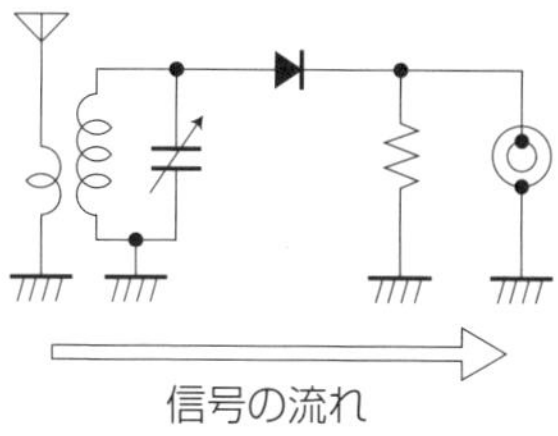


上の回路図からはアンテナから入った高周波信号がアンテナコイルを通ってバリコンの同調回路で目的の周波数を選択し、ゲルマニウムダイオードで低周波信号に変換されることが理解できる

**STEP.2**

上図では
①コイル ②バリコン ③ダイオード
④抵抗 ⑤端子
が必要なことがわかる

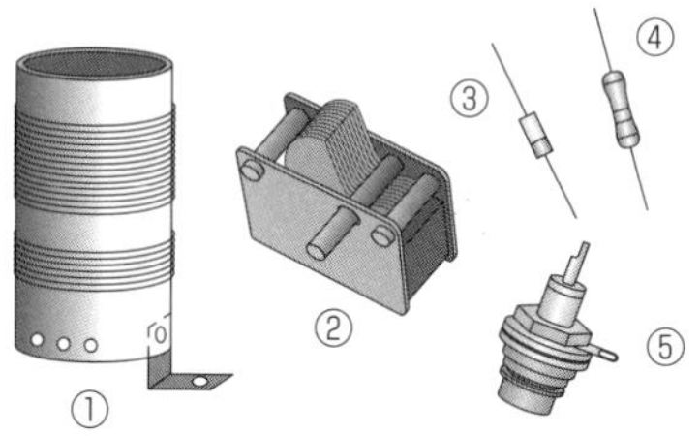


STEP.1で信号の流れを理解して、その回路に必要な部品はどのようなものかを理解し、どこで購入できるかも調べる

**STEP.3**

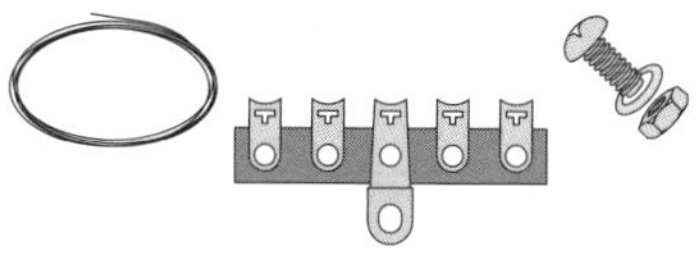

しかし、配線するための線材、アンテナ端子、コイルやバリコンの取付金具などが描かれていない。
また、止めネジも描かれていないので、これらのことも考えなければならない。
さらに、このゲルマラジオを組むには、どんな工具が必要なのかの検討もしなければならない

回路図に出てこない部品がたくさんあり、これらは組み立てを支える重要なものなので、どこにどのようなものが必要か調べる

ンジスタやICなどを使ったものでは、プリント基板や万能基板に組み立てることになります。

いずれの場合も、単純にシャーシや基板に組み立てただけで終わることもありますが、きれいなセットに仕上げるためにケースに収納することもあります。したがって、どういうセットに仕上げるかによって使用する工具も異なってきます。どのような工具が必要になるかはその人の技量によって大きく異なりますが、ごく一般的には第2章で紹介する程度のものがあればこと足りるでしょう。

工具は、工作にとって欠かすことのできない大切なものです。その工具があるかないかで、工作の効率がまるで違ったものになり、また工具がないと工作できないということにもなってしまいます。

これから電子工作を趣味とされる方は、はじめは最低限の種類の工具を揃え、工作の数が増えるにしたがってさらに別の種類の工具を増やしていくと、知らず知らずの間に実に多くの工具が揃っていくことになります。

## 3.2 電子工作に対する知識

これらに関する知識が最初から備わっている人はいません。いろいろ電子工作に関する製作の本や工具の本などを読んだり、インターネットで調べたりすることが何より大切なことです。そしてもっと大切なことは、実際に製作することによって徐々に身に付いていくという課程（経験）です。

電子工作を楽しむためには、電子工学の基本的な知識と組み立てに必要な技術的な知識が必要ですが、はじめの頃は製作本の教科書どおりに作ることで基本的なことを習得します。このセットはなぜ、このような動作をするのか、どうしてこの部品を使うのかなどと多く疑問を持ちながら取り組むことで回路の動作原理や使用部品の知識、そして組み立て

写真1-2　電子工作関連の書籍の一例

のテクニックが自然と身に付いてきます。

**写真1-2**は、電波新聞社から発行されている電子工作関連の書籍の一例です。

## 3.3　電子工作で使用する部品

電子部品の種類は膨大なものですが、私たちが趣味で電子工作する場合はそんなに多くの種類の部品を使用するものではありません。部品の中で最も多く使用される抵抗やコンデンサーは、ほとんどの電子工作に必要で、これらの抵抗やコンデンサーの値にはどのようなものが多いかを**表1-1**と**表1-2**に示します。これらの抵抗やコンデンサーは、東京・秋葉原の電気街のパーツ店などで100個単位ですと格安に購入できますから、あらかじめ用意しておくとよいでしょう（**写真1-3**）。

| | | | | | |
|---|---|---|---|---|---|
| 100 | 220 | 470 | 1k | 1.2k | 1.5k |
| 2.2k | 4.7k | 5k | 10k | 22k | 47k |
| 100k | 120k | 220k | 270k | 470k | 1M |

（単位：Ω）

表1-1　よく使う抵抗器の値

| | | | | | |
|---|---|---|---|---|---|
| 22p | 100p | 470p | 0.001μ | 0.002μ | 0.01μ |
| 0.02μ | 0.1μ | 1μ | 4.7μ | 10μ | 22μ |
| 33μ | 100μ | 470μ | 1000μ | 2000μ | 4700μ |

（単位：F）

表1-2　よく使うコンデンサー容量の値

写真1-3　まとめ買いした抵抗とコンデンサー

また、抵抗やコンデンサーは並列に接続したり、直列に接続したりすることで必要な値に近づけることができ、耐圧（電圧に対してどこまで耐えられるかの値）や耐電力（どのくらいの電流、つまり電力に耐えられるか）も組み合わせでいろいろな値のものを作ることができますので、このような知識も備えておくとよいでしょう。

抵抗の場合は、同じ値のものを2本直列につなぐと2倍の値の抵抗値となり、並列につなぐと半分になって、耐電力は2倍になることなどを覚えておくと便利です。

たとえば、**図1-3**のように2kΩの抵抗が必要なとき、1kΩの抵抗が手持ちにあったらそれを2本直列につなげば2kΩの抵抗になります。

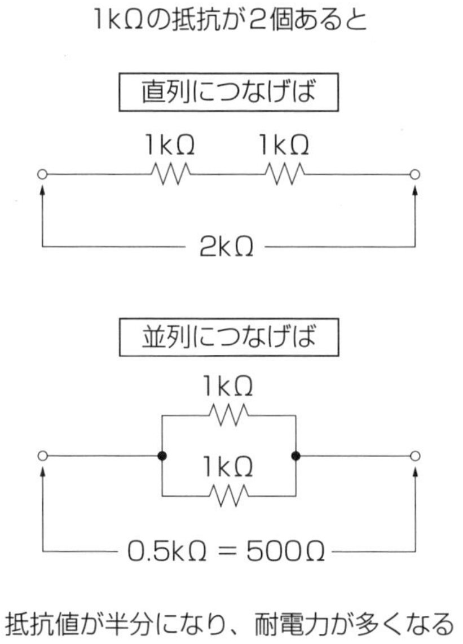


**図1-3　抵抗の直列接続と並列接続**

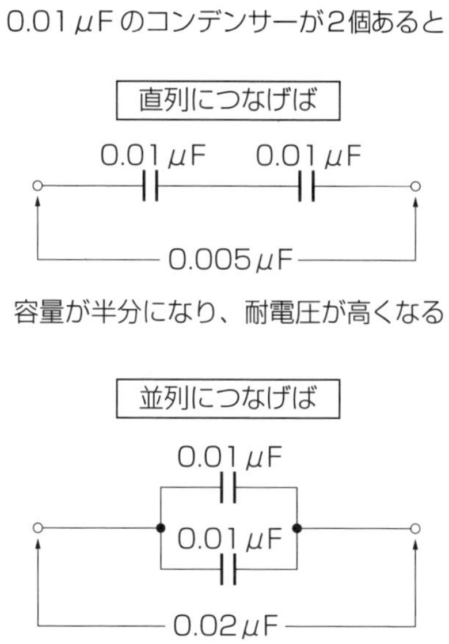


**図1-4　コンデンサーの直列接続と並列接続**

コンデンサーの場合は、**図1-4**のように同じ容量のものを直列につなぐと値は半分になり、並列につなぐと2倍の値になります。

たとえば、0.02μFのコンデンサーが必要なときは0.01μFのものを2本並列につなぐと0.02μFになります。

トランジスタでは汎用のNPNトランジスタの2SC1815とPNPトランジスタの2SA1015を揃えておくと、ちょっとした増幅やデジタル回路のようなオン／オフといった動作では、たいていの場合、代用できます。

トランジスタには、「2SA」、「2SB」、「2SC」、そして「2SD」という名称が使われますが、現在では「2SB」が使われることはまずありません。

ダイオードについても同じようなことがいえます。

このように抵抗やコンデンサー、そしてダイオードなどは、多くのものが袋に入って安価に売られているものを見つけたときには、ぜひ購入しておくことをお勧めします。

回路図に示された部品の値は、設計上その値がベストとして決められたものですが、ある程度の許容範囲を持っていることもありますから、その回路の動作から読み取ると代替部品を使うことができます。たとえば、回路図には5kΩの抵抗を使うようになっていても、4.7kΩで代用することも可能な場合が多くあります。コンデンサーについても同じようなことがいえます。

ただし、このことはあくまで回路の動作を理解したうえでのことで、その部品が何の目的で使用され、その値が変化するとどのように結果に影響するかを理解しておくことが大切です。抵抗やコンデンサーの値を変えたときにその影響が許容範囲を超えてしまう場合は、当然のことながら代替品は使用できないということを理解できるノウハウが必要です。

しかし、回路によっては指定された値以外のものを使用すると動作は保証されないというものもありますから、注意してください。

**写真1-4**に、電子工作で使われる部品の一例を示します。これらの写真からわかるように同じ機能を持った電子部品でも形や大きさがいろいろあります。目的とする作品にどのような性能を持たせるかにより、これらを使い分けます。

いろいろなコイル

定電圧ICの一例

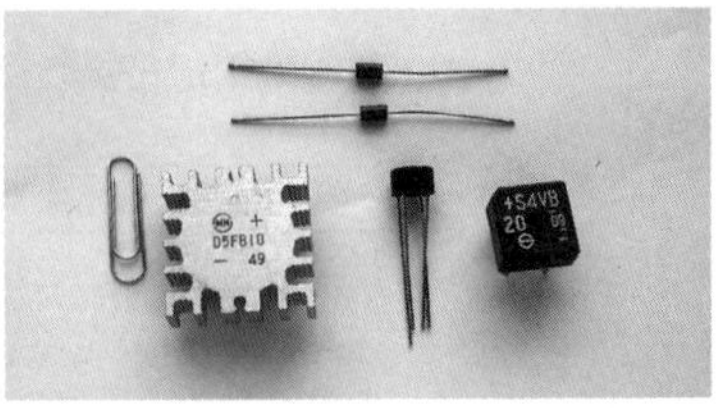

いろいろなダイオード

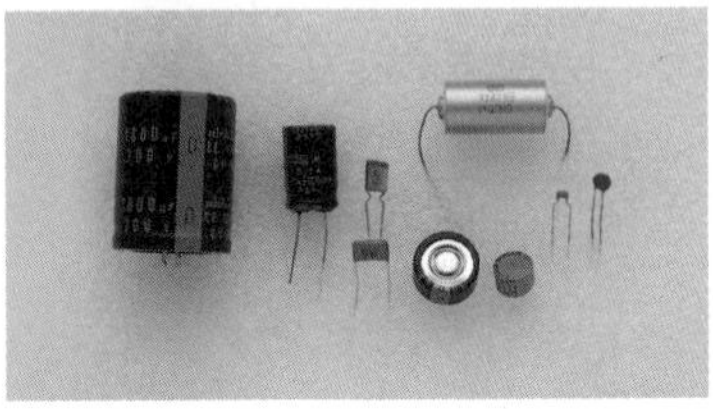

いろいろなコンデンサー

いろいろなデジタルIC

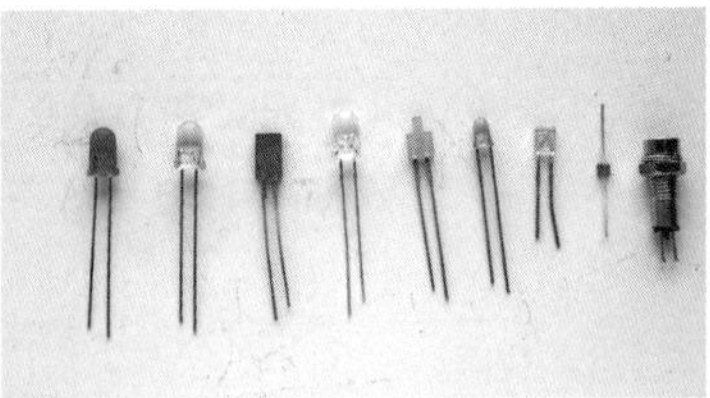

いろいろなLED

いろいろなスイッチ

いろいろなトランジスタ

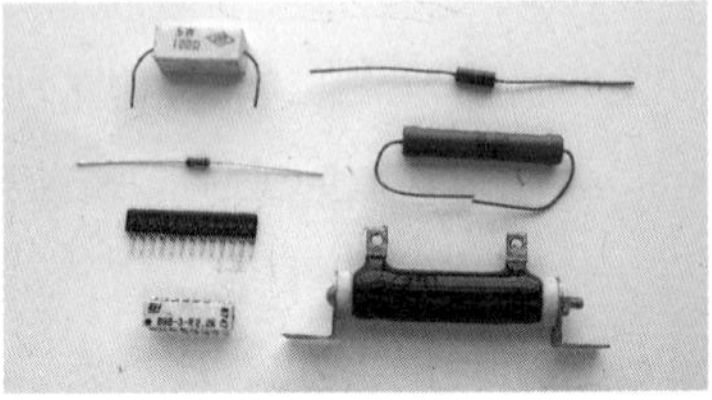

いろいろな抵抗

写真1-4　電子工作に使われている部品の一例

## 3.4 電子工作で使う工具

電子工作ではアルミなどのシャーシを加工したり部品同士を接続したり、また配線のためにハンダ付けをするなど、部品を組み立てるにはいろいろな工程を経てでき上がるもので、その過程には多くの種類の工具が必要となってきます。

シャーシを加工するためには小さな穴をあけるドリル、大きな穴をあけるためにはシャーシパンチやリーマーという加工用の工具が必要で、また、あけた穴をきれいにするためにはヤスリやバリ取り工具が必要です。そして、部品と部品を回路図に沿って接続するハンダ付けには、ハンダごてやニッパーが必需品です。また、シャーシに部品を取り付けるためにはネジ止めのためのドライバーや、小さな部品を挟むピンセットやラジオペンチなども必要になります。

このように製作の過程でいくつもの工具が使用されることになりますが、これらの工具は最低限必要なものと、あれば便利なものとに分けられます。

また、電子工作が高度になるにしたがってさらにいろいろな種類の工具が必要となってくるものです。では、最低限必要な工具とはどのようなものでしょうか。

### ◆最低限必要な工具

単にプリント基板に部品を取り付け、これを剥き出しのまま使うのであればハンダごてとニッパーがあればこと足ります。しかし、プリント基板が剥き出しでは実験の域を脱していない感じを受けます。実際はケースに入れたり電源部を組み込んだりと、まとまった一つのセットとするためには電気ドリルなどの加工用工具が必要となってきます。これらのことから、最低限必要な工具としては**写真1-5**に示す次のものが挙げられます。

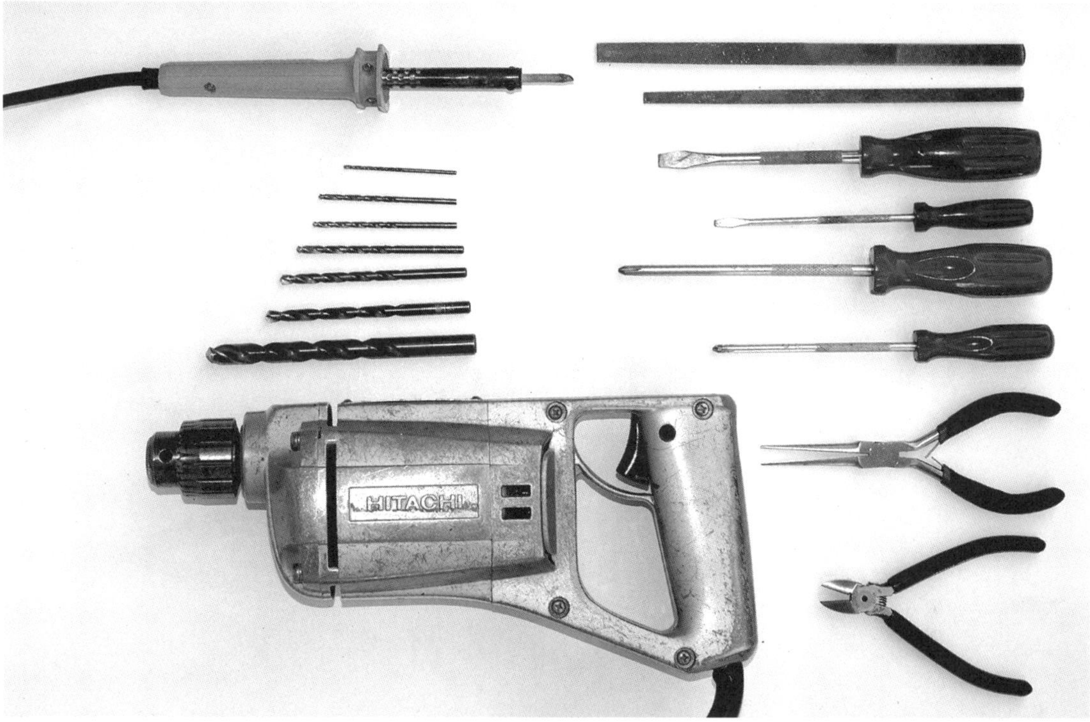


写真1-5　これだけは揃えたい工具

①加工用工具
・電気ドリルとドリルの刃（2、3、3.2、4、5、6、10mm径のもの）
・ヤスリ（平ヤスリと丸ヤスリの各中小のもの）
②組み立てや配線に必要な工具
・ハンダごて（20W程度のもの）
・ニッパー
・ラジオペンチ
・ドライバー（プラス用の大小各1本）

このくらいの種類の工具なら一度に揃えても1万円以内で購入することができ、趣味の電子工作の世界に入る投資と考えれば納得できます。資金に余裕があれば、なるべく質のよい工具を購入することをお勧めします。質のよい工具は、使っているうちに手になじんでくるとともに愛着も増してきます。特に刃物は切れ味と耐久性についていうと、安物とは雲泥（うんでい）の差があります。

そして、電子工作の数を増やしていくにしたがって必要とする工具を揃えていくとよいでしょう。

これらの揃えたい工具としては、**写真1-6**に示す次のものが挙げられます。

・シャーシパンチ
・リーマー（大小各1）
・ニブリングツール
・バリ取り工具
・万力（バイス）
・C型クランプ（シャコ万力）
・金切りノコギリ
・ペンチ
・モンキーレンチ
・ワイヤーストリッパー
・ハンダごて（100W程度）
・センターポンチ
・プラスチックカッター
・ボックスドライバー
・カッターナイフ
・ノギス
・マイクロメーター
・六角レンチ

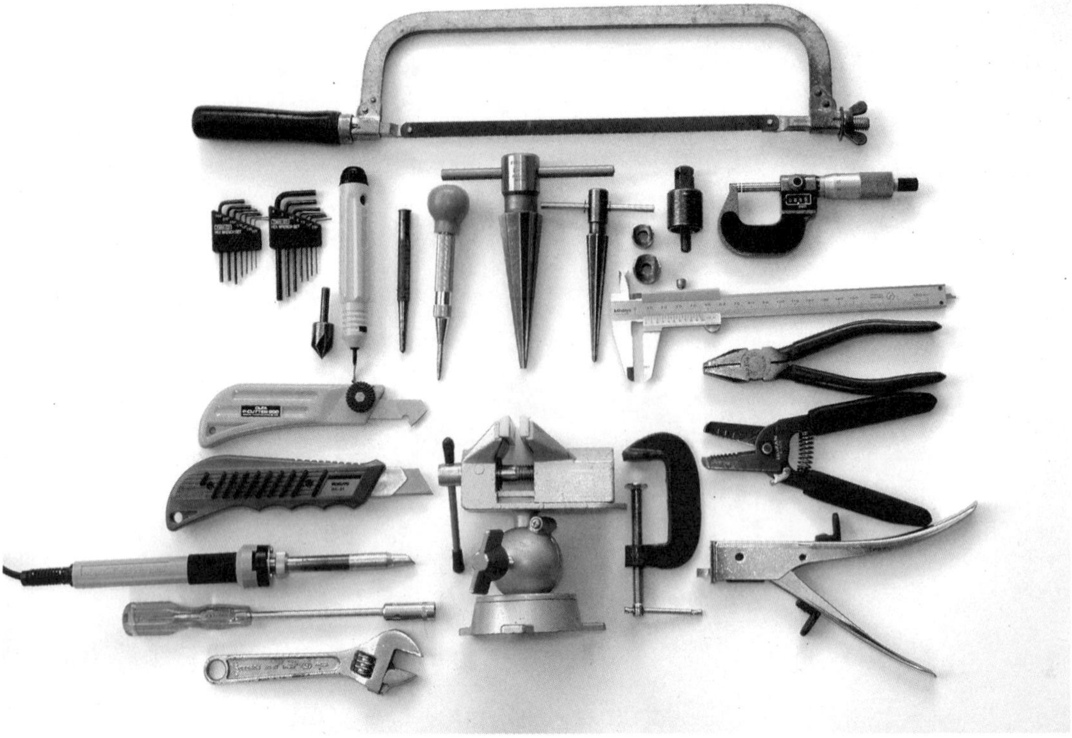

写真1-6　あると便利なさまざまな工具

## 3.5 電子工作に必要な測定器

### ◆テスター

電子工作で使用する測定器として一番多く使用されるのは、何といってもテスターです。

簡単で便利な電子回路の測定はテスターひとつでも、正常に動作しているか、電圧や電流は異常ないかなどをチェックできる万能測定器です。今まではアナログ式と呼ばれる**写真1-7**に示すメーターの指針により測定値を知るテスターが主流でしたが、最近のものはほとんどが**写真1-8**の測定値を数値で直読できるデジタルテスター（デジタルマルチメーター）で、単に電圧や電流だけを測るだけでなく多くの機能が付いたものが、比較的安価で入手可能です。

テスターの基本機能は電圧、電流、抵抗の測定です。電圧測定は直流と交流ができますが、アナログテスターでは、電流測定は直流のみです。抵抗の測定は、内部の電池から測定する抵抗に電流を流し、その値から抵抗値を求めるものです。いろいろな値を測定できるよう、ロータリースイッチで測定レンジを切り替えます。テスターは電圧や電流を測ったり、抵抗の値を測ったりできるほか、高機能なものは温度の測定や周波数カウンターの機能を持ったものもあります。また、パソコンと接続し測定結果をパソコンに転送してグラフを描いたり、表にしたりすることも可能です。

### ◆未知の周波数を知る周波数カウンター

回路の発振周波数や信号の周期を測ったりすることができるのが**写真1-9**の周波数カウンターです。未知の周波数の信号を入力すると、その周波数や周期を直接デジタルが表示することができますから、高周波回路やパルス回路を扱う電子工作には揃えておきたい測定器の一つです。メーカー製品は高価ですが、自作も可能です。ワッチップのものからPICやAVRといったマイクロコントローラーを使

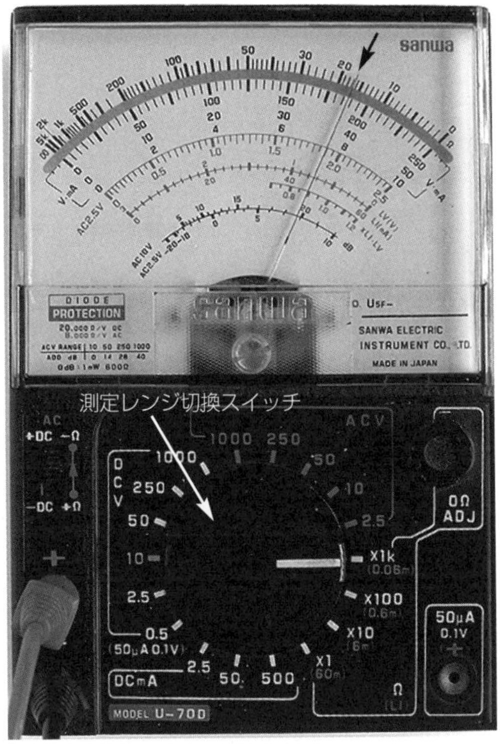


・このアナログ式テスターで、指針は矢印のところを指している
・測定レンジ切換スイッチは「抵抗測定」の「×1k」レンジである
・また抵抗値はテスターの一番上の数値を読むので、指針の読みは「16.5」であることがわかる
・この「16.5」に測定レンジの倍数「×1k」＝1,000を掛ければこの抵抗値の値である
16.5×1,000＝165,00［Ω］＝16.5［kΩ］

**■測定できるもの**
・抵抗値を測定する場合は
「測定レンジ切換スイッチ」を「Ω」
・交流電圧を測定する場合は
「測定レンジ切換スイッチ」を「ACV」
・直流電圧を測定する場合は
「測定レンジ切換スイッチ」を「DCV」
・直流電流を測定する場合は
「測定レンジ切換スイッチ」を「DCmA」
に切り換える。ただし、測定する電圧がどの程度かを推測して「レンジ」を選定することが必要である
・ふつうのテスターでは交流電流の測定はできない。また、テスターでコンデンサーの容量やコイルのインダクタンスも測定できるが一般的ではないので省略

写真1-7　アナログテスターの一例

ロータリースイッチ

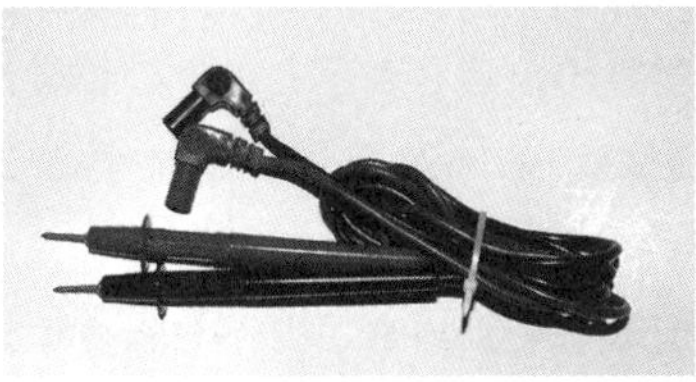

被測定回路にあてる「テスト棒」

テスターについての詳細は7章をご覧下さい

・デジタルテスターの使用方法は、アナログ式テスターに比べると実に簡単で、「ロータリースイッチ」を「ACV」、「DCV」あるいは「Ω」にするだけで測定した値が数字で表示される

**■測定できるもの**
直流電圧／直流電流／交流電圧／交流電流／抵抗／コンデンサー容量／導通／ダイオードテスト

写真1-8　デジタルテスター（デジタルマルチテスター）の一例

写真1-9　周波数カウンターの一例（自作したもの）

用したものなど比較的簡単な回路ですので、自作に挑戦してみてはいかがでしょうか。インターネット上に、製作についていろいろ紹介されています。

### ◆波形を目で見るオシロスコープ（シンクロスコープ）

CRT（ブラウン管）や液晶ディスプレイに信号の波形を表示し、その信号がどんな形をしているのかを目で確認することができます。また、画面上から周期を求め、それから周波数を求めることができますが、周波数カウンターと比べると精度は劣ります。

しかし、信号の波形を目で確認できるというのはオシロスコープ以外にありません（**写真1-10**）。

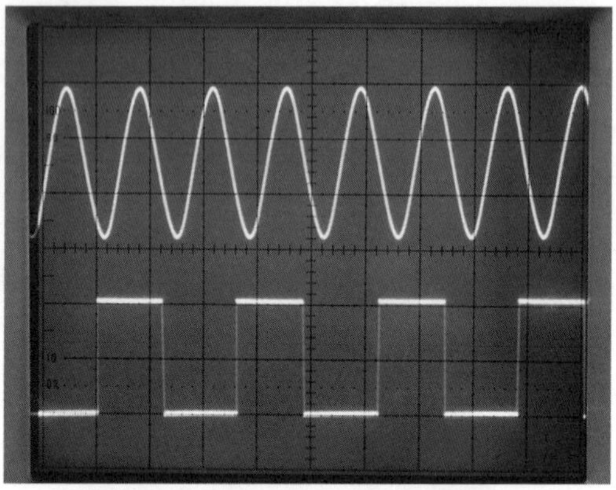

写真1-11　オシロスコープで波形を観測

最近はパソコンに接続して使用するコンパクトなものがあり、測定結果をパソコンに記録することはもとより、演算機能や表示機能を使って高度な測定が可能となっています。波形観測の一例を**写真1-11**に示します。

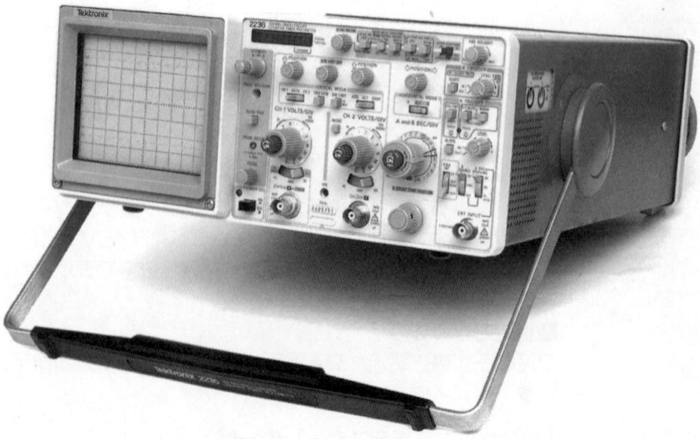


写真1-10　オシロスコープの一例

## 3.6 電子工作に備えたい電源装置

電子機器のほとんどは、直流（DC）電圧で動作します。電子工作で作るセットには電源部を組み込んで単体で動作するように仕上げますが、製作や実験の途中では別な電源装置から電気を供給し、部分的な動作の確認をしたり全体の動作確認をしたりします。

これに必要な実験用電源としては+5V、+12V、そして可変電圧のものがあればベターですが、可変電圧のもの一つでも広範囲の電源として使用できますので、このような電源装置が1台あるとたいへん便利に実験や製作が進みます。市販品もありますが、定電圧ICを使用したものは製作も比較的簡単で、自作してみるのもよいと思います。

電子工作の過程で使用する電源装置は、いろいろな状況で使用され、場合によっては誤った配線があって、回路に異常な電流が流れたりすることがよくあります。

このような異常をいち早く検出し、煙が出ないうちに電源を切ることで大切な作品を守ることができる場合があります。

この異常を知るためには、電流計と電圧計を備えた電源装置を用意することをお勧めします。アナログメーター（**写真1-12**）が直感的に異常を検出するのに便利ですが、最近はデジタルパネルメーター（**写真1-13**）も安価で入手できますから、これらを使用することで、より正確な電流値や電圧値を読み取ることができます。

写真1-12　アナログメーター

写真1-13　デジタルパネルメーター

また電源装置には、ある一定以上の電流が流れると出力を停止する機能や、設定した電流以上流れないもの（定電流機能付き）などの安全対策の施されたものがありますので、電子工作の試作や実験に備えておきたい電源の一つです（**写真1-14**）。

写真1-14　定電流機能を持った電源装置

# COLUMN

## 秋葉原の工具ショップ

東京・秋葉原の電気街にはあらゆる電子パーツや電子工作用工具を扱う販売店があります。多くの販売店が数多く軒を並べていて、「ないものはない」と思えるほど豊富に工具を扱っています。もちろん、店によって取り扱う工具の種類は異なりますので、どこの店は「何が専門なのか」ということを知っておくとショッピングでとまどうことはありません。当然のことですが、同じ工具でも店によって価格は異なります。Aの店は何が豊富で価格も安い、などと知るまでには何度も秋葉原通いが必要かもしれませんが、「見ているだけでも楽しい」秋葉原の電気街、訪れるチャンスがあったら、ぜひこれらの工具ショップをのぞいてみてください。

# 第2章

# 電子工作用工具の使い方

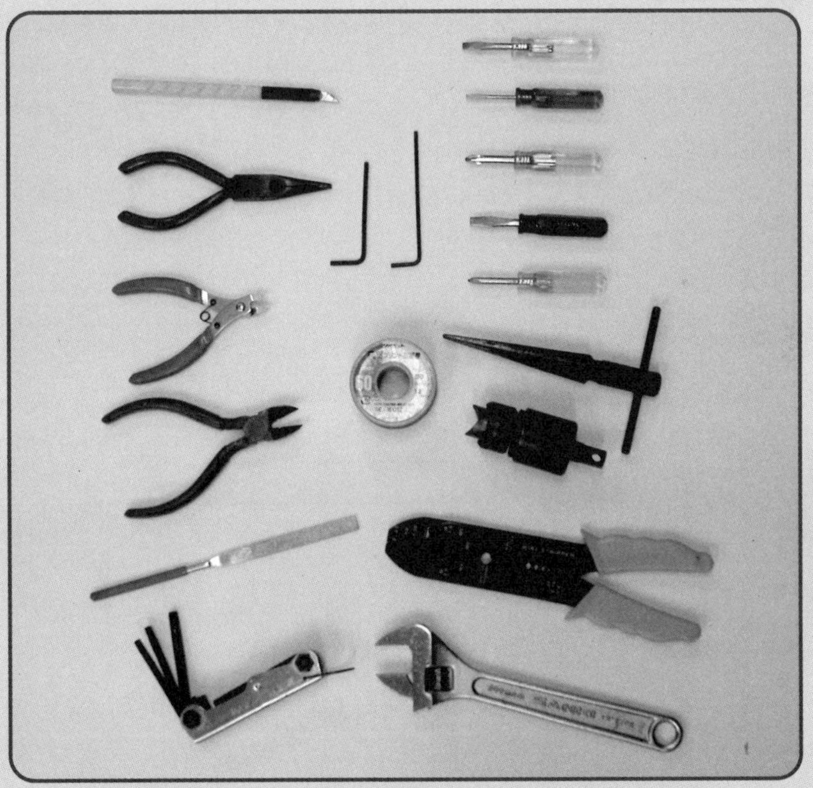

第2章

# 電子工作用工具の使い方

電子工作を楽しむためには、いろいろな電子部品が描かれている回路図の知識はもとより、それらの部品と組み合わせて一つの筐体に取り付けるためのシャーシを加工したりハンダ付けをしたりする加工技術が必要となります。材料を加工するためには専用の工具があり、これをうまく使いこなして目的のものに仕上げますが、それには工具の構造や特性、使い方などを知っておくと上手に仕上げたり、作業を安全にしたりすることができます。本章では、電子工作で使用する代表的な工具や用品の基本的な使用方法などを説明します。

## 1　寸法を測る

### 1.1　直径や内径、深さを測る「ノギス」

**写真2-1**と**図2-1**に示すノギスは、主目盛の付いた本尺と副尺の付いたスライダーから構成され、本尺とスライダーの間に測るものを挟んで材料の長さ、パイプの外径や内径、そして穴の深さなどを測定するものです。ふつうのノギスは、150mmのサイズまで測定できるものが多く販売されています。測定精度は5/100mm（0.05m）で、電子工作程度でしたら十分な精度を持っているといってよいでしょう。

材料の長さやパイプの外径の測定は外測用のジョウで挟み、本尺の目盛と副尺に付いたバーニアの目盛とを使って目的の寸法を求め

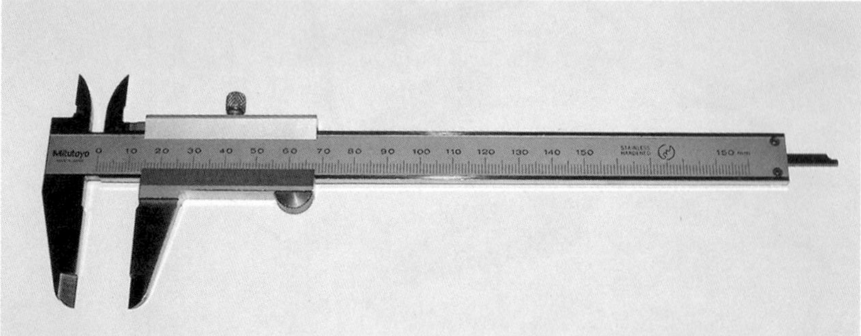

写真2-1　ノギスの外観

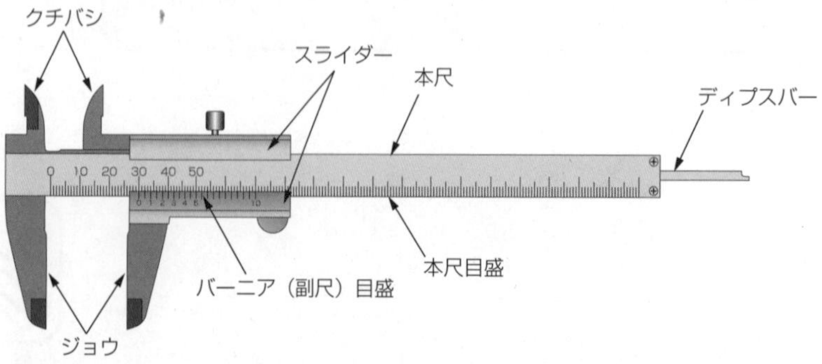


図2-1　ノギスの各部の呼び方

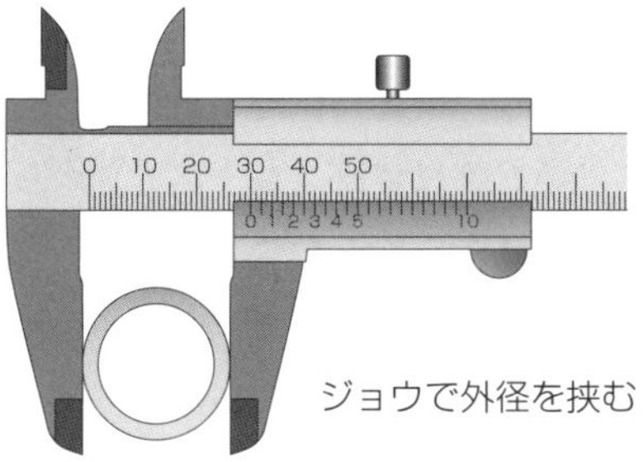


図2-2　パイプの外径を測る

ます（図2-2）。

また、シャーシの穴あけ位置のマークなどにもノギスは便利に使用でき、定規で測るより正確な寸法でマーキングすることができます。

穴やパイプの内径を測るときは、ジョウの反対側（クチバシ）を内部に差し込んで穴の内側の最大になるよう広げていき、このときの本尺の目盛とバーニアの目盛で読み取ります（図2-3）。

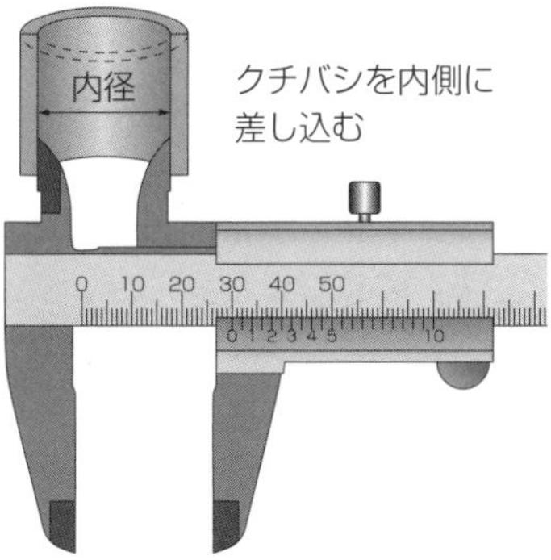


図2-3　パイプの内径を測る

材料の高さや穴の深さの測定は、ディプスバーを目的の穴に差し込んでスライダーを動かし、動かなくなった点で本尺の目盛とバーニアの目盛からその値を読み取ります（図2-4）。

最近では、読み取り部がデジタルで表示されるデジタルノギスもあり、測定した寸法の読み取り誤差は、ほとんどありません。

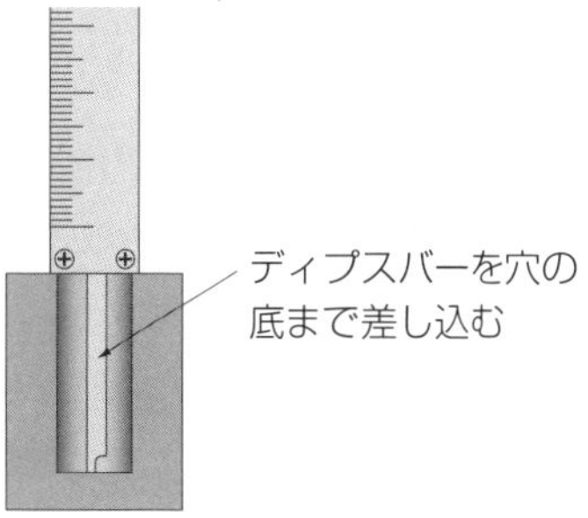


図2-4　パイプの深さを測る

## ◆測定方法

まず最初は、ノギスの本尺のゼロ点がしっかり合っていることを確認してください。測定するものを挟み、バーニア目盛「0」位置の本尺の目盛の値を読み取ります。写真2-2ではバーニアの「0」のところの本尺の目盛は「30」ですから、この値が整数の値となります（○部分）。

次に、本尺の目盛とバーニアの目盛が一致しているところ（矢印）が小数点以下の値となります。この例では「6.5」ですから少数点以下は「65」ということになって、測定結果は30.65mmとなります。つまりバーニアの値

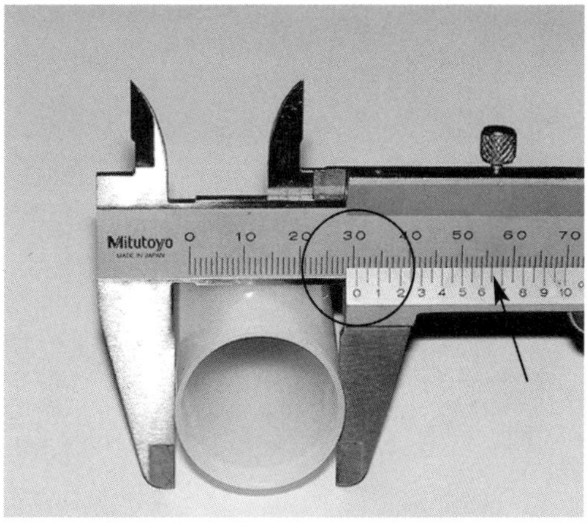


写真2-2　ノギスで外径を測る

（1〜1/10）は1/10の単位で、写真で示す矢印のところの値は0.65ですから「30＋0.65＝30.65」となります。

ここで注意することは、誤差が生じないようノギスの正面から目盛を読み取ることです。

ノギスは精密な測定器ですから落としたり、ショックを与えたりすると変形して、滑りが悪くなるとともに測定精度にも影響がでますので、取り扱いには十分注意してください。また、ノギス本体にほこりや汗が付いたら必ず乾いた柔らかい布などで拭き取り、防錆油（CRC5-56など）を薄く塗っておくとよいでしょう。

### 1.2 小さな部品の寸法を測る「マイクロメーター」

ノギスでの測定範囲の最小は5/100mm程度までですが、これ以下の精度で長さや厚さを測るときはマイクロメーターを用います。マイクロメーターは、**写真2-3**と**図2-5**に示すようにU字形のフレームにラチェット機構を持った精密ネジのピッチでスピンドルが移動し、フレームに付いているアンビルとの間の距離をスリーブに付いた主尺目盛と、シンブルに付いた副尺目盛（バーニア）から距離の値を求めます。マイクロメーターの読み取り精度は1/100〜1/1000mmで、非常に細かい値まで測定することができます。

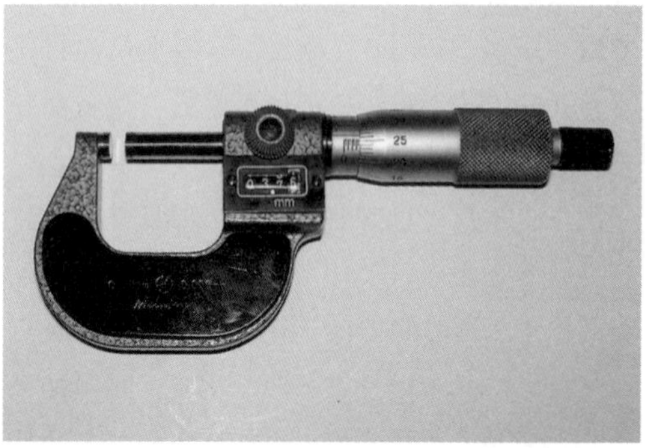

写真2-3　極小な部材の寸法を測るマイクロメーター

◆測定方法

測定する前に、マイクロメーターのゼロ点にズレがないことを確認しておきます。シンブルを時計方向に回転させ、スピンドルとアンビルの間隔がほとんどなくなってきたらラチェットストップを時計方向に回転させて、空回りになったところで目盛がゼロであることを確認します。

次に、シンブルを手前（反時計方向）に回転させ、スピンドルとアンビルの幅を被測定物の幅より広くして、この間に測定するものを挟みます。

そして、シンブルを時計方向に回転させて測定するものにスピンドルが近づいてきたらラチェットストップを軽く時計方向へ回転させ、さらにスピンドルを移動させて測定するものに近づけます。ラチェットが空回りするようになったときの主尺の目盛と副尺の目盛から値を読み取ります。**図2-6**にこれらの関係を示します。

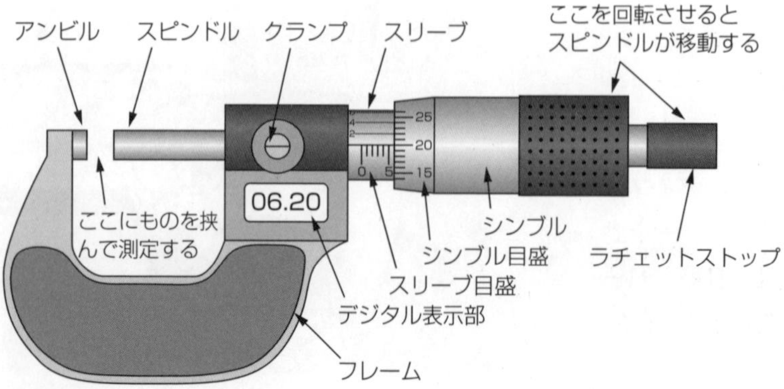


図2-5　マイクロメーターの各部の呼び方

図2-6
マイクロメーターの使い方

## STEP.1

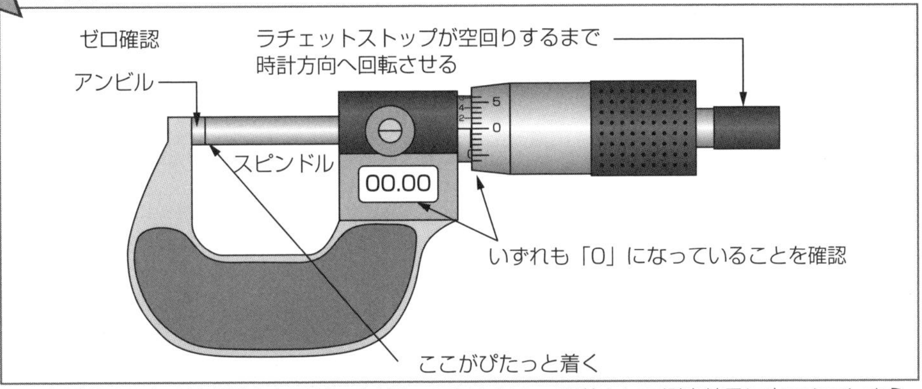
ゼロ確認
ラチェットストップが空回りするまで
時計方向へ回転させる
アンビル
スピンドル
00.00
いずれも「0」になっていることを確認
ここがぴたっと着く

ものを測定するときは基準となるゼロ点が合っていないと、誤差として測定結果に出てきてしまう。これを防止するために最初にゼロ点が合っているか確認することが必要。アンビルとスピンドルの間のほこりやゴミを紙を挟んで清掃する

## STEP.2

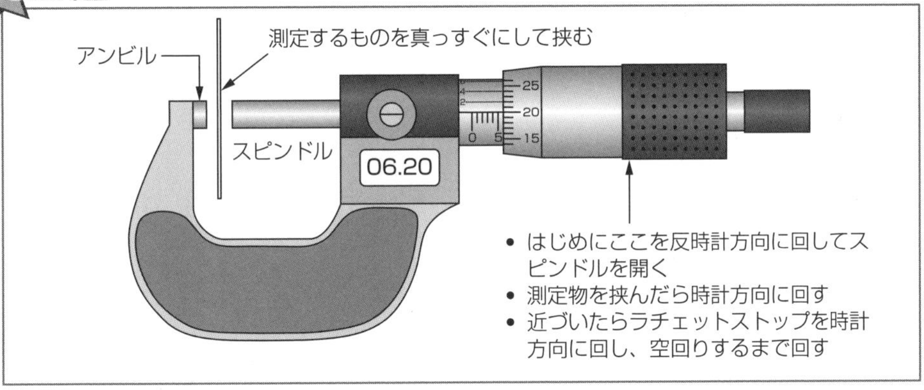
測定するものを真っすぐにして挟む
アンビル
スピンドル
06.20
25
20
15
0
5
• はじめにここを反時計方向に回してスピンドルを開く
• 測定物を挟んだら時計方向に回す
• 近づいたらラチェットストップを時計方向に回し、空回りするまで回す

被測定物は平らにしたり、真っすぐにしたりして本来のサイズになるようにしてから挟む。強く締め付け過ぎると被測定物が変形していまい、正確な測定ができないのでカチカチとラチェットが滑る音が2～3回したら回転を止める。また体温が伝わらないようフレームの金属部分は持たないようにする

## STEP.3

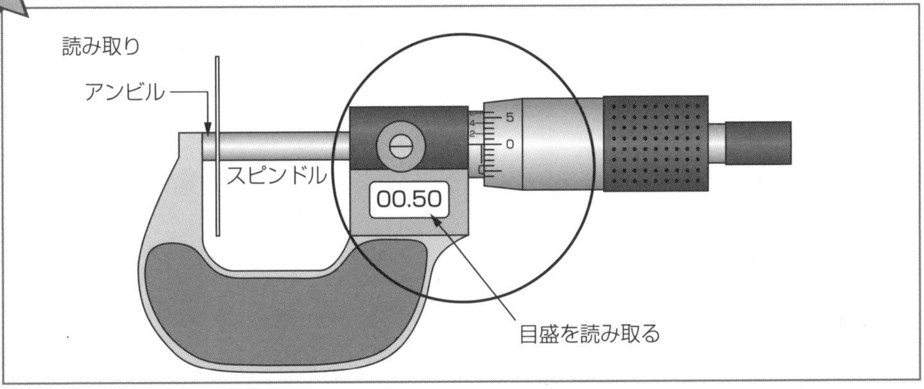
読み取り
アンビル
スピンドル
00.50
目盛を読み取る

目盛の読み取りは正面から読み取らないと、読み取り誤差が発生する。また、目盛の位置を間違って読み取らないように前後の目盛を確認する。測定結果は、スリーブ目盛とシンブル目盛、そして副尺目盛（シンブル目盛と副尺目盛が一致しているところの読み）との和となる

**写真2-4**はフォルマル線の直径を測定しているようすです。デジタル表示部は1/100mmまで読み取ることができますが、これ以上の精度で読みたいときは、スリーブとシンブルにある主尺の目盛と副尺の目盛とで1/500mmの精度で読み取れます。

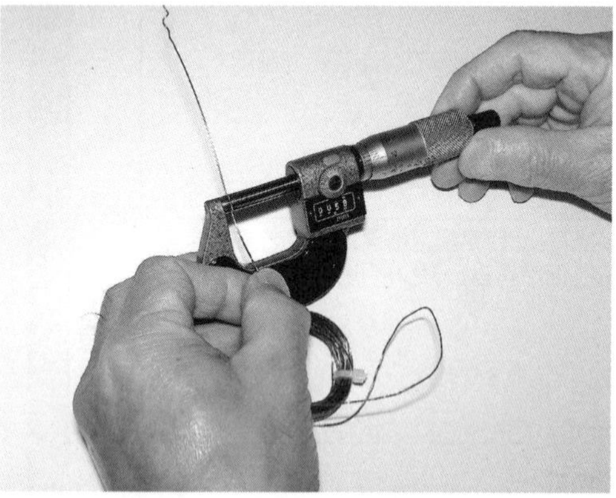

写真2-4　フォルマル線の直径を測る

デジタル表示のマイクロメーター（**写真2-5**）では、直接数字で読み取ることができるので読み取り誤差が生じることはありませんが、主尺の目盛と副尺の目盛とでの読み取りは、注意深く目盛の位置を確認する必要があります。

マイクロメーターはたいへん精密にできていますので、強い力を加えたり落としたりしないよう注意深く取り扱いましょう。また、ほこりや水分は禁物です。

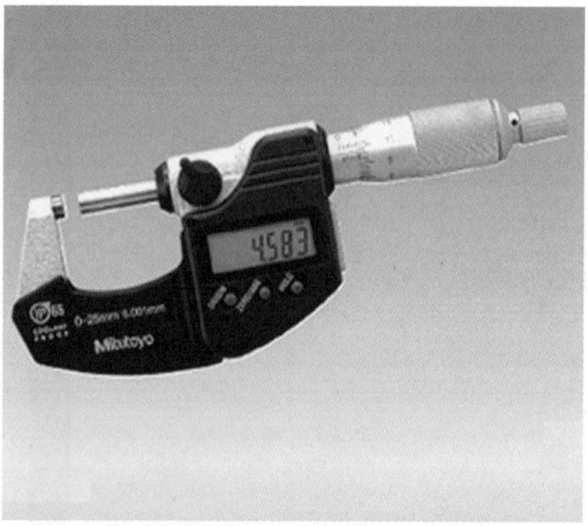


写真2-5　デジタルマイクロメーター

### ◆アナログ目盛の読み方

**写真2-6**は、0.30mmのフォルマル線の直径を測定しているところです。主尺の目盛は1mm以下なので0、副尺は30、バーニアは0の箇所で一致していることから0＋0.30＋0.000＝0.300となります。

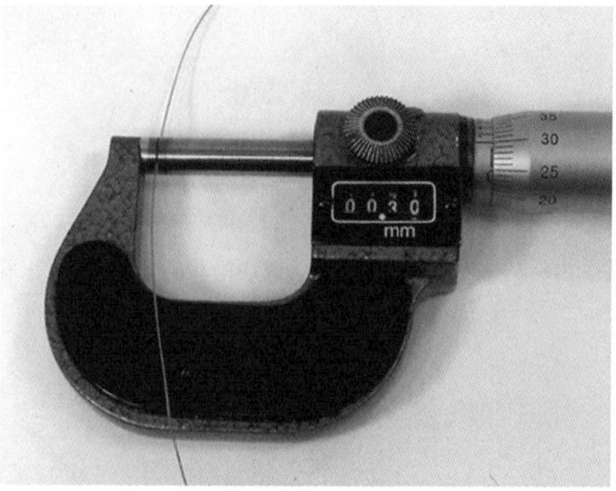


写真2-6　φ0.30のフォルマル線を測定してるところ

## 1.3　手軽な「スケール（巻尺）」

スケールは、**写真2-7**に示す薄い鋼鉄でできた巻尺で、長さ3.5mや5.5mのものが多く市販されています。

先端がL字型をしているので、測定するものに引っかけて伸ばすことができ、またスケールの先端を押し付けて測ることもあります。つまり、L型金具がスライドしてほとんど測定誤差がなくなる仕組みになっています

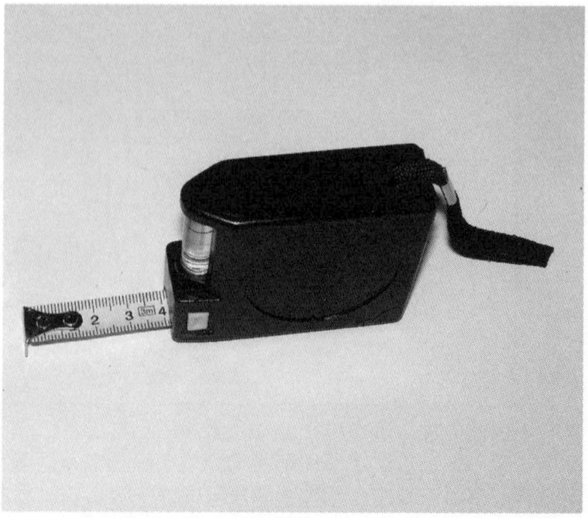

写真2-7　簡単なものさし「スケール」

写真2-8 スケールのL字型部分

（**写真2-8**）。スケールの精度は、せいぜい0.5mm程度です。

雨の降った日や濡れているものを測定したままスケール部分を巻き込むと、鋼鉄製のスケールのため錆が出て折れてしまうことがありますので、使用後は乾いた布でよく拭き取ってから巻き取ってください。

## 1.4 「曲尺（かねじゃく）（さしがね）」

**写真2-9**に示す曲尺は本来は大工道具として使われるもので、2本の直線定規を直角に組み合わせた金属製でできており、長さを測ったり、直角を求めたりする道具ですが、このほかにいろいろな知恵が詰まっています。

曲尺には長い部分と短い部分とがあり、長いほうを長手（ながて）、短いほうを妻手（つまて）といい、表側を表目、裏側を裏目といいます。

いろいろな知恵とは、この曲尺は単に長さを測ったり直角を出したりするだけでなく、$\sqrt{2}$倍された目盛の角目（かくめ）目盛（**写真2-10**）を使って円の直径を測ると、**図2-7**の①のようにその目盛の直接の読みが円に内接する正方形（丸太からどのくらいの大きさの角材が取れるかを測る）の一辺の長さが求まったり、**図2-7**の②のように$\pi$倍された目盛の丸目（まるめ）目盛（**写真2-11**）で円の直径を測ると丸目目盛がそのまま円周として求まったりするもの

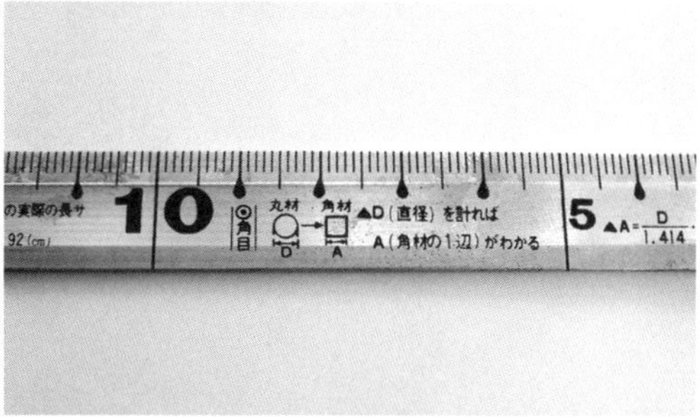


写真2-10 角目目盛

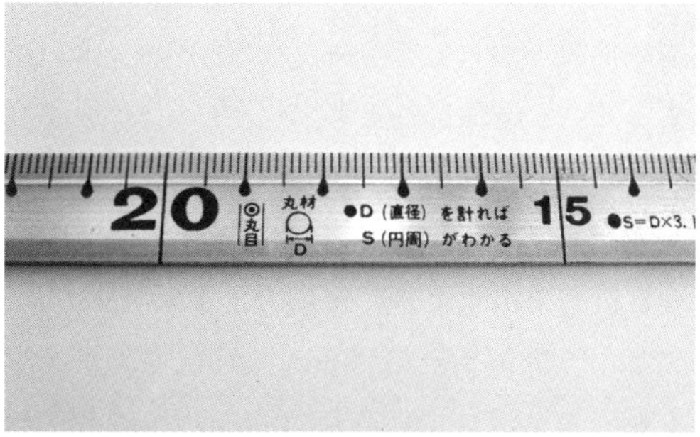


写真2-11 丸目目盛

写真2-9 曲尺と呼ばれるものさし

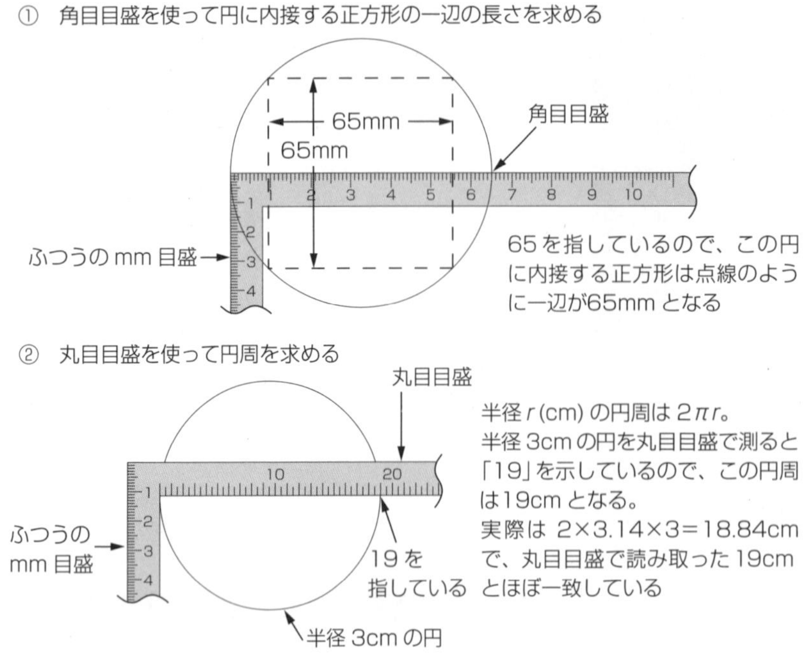

① 角目目盛を使って円に内接する正方形の一辺の長さを求める
65mm
65mm
角目目盛
1 2 3 4 5 6 7 8 9 10
ふつうの mm 目盛
65 を指しているので、この円に内接する正方形は点線のように一辺が65mm となる
② 丸目目盛を使って円周を求める
丸目目盛
10 20
半径 r (cm) の円周は 2πr。
半径 3cm の円を丸目目盛で測ると「19」を示しているので、この円周は19cm となる。
実際は 2×3.14×3＝18.84cm で、丸目目盛で読み取った 19cm とほぼ一致している
ふつうの mm 目盛
19 を指している
半径 3cm の円


図2-7 曲尺の角目目盛や丸目目盛を使う

です。

また、円や正八角形を描いたり、板を等間隔配分の印を付けるのも簡単にできます。飛鳥時代にも使われていたといわれる単純な構造の曲尺一つに、昔からの知恵がいっぱい詰まっている優れものです。

さらに**写真2-12**のように大きなアルミ板からケースの材料を切り出すときの寸法取りや、直角を出すときに使用できます。

また、アンテナのブームに対してエレメントが直角に付いているかを測るときにも使用できます。

## 2 穴をあける

### 2.1 小さなものから大きなものまで穴をあける「ドリル」

シャーシやケースの穴あけなど、電子工作にはなくてはならない工具の一つがドリルです。手回し式と電動式（**写真2-13**）がありますが、電動式の小型のものは低価格で購入できますので、ぜひ1台揃えることをお勧めします。

ドリルの先端にはチャックと呼ばれるドリ

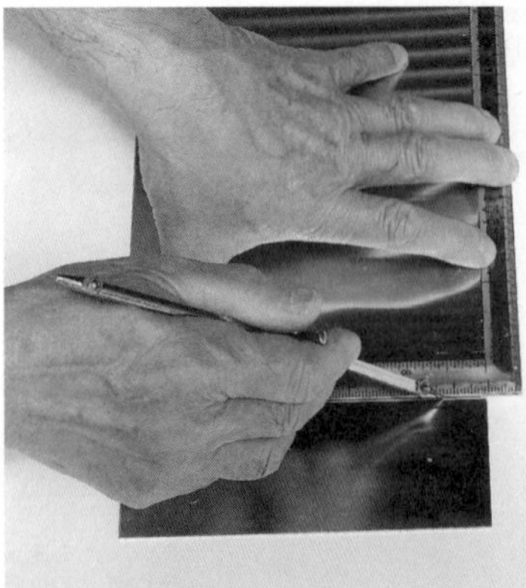

写真2-12 曲尺で直角の線を引く

写真2-13 穴あけに欠かせない電動ドリル

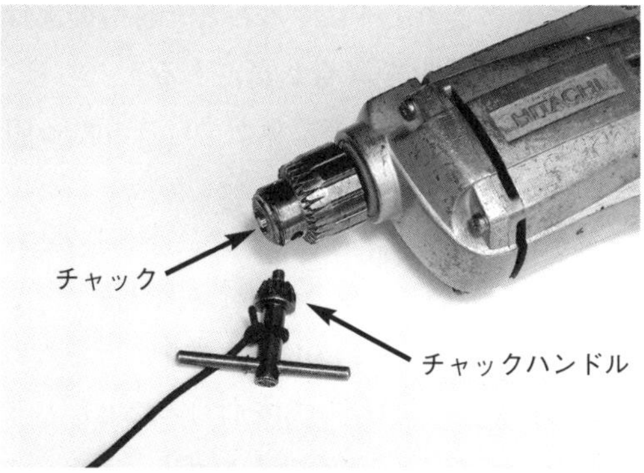


写真2-14　ドリルの刃をセットするチャックハンドル

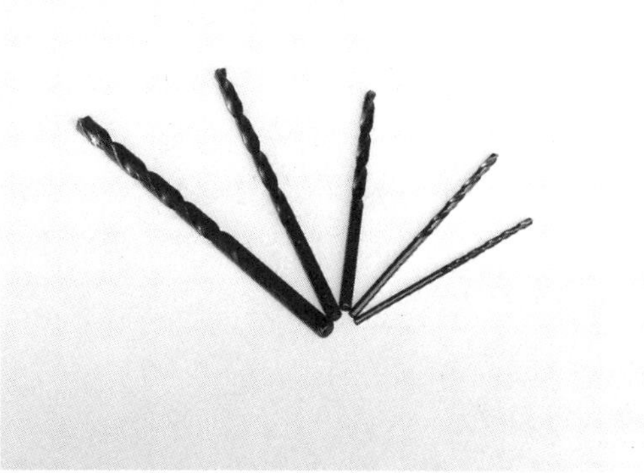

写真2-15　ドリルの刃のいろいろ

ルの刃をくわえる部分がありますが、ここがしっかりとしていることが重要です。ガタがあったり歪んだりしていると真っすぐにドリルの刃をくわえることができません。

チャックは**写真2-14**に示すチャックハンドルといわれるギアのような金具で締め付けるものと、キーレスチャックというチャックの外側を手で回転させて強く締め付けるものがあります。

キーレスチャックはドリルの刃の着脱が素早くでき、小型のドリルではこの方式が多くなっています。

チャックの内部には3本の爪があり、締め付けることによりこの爪の間隔が狭ってドリルの刃をしっかりと、しかも均等にくわえることができます。この爪を最大に開いたとき、どのくらいの大きさのドリルの刃をくわえることができるかにより使用するドリルの刃の上限が決まります。

ドリルの刃は0.8mmから10mmくらいまで揃えておけば、ふつうの穴あけには不自由はありません。これ以上の大きい穴あけは、後述するシャーシパンチやリーマー、ホールソーの出番となります。

一番多く使用するものは、ネジ止め用の3.2mmや6mmです。特に細いものは折れやすいので、予備として数本用意しておくことをお勧めします。ドリルの刃の一例を**写真2-15**に示します。

### ◆ドリルの刃をセット

チャックにドリルの刃をセットするときは、まずドリルの刃の太さより少し大きめになるようチャックを手やチャックハンドルで回し、爪の間隔を拡げます。

次に**写真2-16**のようにドリルの刃を差し込みますが、軽く指で回しながら片寄ってセットされていないことを確かめてチャックハンドルで締め付けます。このときドリルの刃は一番奥まで差し込まず、5mm程度の余裕を残しておいてから締め付けると歪んでセットしてしまうことを防げます。

また、チャックにはチャックハンドルを差し込む穴が通常3カ所ありますが、一つの穴だけでなく、3カ所の穴を利用して均等に締め付けるとチャックの軸（ドリルの回転軸）に対してドリルの刃を真っすぐに取り付けることができます。

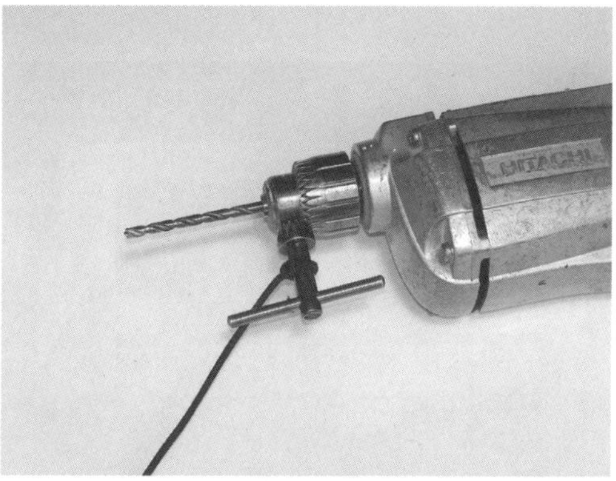


写真2-16　ドリルの刃をセットする

このように複数の穴が付いているものを締め付けるときは、1カ所のネジをきつく締めてから次を締めるというようにせず、複数のネジを順番に徐々に締め付けると歪みなく行えます。特に対角線にある穴を次の締め付けの順位とします。

### ◆穴のあけ方

手持ち式の電気ドリルではどうしても回転軸がぶれやすくなりますので、電気ドリル本体をしっかりと持ち、シャーシやアルミ板も動かないよう片方の手や足を使って押さえ付けるようにします。

小さな部材をそのまま手で押さえてあけようとすると、目的の部材が回転してしまい、思わぬ怪我をすることがありますので、**写真2-17**の万力で挟んだり、また**写真2-18**のC型クランプで台に固定したりすると目的のものに垂直に、かつ安全に穴あけをすることができます。このようにすることと目的の部材の下側にあて板を置くと安定するとともに、部材に加わった力をあて板が受けてくれるので、部材の変形も防げます。

**写真2-17　穴をあける板を万力にセットして固定**

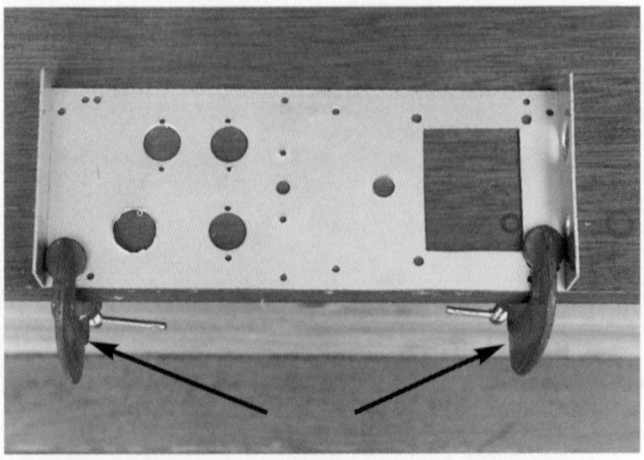

**写真2-18　C型クランプで固定**

刃が目的のものに対して直角になり、かつ、ふらつかせないことが上手に穴をあけるコツです。また、正確に目的の位置に穴をあけるためにポンチを打っておく（印を付けること）とドリルの刃が逃げることがなく、うまく穴をあけることができます。最初から力を入れ過ぎると穴あけ位置がずれたり変形した穴となったりしますので、始めはあまり力を入れずにゆっくりと回転させ、確実にドリルの刃が目的の位置からずれなくなったところで力を加え回転を早めます。**図2-8**にドリルによる穴あけの順序を示します。

電源スイッチの握り方で回転速度が可変できる方式のドリルはたいへん便利に使うことができます。ドリルのように刃が回転する工具を使用するときは手袋や衣類が巻き込まれることがありますから、注意が必要です。特に、電気ドリルでの穴あけには手袋は使用してはいけません。また、シャツやズボンの裾がブラブラしていると巻き込まれてしまいますからシャツはズボンの中へ、裾はゴムバンドなどで止めるようにしましょう。

### ◆バリ

ドリルであけた穴には、バリと呼ばれる**写真2-19**のようなササクレができますので、必ず取り去っておきます。専用のバリ取り工具もありますが、簡単なのは**写真2-20**のようにあけた穴よりふた回りくらい太いドリルの刃（たとえば3.2mmの穴のときは6mmのドリルの刃で、6mmの穴のときは10mmのドリルの刃）をバリにあてて軽く回転させ、バリを除去します。専用のバリ取り工具では傘型の刃をドリルのチャックにくわえて、軽く回転させます。バリ取りをするとき、ドリルや専用工具に共通ですが、力を入れ過ぎると元

図2-8
ドリルで穴をあける

## STEP.1

センターポンチで
穴をあける位置に
印を付ける

アルミ板に穴をあけたい位置にセンターポンチを打ち、ドリルの刃がずれないようにする。センターポンチの代わりにオートポンチを使うときはハンマーは不要

## STEP.2

ドリルの刃をセンターポンチで印した箇所にきちっとあてる

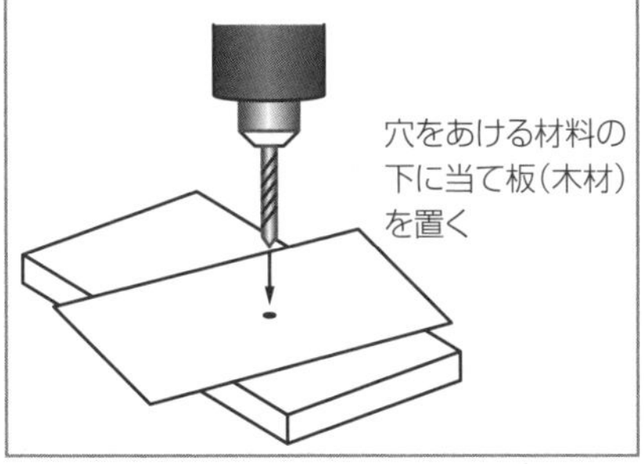
穴をあける材料の
下に当て板（木材）
を置く

センターポンチを打ったあとにドリルで目的の穴をあける。ドリルは垂直に持ち、いきなり高速回転であけないように注意し、徐々に回転を上げる

## STEP.3

ドリルのスイッチを入れて回転させ、ドリルを垂直にして上から力を加える。貫通したら抜き取る

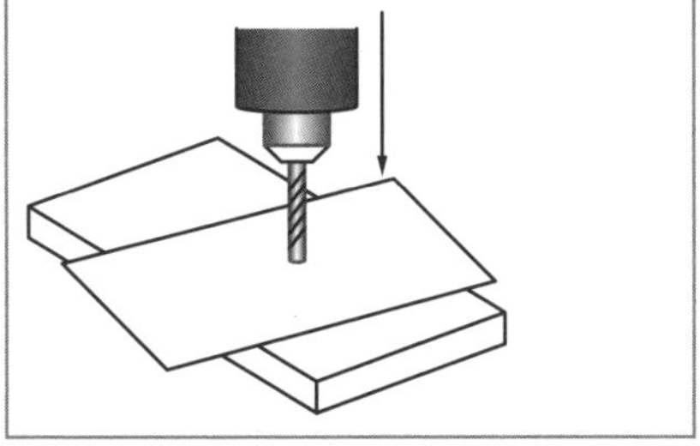

ドリルは高速でドリルの刃が回転するので、取り扱いには十分な注意が必要で、特に回転工具を使うときには手袋などの使用は避ける

写真2-19　ドリルなどであけた穴にはバリがある

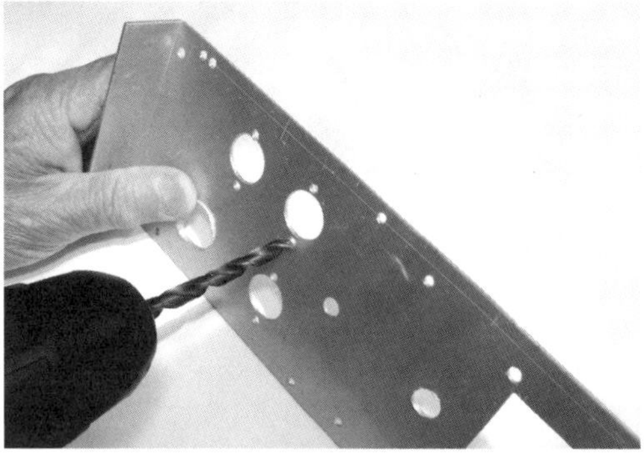

写真2-20　バリを取ってきれいにする

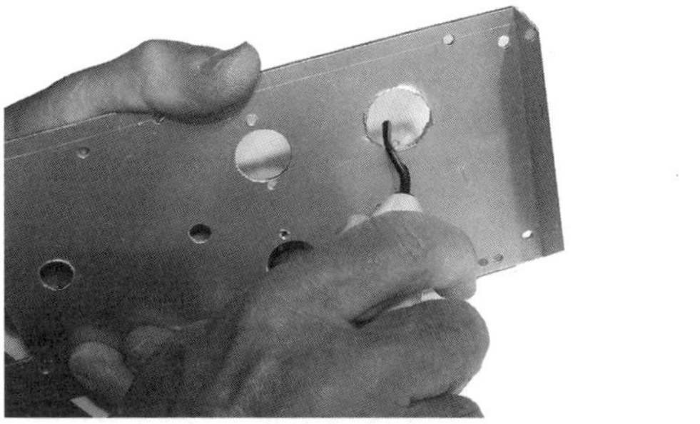

写真2-21　バリ取り専用工具でバリを取る

の穴を大きくしてしまいますので、あくまで軽く回転させることが重要です。

小さな丸い穴はこのような方法でバリを取ることができますが、角穴や大きい丸穴は専用工具でバリを取ることができます。

**写真2-21**は、イスラエルのNOGA社の面取り／バリ取り専用工具で鉄鋼用、鋳物用、プラスチック用の3本がセットとなったもので、バリの出ているところをえぐるようにして除去します。

## 2.2 一気に大きな穴をあける「ホールソー」

ホールソーを直訳すると穴あけ用ノコギリで、**写真2-22**に示す円筒状の縁にノコギリの歯が付いていて、中心部にはセンターを決めるドリルの刃が付いています。これを電気ドリルやボール盤のチャックにくわえて回転させ、一気に大きな穴をあけます。

写真2-22　大きな穴をあけるホールソー

通常使用するドリルの刃で太めなものは10mm程度で、真空管のソケットや大きなコネクターのような丸穴をあけるときはドリルの刃だけではできません。こんなとき活躍するのがホールソーです。これを使えば、2mmや3mm厚ほどあるアルミ板でもきれいにあけることができます。ホールソーはやや高価なため真空管のMT（ミニチュア）管用のための16mmと20mm、GT管やブロックコンデンサー用として30mmの3本程度を揃えておけばよいでしょう。

ホールソーを使ってきれいな穴をあけるには、ちょっとしたコツがあります。ホールソーは回転面積が大きいこともあり、ブレたり目的のものが動いてしまうとセンターがずれてしまいます。いったんずれてしまったり、センターの穴が大きくなったりしてしまうと、もはやきれいな穴をあけることは期待できません。したがって、センターがずれないよう目的のものの裏側に厚い木板をあて、これと穴をあけるものとを固定して、しっかりと押さえて木板と一緒に穴をあけていくとセンターのずれなどを防ぐことができます。

写真2-23　ネジで固定すると穴があけやすい

たとえば真空管のソケットの穴をあけるときは、**写真2-23**のようにソケット取り付け用ネジ穴などの小さい穴を最初にあけておき、この穴を利用して木ネジで木板に固定するとさらに安定してあけることができます。センターにポンチを打つことは、ドリルの刃で穴をあけるときと同じです。

厚いアルミ板や鉄板に穴をあけるときに発熱したり、切りくずが邪魔になったりすることがあります。こんなときは、ときどきオイル（自動車やバイクに使うものでよい）を注ぎながら回転させるとうまくいきます。

ホールソーであけたあとはバリができますので、バリ取り工具やナイフまたは半丸形ヤスリで取り除いておきます。

## 2.3 小さな穴を大きくする「テーパーリーマー」

ドリルでの穴あけはその大きさに限界があり、10mmを超えるとホールソー、シャーシパンチ、そしてテーパーリーマー（以下、リーマー）に頼ることにします。**写真2-24**に示すリーマーは、リーマーの最大径のところまでの任意のサイズの穴を拡げることができます。

リーマーは円推型の鋼鉄のもので、ちょうど傘をわずかに開いたような形をしていて、傘のひだにあたるところが刃になっています。リーマーの使い方は、最初にドリルでリ

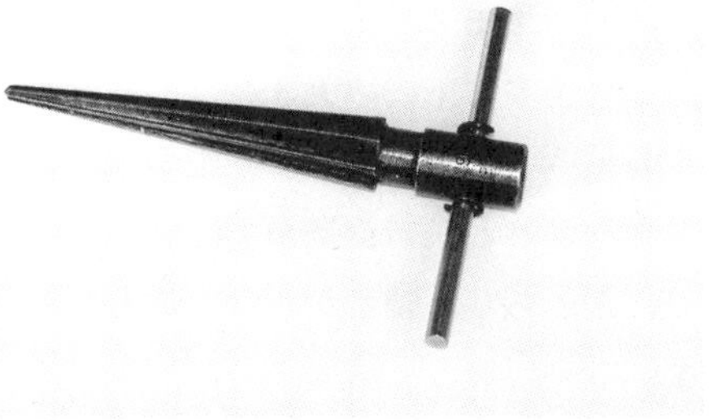

写真2-24　小さな穴を大きくするリーマー

ーマーの1/3くらいが入る穴をあけ、その穴にリーマーを差し込んでゆっくりと時計回りで目的の部材を削っていきます（写真2-25）。

このとき、あまり力を入れずに回転させることが、真円に穴を大きくしていくコツです。力を入れ過ぎると真円にならず、リーマーの刃形と同じようなゴツゴツとした穴になってしまいます。特に鉄板のような硬いものをリーマーで大きくすると、変形しやすくなりますので、注意深く回転させてください。ときどきリーマーを抜き、穴の大きさが目的のサイズになっているかを確認します。

大きくなり過ぎた穴は元に戻すことはできませんので、ノギスでサイズを測ったり、実際のものを差し込んだりして確認をしながら削ります。また、反時計方向へ戻すときはリーマー自体を少し穴から引き抜くようにして、決して力を入れないことです。リーマーでの穴の拡大時にもバリができますので、ホールソーのときと同じようにバリ取りします。図2-9を参考にしてください。

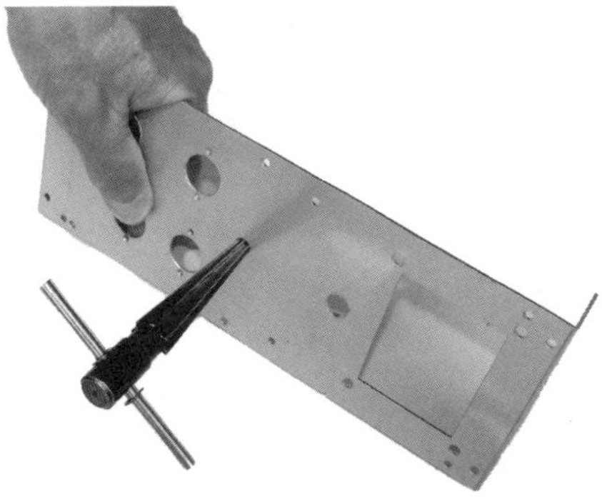

写真2-25　リーマーのセットの仕方

図2-9

**STEP.1**　リーマーで穴を大きくする

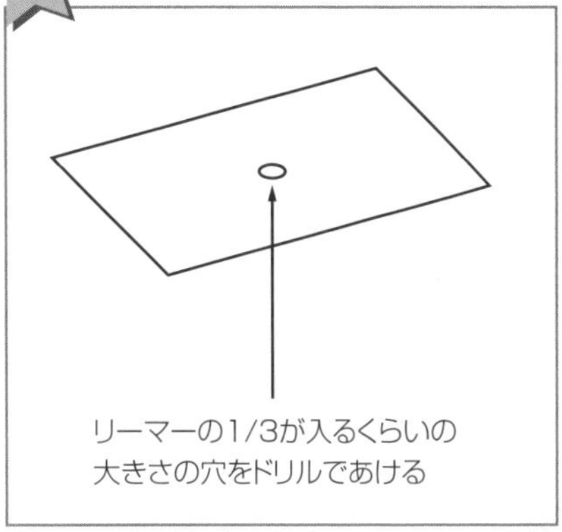


ドリルであけた小さな穴にリーマーの先端を差し込み、リーマーを時計方向に回しながら少しずつ大きな穴をあける

**STEP.2**

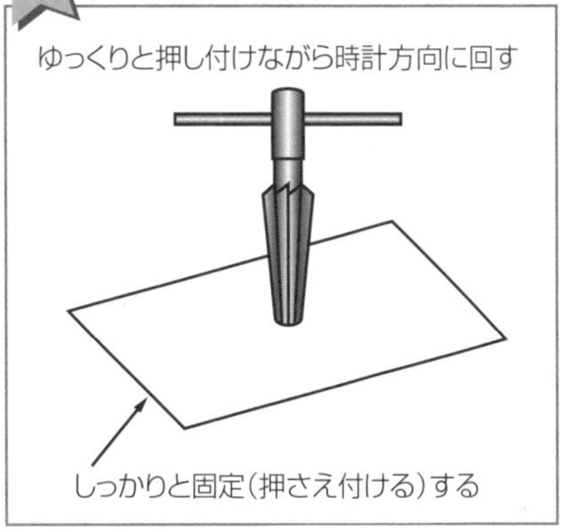

ゆっくりと押し付けながら時計方向に回す
しっかりと固定（押さえ付ける）する

リーマーを回すとき、垂直にして回さないと「いびつ」な穴になってしまうので注意しながら回す

**STEP.3**

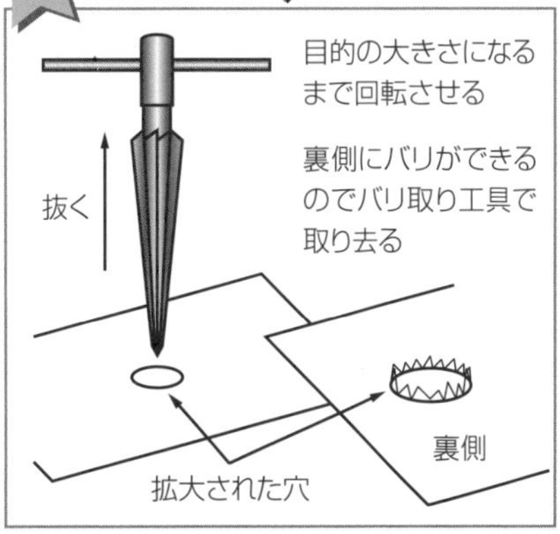


所定の大きさに拡大できたら、リーマーを少し逆回転させて、抜き取る。あけた穴にできたバリはきれいに取り去る

## 2.4 真空管ソケットなどの大きな穴をあける「シャーシパンチ」

**写真2-26**に示すシャーシパンチは真空管のソケットやコネクターのような大きな穴を、凸凹の金属を組み合わせた工具で、この凸凹の間に挟んだアルミ板をネジの力によって一気にあけます。

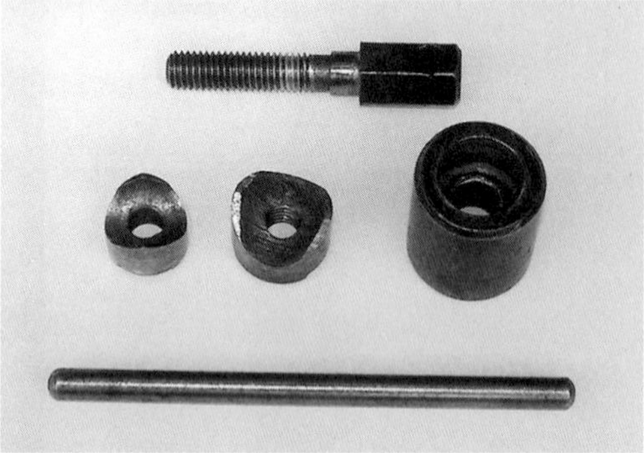

写真2-26　真空管ソケットなどの穴をあけるシャーシパンチ

あらかじめあけるサイズの決まったものに適しています。たとえば、真空管のソケットの場合はMT管の7ピン用の16mm、9ピン用の20mm、そしてGT管の30mmといったサイズが用意されています。

シャーシパンチの使い方は、まず電気ドリルで6mm程度の下穴をあけ、リーマーでシャーシパンチのネジが通る穴まで拡げます。

そして、この穴にシャーシパンチを**写真2-27**のようにセットしてハンドルを時計方向に回転させます。すると、ネジの力でアルミ板に挟んだ凸型金具が凹型金具に食い込み、凸凹の効果でスポッと大きな穴をあけることができます。下穴の大きさは、シャーシパンチの軸ネジの径と同じにします。この下穴が大き過ぎると穴の位置がずれてしまいますので、きっちりと軸ネジがはまる大きさにします。

シャーシパンチはハンドル側には凹の金具を、そして裏側には凸の金具をセットします。最初は軸ネジを軽く手で回し、それ以上手で回せなくなったらハンドルを使って時計回りに強く回転させ、凸型の金具を目的のアルミ板に食い込ませます。

このとき、シャーシやパネルの表側に凹型をセットしてネジを締め付けると凹型の金具も一緒に回転してしまうと、シャーシの表面に傷が付きますので表面には凸型をセットするか、凹型のときは**写真2-28**のようにシャーシと凹型金具の間に厚めの紙やビニルシートとともにセットすれば傷付き防止となります。**図2-10**を参考にしてください。

穴をあける部材がアルミ板の場合、1.5mm厚程度のものまではシャーシパンチであけることができますが、これ以上の大きな穴は手回し式では無理があります。油圧式の高級品もありますが、これは高価ですので日曜電子工作ではネジ式のもので十分でしょう。

バリ取りは、ホールソーと同じように行います。

写真2-27　シャーシパンチのセットの仕方

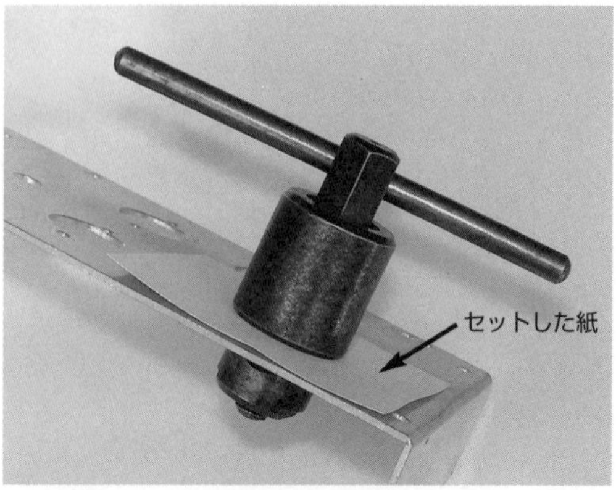


写真2-28　シャーシとパンチの間に紙を挟む

図2-10

**STEP.1** シャーシパンチで大きな穴をあける

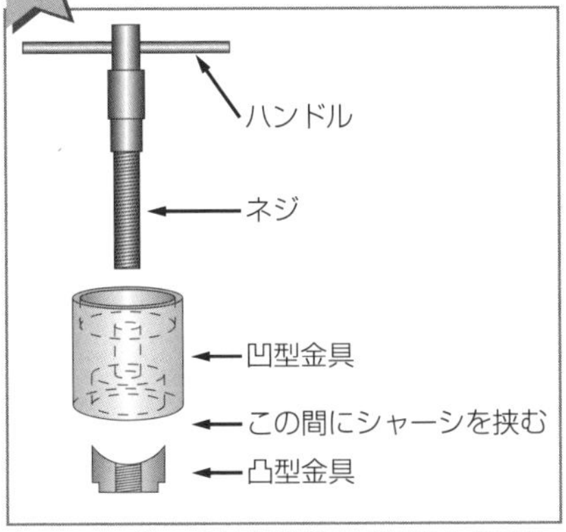


シャーシパンチは真空管のST管やGT管、そして7ピンのMT管、9ピンのMT管用凸型金具とそれに対応する凹型金具があるので区別して使用する

**STEP.2**

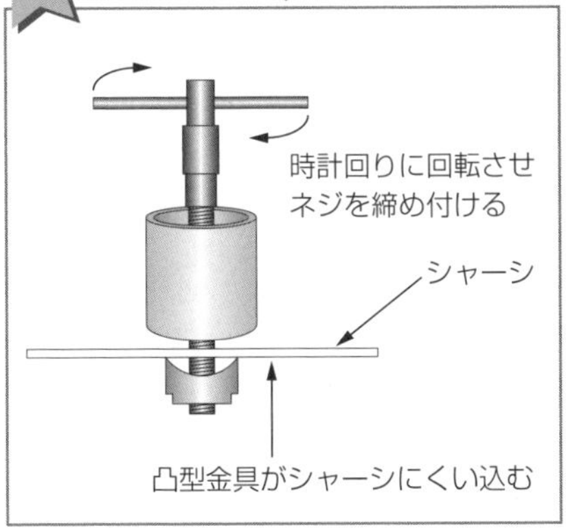


穴をあけたいアルミ板を図のように凹金具と凸金具の間に挟み込んで、シャーシパンチの軸を回転させて穴をあける

**STEP.3**

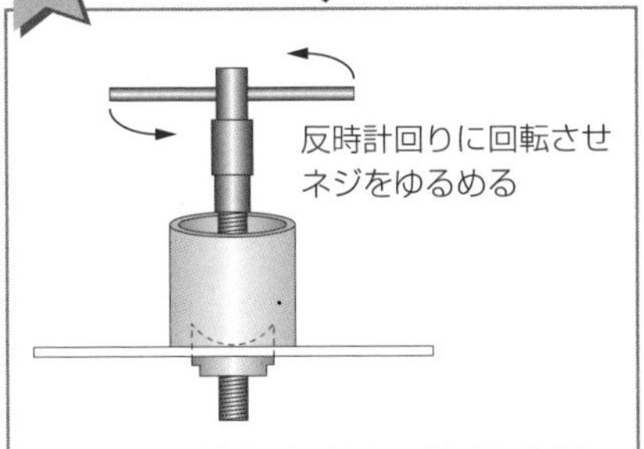


凸型金具が全部くい込んで抜けたら反時計方向へ回し、ネジをゆるめて金具を抜く

シャーシパンチの軸を回すとき、アルミ板も一緒に回ってしまうことがあるので、アルミ板が回らないように手で押さえる

## 2.5 任意の形の穴をあける「ニブリングツール」

**写真2-29**のニブリングとは「食いちぎる」という意味で、文字どおりアルミ板や薄い鉄板を食いちぎって角穴や大きな丸穴、そして任意の形の穴をあける工具です。

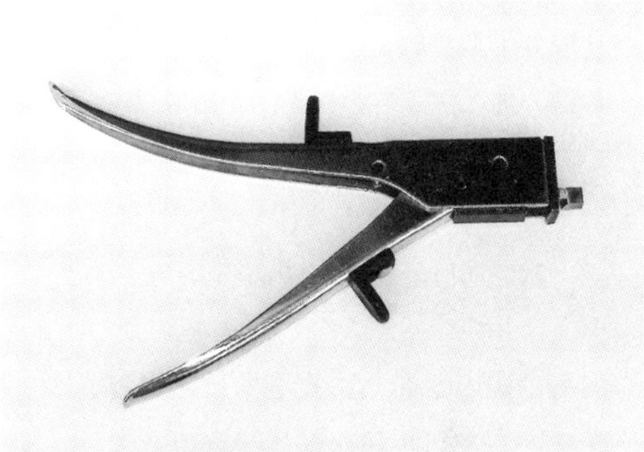

写真2-29　ニブリングツール

ビルの解体工事現場で大きな怪獣のようなものがコンクリートや鉄骨を油圧の力で食いちぎっているのを見たことがあると思いますが、その重機もニブラーと呼ばれるものです。ニブリングツールはトランスの角穴をシャーシにあけるときに威力を発揮します。

最初に10mm程度の丸穴をドリルであけ、ここにニブリングツールの刃を差し込んで食いちぎっていきます（**写真2-30**）。

食いちぎる長さはせいぜい2mm程度ですが、食いちぎりながら進めていくことにより細長い角穴をあけ、また目的のところで直角

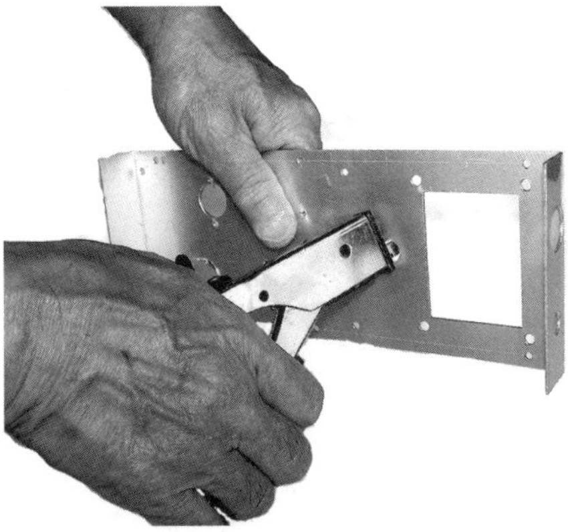

写真2-30　ニブリングツールで自由にカット

に向きを変えて進めば任意の大きさの角穴をあけることができます。食いちぎったあとはギザギザしているため、平ヤスリで仕上げるときれいな角穴となります。

メーターのような大きな丸穴もケガいた線に沿って進めると簡単にあけられ、仕上げは甲丸ヤスリできれいにギザギザを取り除き、最後にバリ取り工具で加工面を滑らかにします。ケガくとは、加工するものに元図から寸法を写し取って、印を付けることをいいます。

## 2.6 穴をあける位置を決める「センターポンチ」

穴あけ図のとおりに穴をあけるには、シャーシやパネルに正確な位置をケガきます。これにはケガキ針という専用の工具もありますが、先の尖った千枚通し、コンパスやデバイダーの針を使うこともできます。デバイダーは、メーターを取り付けるときの穴のような大きいサイズの円を描くときにコンパス代わりにも使えます。

製作例に示した第6章の真空管式レフレックス式ラジオの製作では、シャーシにいくつものいろいろなサイズの穴をあけますが、この穴の位置がずれたりすると目的の部品を取り付けられなかったり、別な穴をあけたりしなければなりません。穴あけ位置を示す図面から写し取ったら、穴あけの目的の位置にセンターポンチ（単にポンチともいう）を打ちます。センターポンチとは、**写真2-31**に示すように先端が尖った金属棒でできている工具です。目的の位置にセンターポンチの先端をしっかりと押し付け、頭部を軽くハンマーでたたきます（**写真2-32**）。

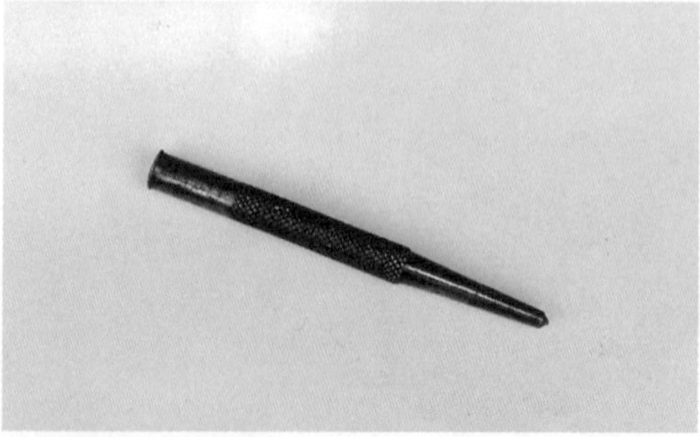

写真2-31　穴あけ位置を決めるセンターポンチ

写真2-32　センターポンチを打つ

力を入れ過ぎると深くへこみ、シャーシやパネルが歪んでしまいますからハンマーは小型なものを使ってください。ドリルで穴をあけるとき、どうしてもドリルの刃先が目的の位置から滑ってしまいますので、これを防止するために小さなへこみを作るための作業です。

**写真2-33**のオートポンチと呼ばれる頭をたたかないでもよい工具もあります。これはドライバーのような形で、内部にスプリングが入っていて頭を押さえ付けて一定以上の力が加わると自動的にスプリングの力でポンチを打つことができます。

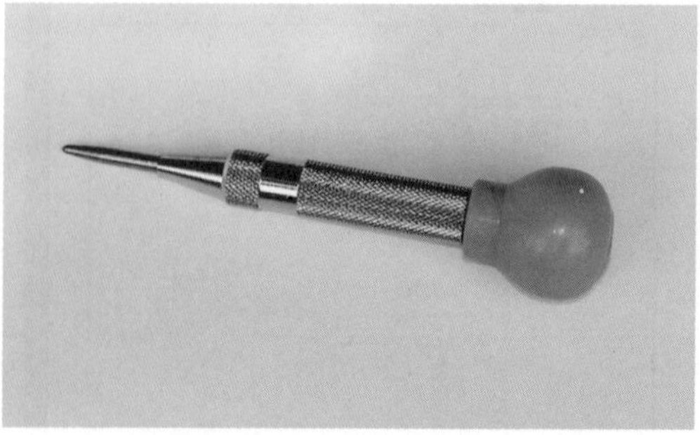

写真2-33　オートポンチ

シャーシやパネルに直接ケガキをするとケガキのラインや印が残ってしまい、仕上がりが美しくありません。こんなときは、シャーシャやパネルと同じ大きさに切ったセクションペーパー（グラフ用紙）にケガキと同じ要領で穴あけ位置を描き、これをセロファンテープや両面テープでシャーシへ貼り付け、この上からキリや千枚通しで印を付け、ここにポンチを打ってから穴をあけるとケガキ跡が残らず、美しく仕上げることができます。

パソコンのCADソフトウェア（図形作成ソフト）などを用いて画面上で部品を配置し、穴あけ位置などを決めてプリンタへ原寸大で出力し、これを目的のものに貼り付けると穴あけ位置を正確に印すことができます。

## 2.7 「木工用ドリル」と「コンクリートドリル」

電子工作ではスピーカーボックスやケースを木材で作ることがあり、こんなときには木工用ドリルの刃の出番となります。**写真2-34**のように木工用ドリルの刃は先端が木ネジのようになっていて、これが木材に食い込んでいき周囲と内側にある鋭い刃で削り取ります。

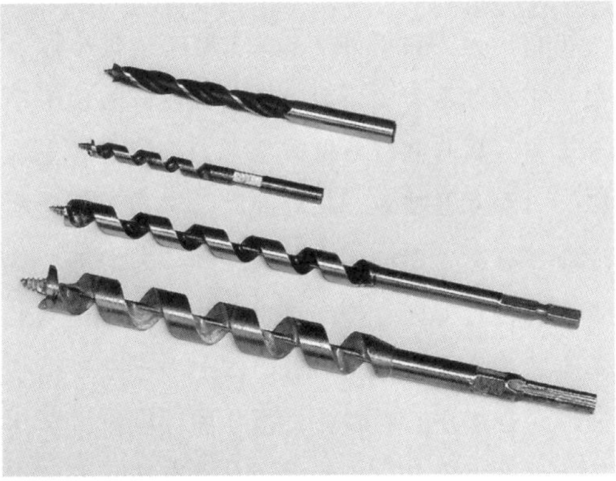

写真2-34　木工用ドリルの刃

このドリルは、上から力を入れなくても回転することにより木ネジと同じ効果で進むことから、うっかりすると目的の深さを通り越すことがあるので、注意する必要があります。木ネジ方式でないものもあり、これは鉄工用と同じように力を加えないと進んでいきません。

木工用ドリルは回転数が少なく、ゆっくり力強く回転するものが好ましく、高速だと一気に食い込んでしまいます。

また、引き抜くときは逆回転のできるドリルが使いやすいでしょう。木材に角穴（ホゾ）をあけるときは、木工用ドリルでいくつかあけてからノミで削り取ると簡単にあけることができます。

コンクリート用ドリルはセメント製品や岩などの硬いものに穴をあけ、ここに木ネジを利用できるように**写真2-35**に示すプラグを差し込んだり、**写真2-36**のアンカーボルトを打ち込んだりするときに使用するものです。このドリルは木工用や鉄鋼用とは違い先端は超硬金属でできていて、刃の角度も異なっています。コンクリートに直接ネジを使うことはできないことから、コンクリートドリルであけた穴に鉛や樹脂でできたプラグと呼ばれる補助部品を打ち込み、これで木ネジが効くようにします。

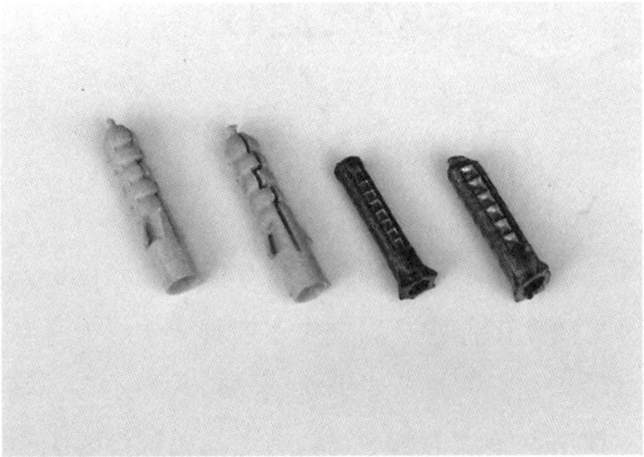

写真2-35　コンクリートにボルトを打つときに使うプラグ

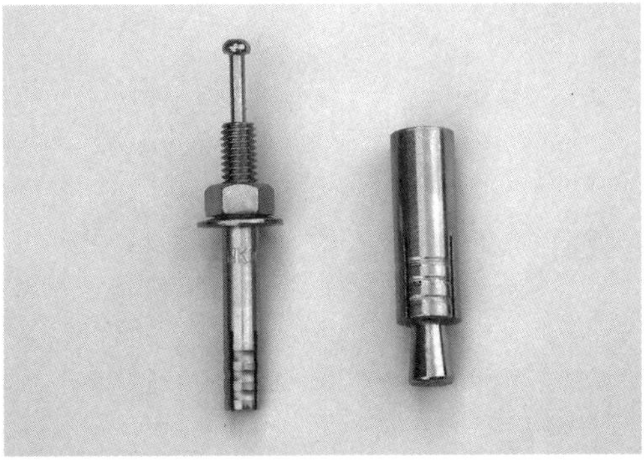

写真2-36　アンカーボルト

大きなボルトを使いたいときはアンカーボルトと呼ばれるものをハンマーで打ち込むと、内部のくさび状の金具で外側のスリーブが膨らみ、穴から抜けないようになります。このアンカーボルトにはオスネジとメスネジがあります。ふつうの電動ドリルでも使用できますが、回転数が高速のためドリルの刃先が高温になってしまい切れ味が極端に落ちてしまいますから、ときどき抜いて水で冷やすなどの処置が必要です。しかし、くれぐれもドリル自体に水がかからないよう注意してください。

アルミ板などの金属に穴をあけるふつうのドリルは、時計方向に高速回転しますが、振動ドリルは、回転する刃に上下方向の動き（振動）も加わります。このドリルには、目的の深さの穴があいたとき自動的に回転が停止するストッパー付きのものもあります。

## 3 ものを掴む

### 3.1 「万力（バイス）」

万力は**写真2-37**に示すように二つの平行する口金がネジの回転により閉じたり開いたりして、工作物を固定する工具です。大きさは手のひらに乗る卓上タイプのものから、据え置きタイプの数トンの力で締め付ける大型のものまであります。万力は、別名バイスとも呼ばれています。電子工作では、挟む幅が100mm程度の卓上タイプもので十分です。

写真2-37　部材を固定する万力（バイス）

パイプやアングルを金切りノコギリで切ったり、工作物へのヤスリがけやドリルでの穴あけをしたりするとき、**写真2-38**のように目的のものをこの万力でしっかり固定しておくと精度よく加工でき、部材が動かないので安全に作業をすることができます。

写真2-38　万力で固定すると安定した作業ができる

また、万力はアルミ板でL型の金具を作ったりするときの金属板の折り曲げにも使用できます。折り曲げる位置を万力の口金の先端にしっかりと挟み、折り曲げるアルミ板に木片などをあてがい、全体に均一の力が加わるように押していくのがコツです。1.5mm以上あるアルミ板や鉄製のものはそのままだと折り曲げがむずかしいので、折り曲げ位置にプラスチックカッターでわずかな溝を作っておくと、きれいに折り曲げることができます。

万力の変わった使い方としては、**写真2-39**のようにフラットケーブルとヘッダーコネクターの圧着用の専用工具の代用とすることもできます。ヘッダーコネクターにフラットケーブルを軽く挟み、圧着の位置を確認したあと、万力の口金を狭めていって圧着します。あまり力を加え過ぎるとヘッダーコネク

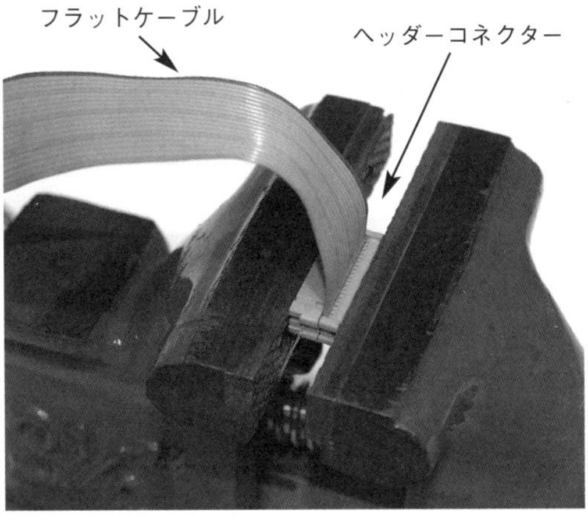


写真2-39 万力を代用してフラットケーブルとヘッドコネクターを圧着する

ターが壊れてしまいますので、注意しながら締めてください。

## 3.2 「シャコ万力（C型クランプ）」

形状がC型をした万力で、ネジの力で締め付ける工具です。その形からC型クランプとも呼ばれています（**写真2-40**）。

この工具は板と板を締め付けて固定したり、木材を接着剤で接着するときに動かないよう一時的に固定したりするために使用します。

シャコ万力を数個用意しておくと、いろいろな作業に使用できます。たとえば、アルミ板をジグソーで切断するとき直線定規の代わりにアングルをシャコ万力で固定し、これにジグソーを押し付けて進めると、真っすぐに切断することができます。**写真2-41**は、シャコ万力を2個使って、万力の作業台を固定した例です。

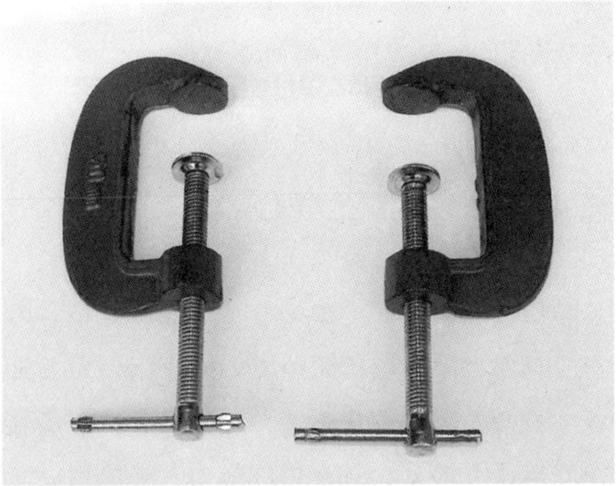

写真2-40 シャコ万力（C型クランプ）

写真2-41 シャコ万力を2個使って万力の作業台を固定

## 3.3 「圧着工具」

**写真2-42**の圧着端子は導線の末端に取り付け、それをオスネジで端子板に固定して電源回路や制御回路の接続に使用します。導線と導線を接続するときは**写真2-43**のスリー

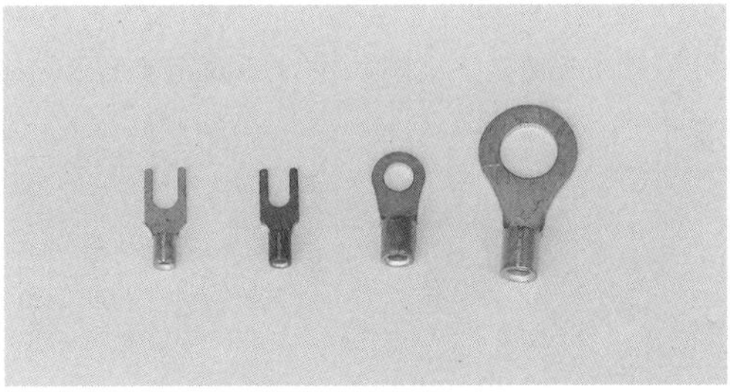

写真2-42 圧着端子

写真2-43 スリーブ

ブと呼ばれる円筒状の金具を圧着して導線を接続することができます。スリーブは外側が絶縁されているものと金属が剥き出しのままのものがありますが、ショート防止のため絶縁タイプのものが多く使用されています。

圧着工具は、圧着端子やスリーブを導線に固定する工具で手動方式（**写真2-44**）や油圧、電動方式のものもあります。電子工作で使用するものはそれほど大きな圧着端子を取り付けることはありませんので、圧着工具は小型の手動方式がよいでしょう。

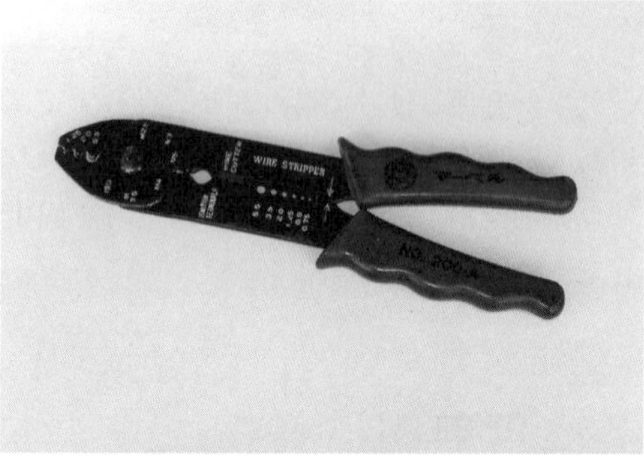


写真2-44　圧着工具

この工具には圧着端子の大きさにより**写真2-45**のように挟む場所が複数あり、圧着端子の大きさに適合する場所に挟んで凸型の部分で端子をカシメ（締め付けて固定すること）ます。

また、圧着端子には線の太さに適合したサイズのものがあり、先端がリング状になっている丸形やU字状の先端解放型などいろいろなものがあります。U字型のものはネジを外さなくても端子を横から差し込むことにより取り付けられます。

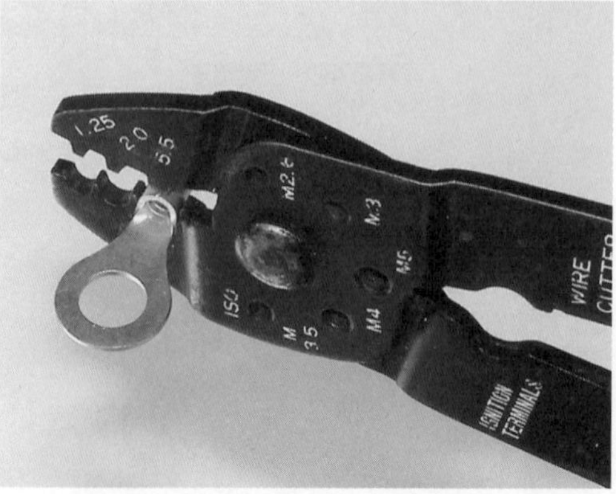


写真2-45　圧着工具で圧着端子をカシメる

圧着端子の取り付け方は、取り付ける線の外皮を端子の差し込みの長さより1mm程度長く剥ぎ、心線は捩(よじ)らずにそのまま差し込みます。先端が1mm程度出るようにして圧着工具で締め付けます（**図2-11**）。心線を捩ってしまうと断面積が大きくなり圧着端子に入らなくなるばかりか、圧着効果が少なくなります。

圧着の必要な位置まで押し付けると自動的に外れるラチェット機構の付いた圧着工具があり、これを使うと圧着し過ぎということはなく、適正な圧着ができます。ラチェット機構のないものは、先端にストッパーが入っていて一定以上の力を加えても、それ以上圧着しない構造となっていますが、圧着端子のサイズと工具の挟む位置が合っていないと、あまり最後まで押し付けると端子が壊れてしまうことがありますので、注意が必要です。

また、**写真2-46**に示す絶縁被覆付き圧着端子用工具もあります。

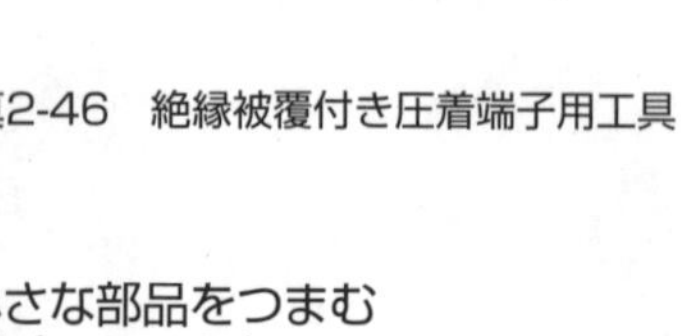

写真2-46　絶縁被覆付き圧着端子用工具

## 3.4 小さな部品をつまむ「ピンセット」

**写真2-47**に示すピンセットは、板バネの力で通常はV字形に開いていて、指の力で押さえることにより先端で部品などを挟むことができるもので、細かい作業のときに用います。ピンセットの材質は金属製や竹製のもの

図2-11
圧着工具の使い方

**STEP.1**

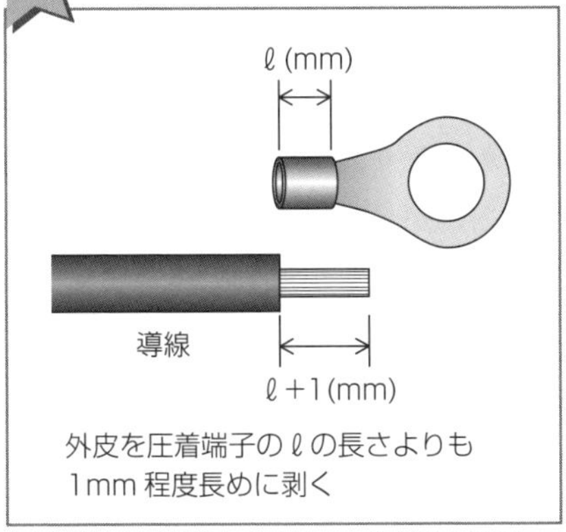
ℓ(mm)
導線
ℓ+1(mm)
外皮を圧着端子のℓの長さよりも
1mm程度長めに剥く

圧着端子と接続したいビニル線を用意し、図のようにビニル線の外皮を剥く。芯線を切らないように注意する

**STEP.2**

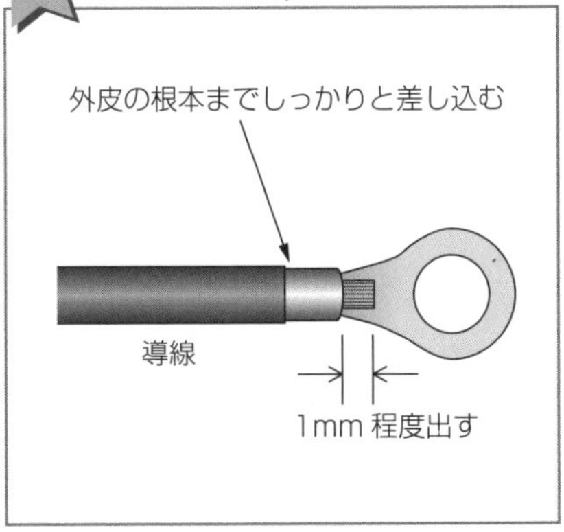
外皮の根本までしっかりと差し込む
導線
1mm程度出す

ビニル線の芯線を圧着端子の穴に通す。端子の形状によっては端子に挟み込む

**STEP.3**

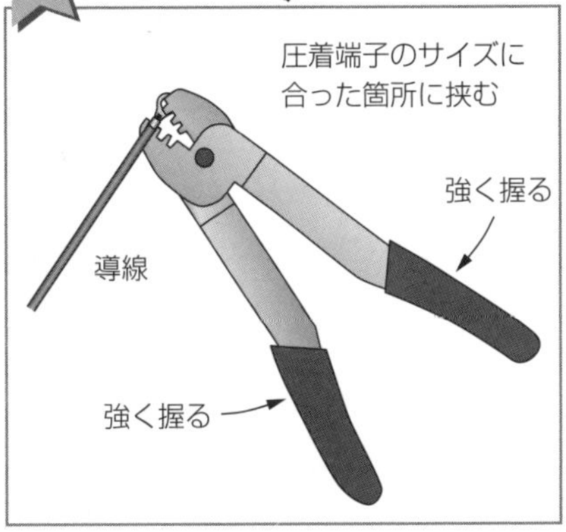
圧着端子のサイズに
合った箇所に挟む
強く握る
導線
強く握る

圧着工具には端子の大きさによって使う場所が違うので、適合した位置にあてて圧着する

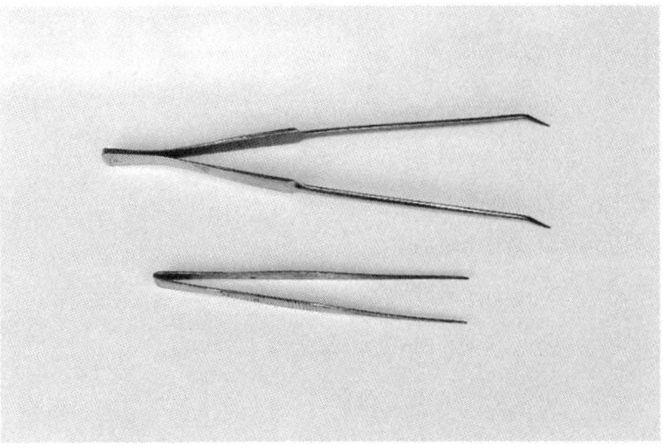

写真2-47　ごくふつうのピンセット

などがあり、また絶縁や薬品に強いセラミックス製のものもあります。

電子工作では、狭い場所での部品の取り付けやワッシャーやネジをセットするとき、ピンセットで挟んでから目的の位置に固定します。ハンダ付けしたりネジ止めしたりするときに便利です。ただし、ラジオペンチのように強い力で挟むことはできないため、小さなものを軽くあてがう程度です。

ピンセットの種類には真っすぐなストレートタイプ、先端が曲がっているタイプ、ストレートタイプとは逆の動きをして、ふつうは閉じていてつまむと開くネガティブピンセット、電子部品をつまみやすくしたパーツホールドピンセットなどがあります。先端が曲がったものは、ストレートピンセットでは届きにくい狭い場所や部材の陰などにも使用することができます。

竹を材質としたものは自作も可能です。良質の竹材を薄く加工したものを2枚作り、手元に残った竹材や木材で隙間を埋めるくさび形のものを作り、接着剤で取り付けます。両側から小さな木ネジで固定しておくと、さらにしっかりと固定できます。くさびの角度により先端の開き具合が変わりますので、ピンセットの先端が10～15mm程度開く角度のくさびを作るとよいでしょう。先端は細く削ったり平らにしたり、好みの形に作ることができます。自作したものを**写真2-48**に紹介します。竹製ですから、絶縁と熱の伝導を防止

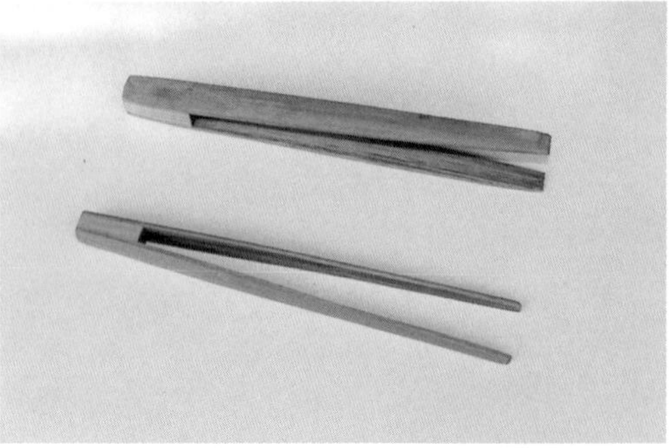

写真2-48　竹材で自作したピンセット

することができます。

## 4　ネジを締める

### 4.1　「ドライバー」

**写真2-49**は、電子工作の中で使用頻度が上位に入る工具で、いわずと知れたネジ回しです。英語ではスクリュードライバー（Screw driver）といい、同じ名前のカクテルもありますね。これは、最初にこのカクテルを作った人がかき回すのにスクリュードライバー、つまりネジ回しのドライバーを使用したことに由来するそうです。ドライバーを辞書で調べると「運転者／ネジ回し／ゴルフクラブの一つ／コンピューターのデバイスを制御するプログラム」などといろいろな意味を持った言葉が出てきますが、ここでのドライバーは、もちろんネジ回しの意味のドライバーです。

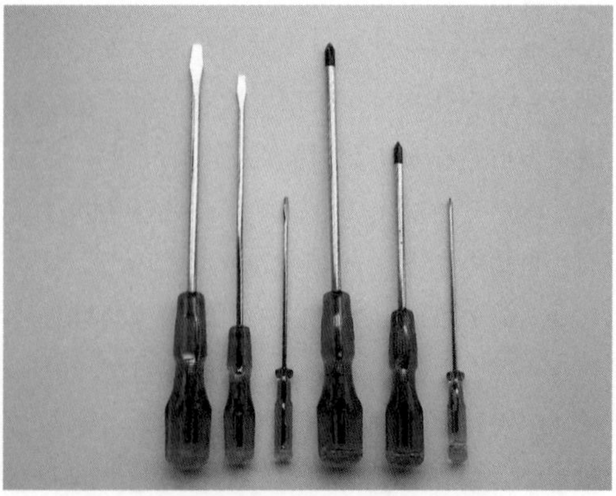

写真2-49　各種が揃ったドライバー

ドライバーにはいろいろな種類があって使用するネジに合わせたり、使用する場所や条件にも合わせたりして使い分け、同じ目的でも小さいものから大きいものまでサイズもいろいろです。私たちが電子工作で使用するものは、2～5mm程度のネジを回すものが一般的です。

◆精密ドライバー

1mm以下のネジを使用している時計やメガネのようなごく小さいネジを回すもので、すべてが金属製で柄に相当する頭のところに自由に回転する部分があります（**写真2-50**）。**写真2-51**のように、この回転部分に人指し指をあてがって親指と中指で回転させるのが基本的な使い方ですが、特にこだわらずに手のひらにあてがい、親指と人差し指で目的のものを回すほうが安定感があり、力も入ります。

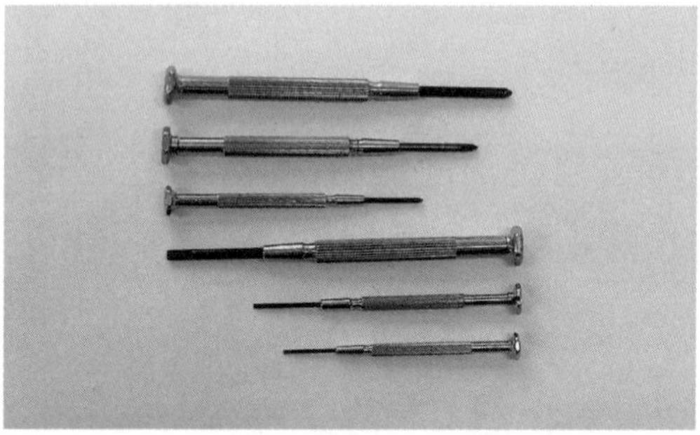

写真2-50　精密ドライバー

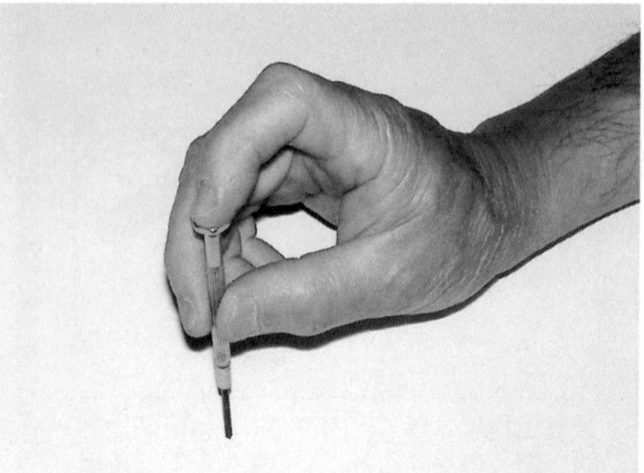

写真2-51　精密ドライバーの持ち方

対象となるネジ自体も非常に小型のものですから、力を入れ過ぎて回すとネジの頭を壊してしまいますので、力の入れ具合を加減しながら回転させます。

ドライバー全般についていえることですが、ネジの頭にドライバーの先端をしっかりと押し付けて使用しないと、ドライバーが空回りしてネジの頭を痛めてしまいます。

精密ドライバーは、ふつうのドライバーと一緒にマイナスやプラスでいくつかの大きさのものが組み合わさった**写真2-52**のようにプラスチックケースなどに入ったセットのものがありますので、これを用意しておくと時計の電池交換、メガネのネジのゆるみ修理などに重宝します。

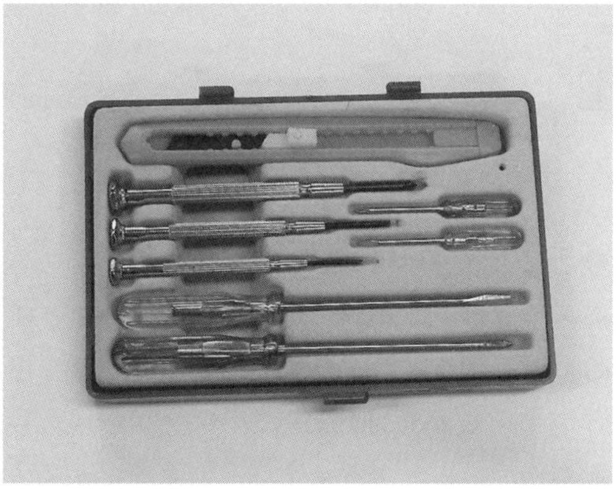

写真2-52　便利な小型ドライバーセット

## ◆プラスドライバー

**写真2-53（右）**に示すように文字どおりドライバーの先端が「＋」型をしたもので、プラスネジを締めたりゆるめたりするものです。最近のネジのほとんどがプラスネジとなっていますから、数多くのドライバーの中でも一番多く使用されます。小さいネジに大きなドライバーは「＋」の溝には入らないのでネジの頭を壊す心配はありませんが、ネジに合わない小さいサイズのドライバーを使用するとネジの頭を壊してしまいますから、必ず適合したサイズのドライバーを使用してください。

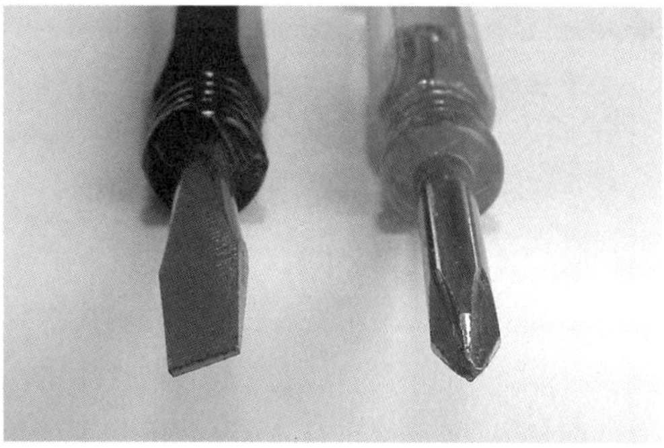

写真2-53　マイナスとプラスドライバー

また、ドライバーは使用する場所に合わせて、長さの違うものを数本用意しておくことも必要です。これはスペースの狭いところのネジ締めには手のひらにスッポリと収まる短い柄のドライバー、そして奥の深いところのネジ締めには柄の長いドライバーとそれぞれの使用環境により使い分けます。このことはプラスドライバーに限らず、すべてのドライバーについていえることです。

## ◆マイナスドライバー

最近ではマイナスのネジの使用がほとんど見かけなくなっているので、あまり使われなくなりました。本来の使い方ではありませんが、**写真2-53（左）**のように先端が「－」型をしていることから部材などの隙間にこのドライバーの先端を挿入して、こじ開けたり、剥がしたりするツールとしての利用価値が多くなっています。

マイナスネジを回すときのコツは、ネジの頭の溝とドライバーをガタつかせないことです。また形状が「－」ですから、ネジの中心とドライバーの中心が合わないことがあり、合っていないまま回すとネジの頭を痛めてしまいます。最初は軽く回してみて、両者の中心軸が一致していることを確認しましょう。したがって、マイナスの切れ込みの長さとドライバーの先端との幅が合ったものを使用すれば、ガタつきや回転軸のずれの発生が防止できます。

### ◆非磁性体ドライバー

スピーカーの取り付けなど極端に強い磁石の周辺でネジ止めする場合、鉄など磁性体でできたドライバーを使用すると強烈な磁石の力に吸い付けられて作業がうまくいきません。こんなときに使用するのが、非磁性体ドライバーです。当然のことながら非磁性体でできたドライバーは磁石にくっ付きませんので、作業を楽にすることができます。**写真2-54**は、非磁性体ドライバーです。

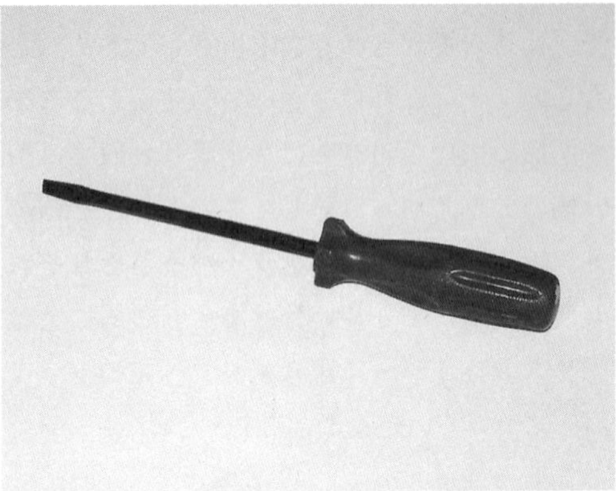

写真2-54　一見区別はつかないが、これが非磁性体ドライバー

### ◆ボックスドライバー

ナット（メスネジ）を回すときに使用するもので、**写真2-55**のようにナットが入るボックスがドライバーの先端に付いたものです。メスネジを固定しないでオスネジだけを回すとナットが滑って空回りしてしまうことがありますが、こんなときに後ろ側からボックスドライバーをあてがって回すとしっかりネジを締め付けることができます（**写真2-56**）。別名、ナット回しといいます。

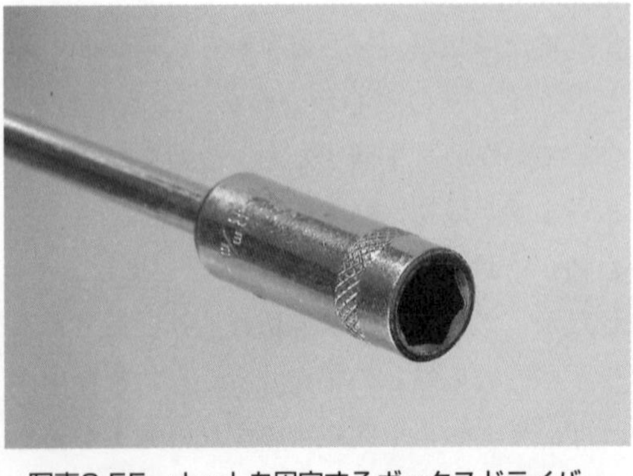

写真2-55　ナットを固定するボックスドライバー

ボックスドライバーはナットのサイズに合ったものを用意しておかなければなりません。通常では3mmや4mmのものがあればよいでしょう。これ以上大きなものを回すときには、スパナーやソケットレンチと呼ばれる工具を使います。

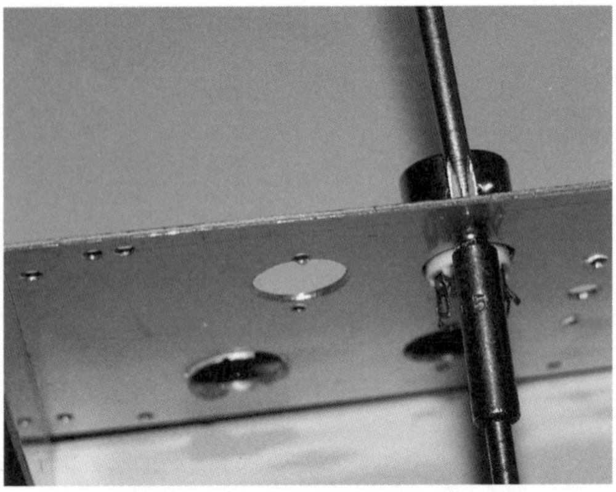

写真2-56　ボックスドライバーの使い方

### ◆ラチェットドライバー

ふつうのドライバーは、ネジを締めたりゆるめたりするにはドライバーのグリップを握って半回転から1回転毎にグリップを持ち替えるか、いったんドライバーの先端をオスネジから外し、元の位置に戻して再び回転させるという動作を繰り返さなければなりません。**写真2-57**に示すラチェットドライバーはドライバーの内部に歯車があり、この歯車を目的の方向以外へは回転させないためのス

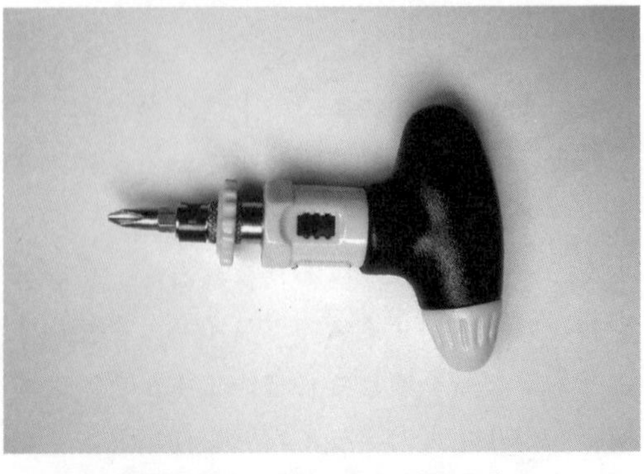

写真2-57　ラチェットドライバー

トッパーとして働き、逆方向への回転は滑るようにできています。これをラチェット機構といいます。このため、回転させるときはドライバーの先端のオスネジの頭から離す必要がなく、押し付けたまま左右に回せますので素早くネジを締め付けたりゆるめたりすることができます。締め付けとゆるめの切り替えは、ラチェット機構部についているレバーの切り替えにより行います。ただしネジの回転が軽いときは、ラチェット機構が動作しないことがあります。

## 4.2 「六角レンチ（HEXレンチ）」

ネジの種類の項で説明するいわゆるイモネジの頭のへこみは六角形になっているものがほとんどです。また、ナベネジや木ネジにも頭の部分が六角形の凹型になっているものがあります。イモネジはボリュームやロータリースイッチのツマミを固定するためによく使われているネジです。**写真2-58**に示す六角レンチは六角形の凹型の所へ差し込み、L型の一方をアームとして利用してネジを回転させます。六角レンチにはサイズがミリとインチがありますが、細いものはなかなか見分けがつきません。実際に凹部に差し込んで、ガタつきがなくきちっとはまることを確認してから回転させないと、ネジや六角レンチを傷めてしまいます。

使用方法は、最初は六角レンチのL字の長いほうをオスネジの凹部の奥まできちっと差し込み、軽く回転させて止まったところでいったん抜き、次にL字の短いほうをきちっと差し込んで長いほうを回転させて締め付けます。

六角レンチには各種サイズが組になってホルダーに入ったものがありますので、インチとミリの両方を備えておくとよいでしょう。

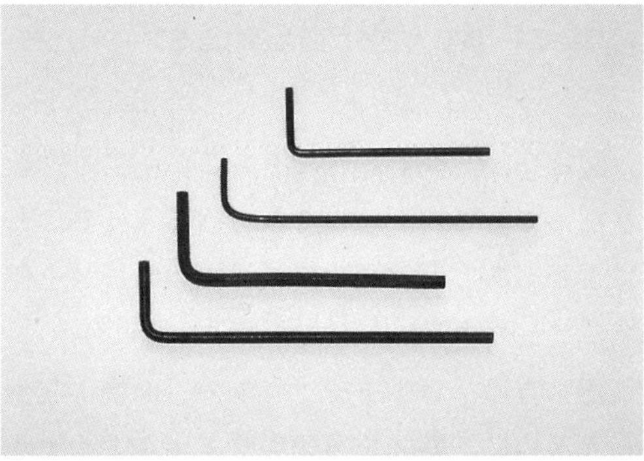

写真2-58　各種サイズの六角レンチセット

## 4.3 「レンチ（スパナー）」

ボルトやナットの頭は、通常六角形ですが、これらに対応する二辺の平行な面（これを二面幅という）を2カ所で挟んで回転させる工具が**写真2-59**に示すレンチです。メーカーによってはスパナーと呼んでいるところもありますが、これらは同じものです。

サイズは二面幅の長さで表し、ミリとインチの2種類があります。**写真2-60**に示すよう

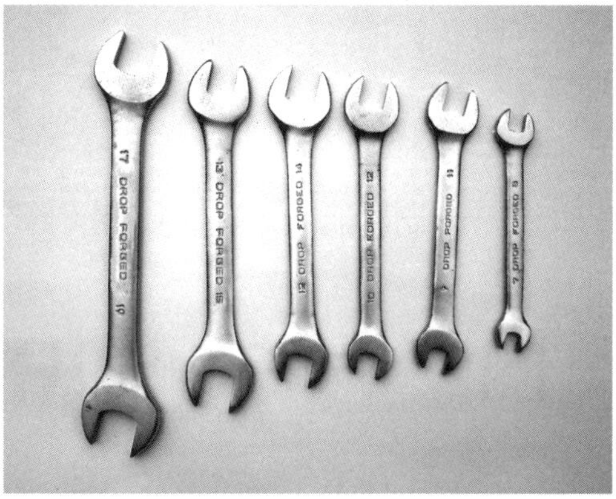


写真2-59　両口レンチ（スパナー）

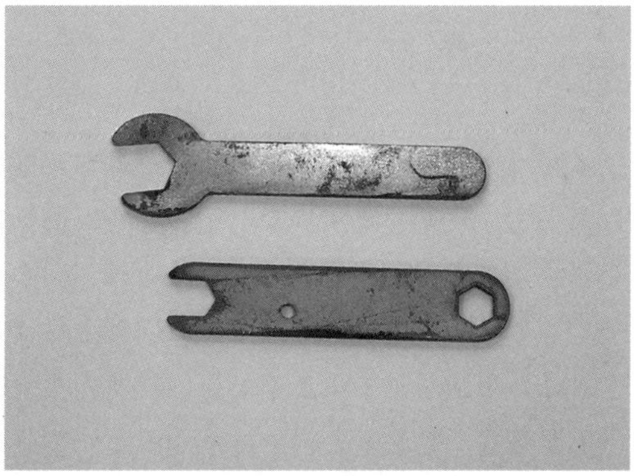

写真2-60　片口スパナー

に片方に口が付いているものを片口スパナー、二つの異なるサイズのものが両端に付いたものが両口スパナーといい、頭の形が丸いもの（丸形）と少し尖ったもの（やり形）があり、やり形は狭い場所での作業に向いています。また、**写真2-61**に示すラチェット機構の付いたものもあります。

写真2-61　ラチェット機構付きスパナー

使用方法は、必ず二面幅に合ったサイズのスパナーで口の奥まできちっとはめ込んで回転させます（**写真2-62**）。二面幅に合わないガタのあるスパナーを使用すると、ナットの頭を傷めてしまいます。

写真2-62　スパナーの使い方

スパナーの柄の部分と口の部分とは約15度の角度が付いていますので、狭い場所で回転半径があまり取れない場合は少し回転させ、そのあとスパナーを裏返してまた回転させます。これを繰り返すことで、狭い場所のナットも最後まできちっと締め付けることができます。これらとは違った**写真2-63**に示す片口がメガネ型になったものもあります。

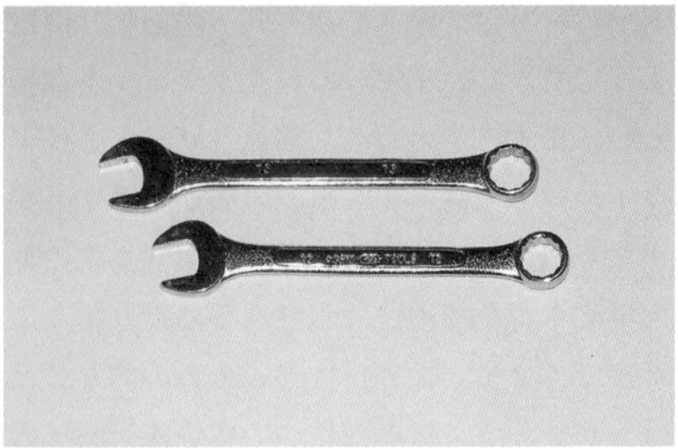

写真2-63　片口がメガネ形になったスパナー

## 4.4　挟む大きさが自由に変えられる「モンキーレンチ（モンキースパナー）」

**写真2-64**に示すモンキーレンチは、スパナーの口の二面幅（上あごと下あご）を自由に変えることができるため、これ一つで数mmから30mm程度のネジを締めたりゆるめたりすることができます。ウォームギアと同じ構造で、回転を移動に変える仕組みを利用したものです。

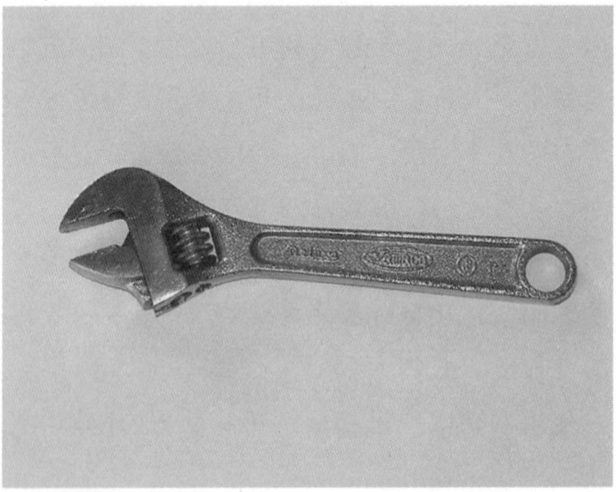

写真2-64　挟む大きさが変えられるモンキーレンチ

**図2-12**に示すように下あごがギアの一部となっていてウォームを指で回転させることにより下あごが移動し、二面幅のサイズを任意にセットすることができます。

使い方は、ボルトやナットの二面幅より少し大きめに下あごを移動させてボルトやナットの頭にあてがい、ウォームを回転させて隙

図2-12
モンキーレンチの使い方

## STEP.1

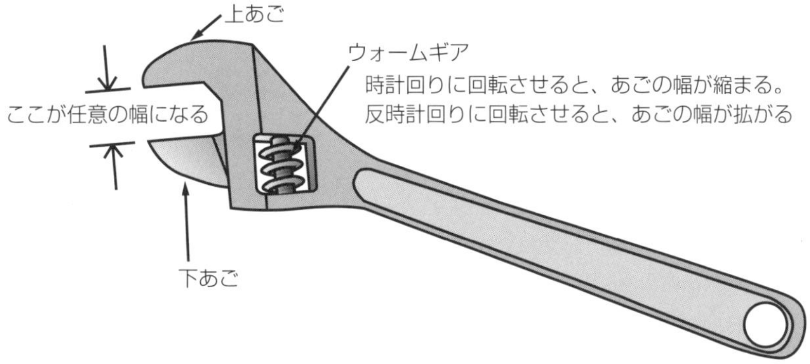
上あご
ウォームギア
時計回りに回転させると、あごの幅が縮まる。
反時計回りに回転させると、あごの幅が拡がる
ここが任意の幅になる
下あご

モンキーレンチは別名モンキースパナーとも呼ばれる。ボルトを挟む大きさを自在に変えることができる工具で、上あごと下あごでボルトやナットを挟み込む

## STEP.2

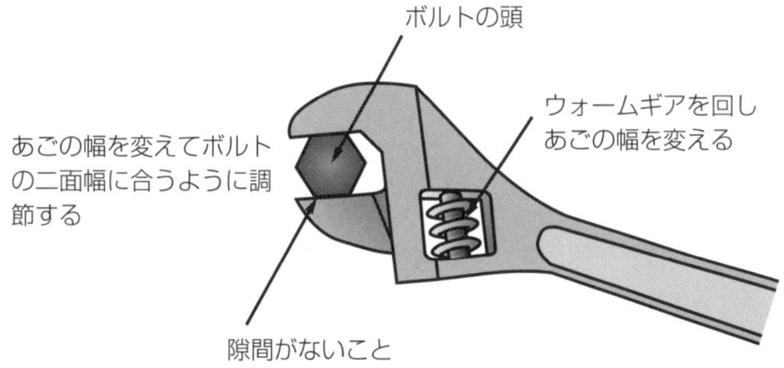
ボルトの頭
ウォームギアを回し
あごの幅を変える
あごの幅を変えてボルトの二面幅に合うように調節する
隙間がないこと

ボルトやナットを挟むとき、間隙ができないようにウォームギアを締め付ける。これがゆるいと、力を入れて回したときにレンチがボルトやナットからはずれてたいへん危険である

## STEP.3

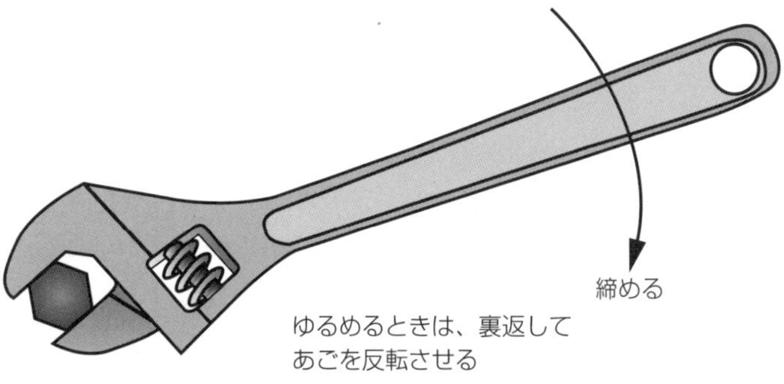
締める
ゆるめるときは、裏返して
あごを反転させる

モンキーレンチの使い方は図のように上あごを上側にして使用する。締めるときは柄を下に回し、ゆるめるときは裏返してから反対に回す

間がないようにセットします。隙間があるまま回すとボルトやナットの頭を傷めてしまうことや、力を入れたときにはずれて危険が伴います。軽く回してみて、きちっとボルトやナットの頭にはまっていてガタがないことを確認してから締め付けてください。なお、回しているうちにセットした二面幅が拡がってしまいますので、ときどきウォームを回してガタがなくなるようにセットし直します。

モンキーレンチの回転方向は必ず下あごの方向へ回さないと、ウォーム部が傷みます。特にボルトやナットをゆるめるときには注意が必要です。あとは両口レンチと同じ要領で使用できます。柄の長さが15cmくらいの小型なものと30cmくらいの中型のものを揃えておくと、電子工作から自転車の修理までいろいろなことに利用できます。

# 5 ネジ

ネジは電子部品ではありませんが、電子工作では必ずといってよいほど何種類かのネジが使用されます。ネジは基本的には部材と部材をつなぎ合わせるのに使いますが、一度取り付けたものでも簡単に外すことができます。

また、強度も接着剤などに比べるとたいへん強く、ネジ止めすることにより信頼性も確保できます。このようなことから、電子工作物の組み立てのあらゆるところで使用されます。ここでは、ネジの基本的な形や特長を説明します。

## 5.1 ネジの種類と使い方

ネジとは、「もの」と「もの」とを接合するための部品で、棒状の外側に螺旋状の山（ネジ山）が切られているものをオスネジ（**写真2-65**）といい、板状の内側に螺旋状の溝が切られたものをメスネジと呼んでいます。この

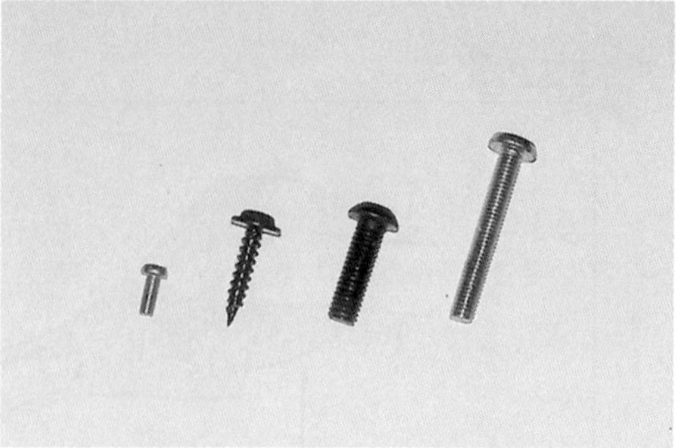

写真2-65　オスネジのいろいろ

オスネジとメスネジの間に接合する部材を挟み、ドライバーなどの専用の工具（ネジ回し）で締め付けることにより、しっかりと接合できます。時計などに使われている極小ネジからビルや橋梁に使われているハイテンションボルトという強い力で締め付けられるものなど、あらゆるものにネジは使われています。一般にネジといえば「オスネジ」のことです。

電子工作で使用する部品の中でもネジは縁の下の力持ち的存在で、決して表には出ませんが、ネジがなくては製作が成り立ちません。端子板やプリント基板を取り付けたり、パネルやカバーを取り付けたりといろいろなところに使われていて、目的や場所によりいろいろな種類のネジの中から選びます。

ネジは頭の形で呼び名が異なり、使用目的も異なり、また太さ、長さも目的により選択します。

ネジの材質は鉄、真鍮（ニッケルなどでメッキされている）、ステンレス、プラスチックなどがあり、強度を必要とするときは鉄を、絶縁が必要なときはプラスチックなどの樹脂でできたものを使用します。

特に小さいネジのことをフランス語でネジを意味するビス（vis）とも呼びますが、どのくらいのものからビスと呼ぶかは定かではありません。電子工作で使用する範囲では、ビスと呼んでもよいと思います。

逆に太いネジのことをボルトと呼び、自動車部品や建設現場で使用する太いネジはボル

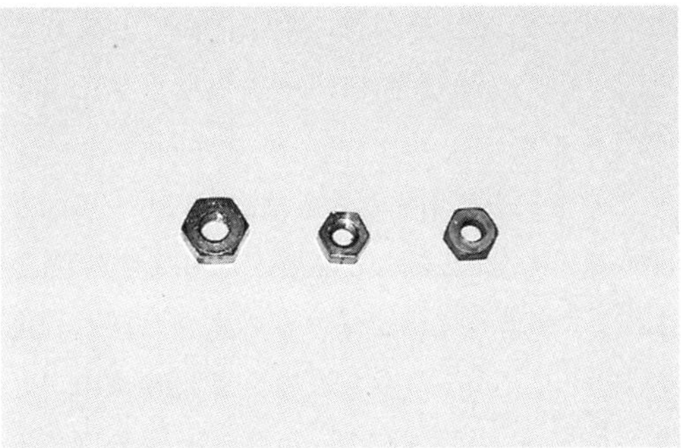

写真2-66　ナットのいろいろ

トということになります。また、写真2-66に示すナットは、メスネジとも呼びますが、一般的にはナットと呼びます。

◆ごくふつうに使われるナベネジ

写真2-67に示す丸い鍋底を逆さにした格好をしているのでこのような名前が付いており、電子工作で使用するネジは、ほとんどのものがこのナベネジです。ネジの頭はプラス、マイナス、プラスマイナス共用のものがありますが、今はマイナスのものはほとんど使用されていません。これはマイナスのものは締め付けたりゆるめたりするとき、どうしても頭が痛んでしまうことと、構造上強い力で締め付けることが困難なためです。

特殊なものとしては、六角レンチ用のものもあります。

電子工作で使用するネジのサイズは太さ2mm、3mm、4mm、そして5mmのものが多く使われますが、何といっても一番多く使用される太さは3mmで、長さは5mm程度から30mm程度のものを揃えておくとよいでしょう。材質は鉄、真鍮、ステンレス、プラスチックなどがあり目的により使い分けます。

写真2-67　ナベネジ

◆頭の出っぱりを小さくした平ナベネジ

写真2-68はナベネジの頭を少し平らにしたもので、ネジの頭部分の面積がナベネジより大きいので締め付ける力も強くなり、また頭の出っ張りもナベネジに比べていくらか少なくなります。

ケースのカバーやパネルの取り付けなど表面にあまりネジの頭が出っ張らないで、かつ強く締め付けたいときに使用します。

写真2-68　平ナベネジ

◆パネル面に隠してしまうサラ（皿）ネジ

ナベネジのようにパネル面からネジの頭が出っ張っては困るときに、写真2-69のサラネジを使用します。このネジの頭は平らで横から見ると皿のような三角形になっていて、

写真2-69　サラ（皿）ネジ

図2-13
サラネジ穴の作り方

STEP.1

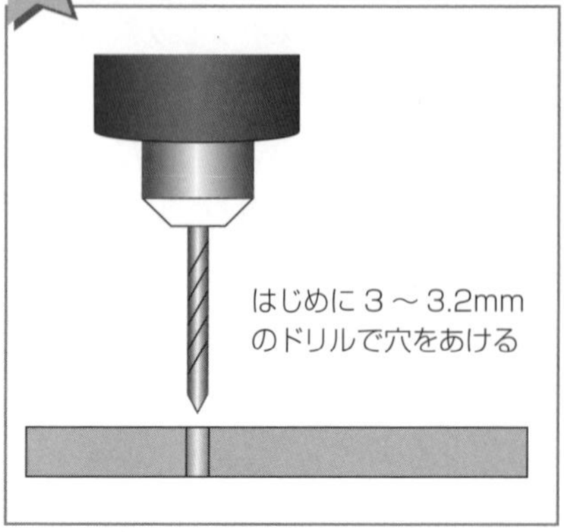
はじめに３～3.2mm
のドリルで穴をあける

サラネジをセットする位置を正確に印し、ここに垂直に穴をあける

STEP.2

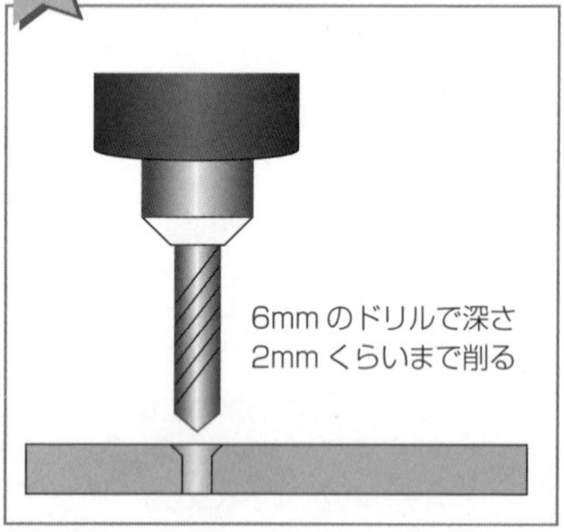
6mmのドリルで深さ
2mmくらいまで削る

そのあと、あけた穴より少し大きめのドリルで図のようにサラネジの頭が埋まるくらいの深さに穴を広げる

STEP.3

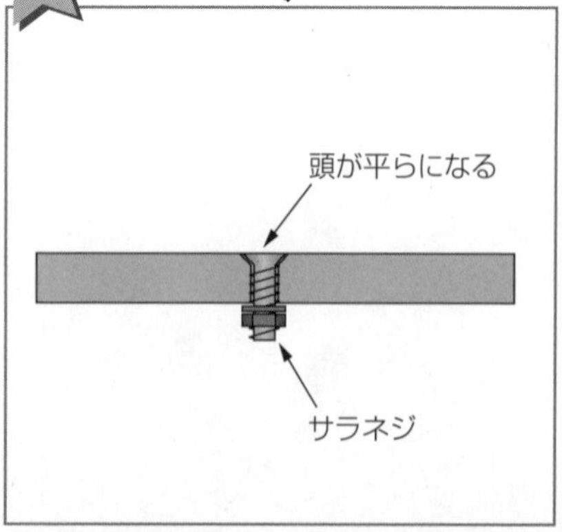
頭が平らになる
サラネジ

広げる穴は大き過ぎないように注意しながらあける。サラネジを使うと図のようにネジの頭が部材の中に入ってしまうので見た目がきれいに、そして邪魔なものが隠れる

このサラの部分を部材の中に沈めてしまうことでネジの頭が表面に出っ張らなくすることができます。

このネジを使用するときは、穴にネジの頭が沈むように加工をする必要があります。**図2-13**に示すように、まずネジの太さと同じ程度のドリル（3mmのネジの場合は3.2mmのドリル）で穴をあけ、次に6mmから7mm程度のドリルでサラネジの頭がちょうど沈むようにわずかに削り取ります。サラネジの頭が沈むためには部材の厚さが必要で、3mmのサラネジを使用するときは部材の厚さは2mm程度のものが必要です。1mm厚程度の部材だとサラネジ用の穴を作るのはむずかしいため、あらかじめセンターポンチなどで打ち出しておき、見かけ上の厚さを稼いでおくとうまくいきます。

サラネジを使用するときの穴の位置は、正確にあける必要があります。これはナベネジのようにネジの位置を少しずらしたいときは、ネジ穴を細いヤスリで拡げれば済みますが、サラネジの場合は頭が沈み込む穴の位置で決まってしまいますので、ヤスリで拡げるわけにはいきません。

### ◆別名蝶ネジと呼ばれるネジ

このネジは**写真2-70**のように蝶が羽を拡げたような形をしており、ドライバーを使用しないで直接手で締め付けることができます。特にドライバーやスパナーなどの工具を必要としないことから頻繁に取り付けたり、

写真2-70　蝶ネジ

外したりするところに使われています。手での締め付けは蝶型の部分が小さいことから強く締め付けることができませんが、逆にいうと手で締め付けたものは手で外すことができます。

さらに強く締め付けたいときは、ボックスドライバーの先端に切り込みがあり、これを蝶ネジにはめ込んで回転させる専用の工具もあり、またペンチやプライヤーでさらに締め付けることもできます。これ以外にも、ネジ側に蝶型の羽が付いたものとナットに付いたものがあります。金切りノコギリの歯を弓に取り付けるときは蝶ネジが使われており、簡単に手で蝶ネジを回転させてノコギリの歯を強く張ることができます。

◆部材の中に隠してしまうイモネジ

アンプやラジオのツマミをボリュームやロータリースイッチの軸に固定するときや、ネジ全体を部材の中に隠してしまうようなときに使用するものが**写真2-71**のイモネジで、ネジ全体にネジ山があり、頭に相当する部分に六角レンチ用の穴やマイナスの切り込みが付いているものです。

六角レンチで締め付けるときは、しっかりと六角レンチの先端がはまっていることを確認してから回転させます。この穴が壊れてしまうと、ゆるめたりすることはできなくなってしまいます（**写真2-72**）。

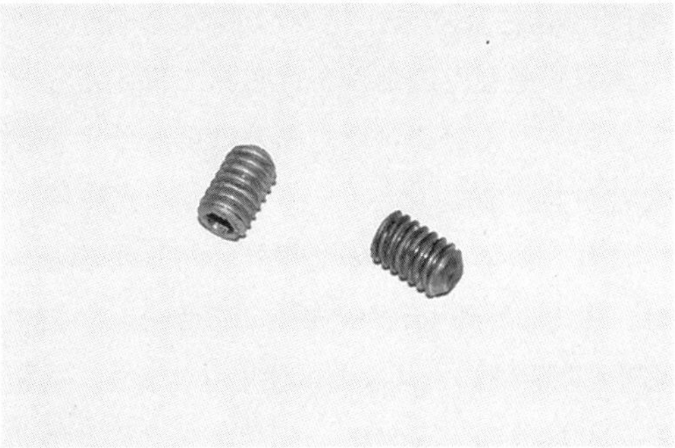

写真2-71　イモネジ

写真2-72　ツマミの取り付けに使われているイモネジ



**COLUMN**

## 外せないネジを作ろう！

ふつうのネジを使用して、いったん締め付けたら二度と外せないようにする工夫です。ただし、この処置をしてしまうと、ドライバーを使用することができず、このネジをドリルなど削り取らない限り外せませんので、注意が必要です。

①ナベネジや平ナベネジで締め付け後、ヤスリやミニルーターなどで頭の部分を削り、ドライバーが入らないようにする

②ネジ締めのときに２液混合タイプの強力エポキシ接着剤でオスネジとメスネジを固定する

③サラネジのドライバー用に、溝に同じように接着剤を流し込みドライバーが入らないようにする

④大きなハンダごてでネジの頭の部分にハンダを盛ってしまう

### ◆用途はさまざま、特殊なネジ

ネジ止めした内部があけられては困るときや、いったん締め付けたあとは戻せないネジなどがあります。

これらのネジを締めたり外したりするときは、専用の特殊工具が必要なことから、いたずらや犯罪防止のためなどに使用されます。**写真2-73**は、パソコンのハードディスクの分解防止のために使用されている特殊なネジです。

写真2-73　取り外し防止用の特殊なネジ（→）

### ◆ネジのゆるみ防止

ビスとナットだけで締め付けたのでは、どうしてもゆるみが発生します。特に振動が加わったり、頻繁に持ち歩いたりする機器ではゆるみが発生することがあります。スプリングワッシャーなどの部品により、ある程度はゆるみ防止をすることができますが、さらにネジ自体にゆるみ防止の処置がしたものもあります。ネジを締め付けたあと、**写真2-74**のようにゆるみ防止剤やボンドなどの接着剤を一滴、メスネジのところに垂らしておくのも効果があります。ゆるみ防止剤やゴム系のボンドで固定したあともドライバーで強く回すと、ネジをゆるめることができますが、エポキシ系のものは、いったん接着してしまうとなかなか外すことはできません。

写真2-74　ゆるみ防止剤で固めたネジ

## 5.2 「ワッシャー」

ワッシャーは日本語で座金といい、ネジと締め付ける部材との間に入れてネジのゆるみ防止や傷防止対策として使用するものです。使用目的により、いろいろな種類があります。

### ◆スプリングワッシャー

**写真2-75**に示すスプリングワッシャーは、オスネジと部材の間、または部材とメスネジの間に入れてから締め付けると、スプリングの力で外側に力が働き、振動などでネジが回転してゆるんでしまうのを防ぐことができます。

このワッシャーは電子工作でも必需品で、ネジでの取り付けにはスプリングワッシャーを使うようにしましょう。

部材が直接スプリングワッシャーに触れたままでネジを締め付けると、スプリングワッシャーの切れ込み部分が回転することにより部材に傷が付きますので、通常は平ワッシャーと組み合わせて使います。

ネジのゆるみによりノイズが出たり、動作が不安定になったりすることがありますが、これを使うことによりネジのゆるみ防止に役立ち、ネジ止めの不具合による不安定な動作を防止することができます。

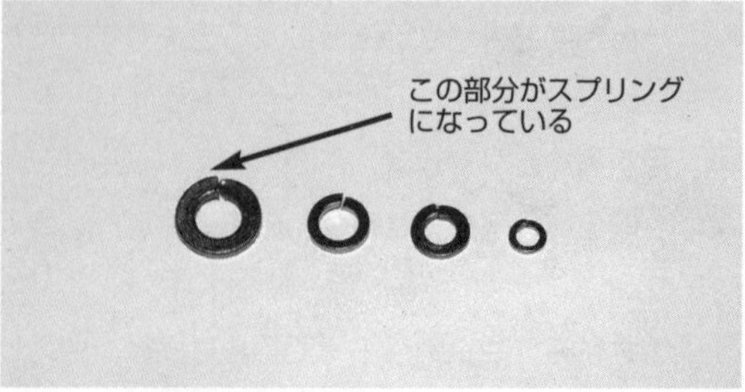


写真2-75　スプリングワッシャー

◆平ワッシャー

**写真2-76**の平ワッシャーは、オスネジやメスネジと部材の間に入れることにより締め付ける面積が増えて強度が増すことと、ネジの回転が直接部材であるパネルやシャーシに伝わらないので、締め付けるときの部材の傷防止にも役立ちます。

注意することは、ネジのサイズに合った平ワッシャーを使用しないと中心がずれてしまい、見た目もきれいではありませんので必ずネジのサイズと合致したものを使用することです。少し大きめにあけてしまった穴や、穴の位置をヤスリで修正したとき、この穴がネジの頭で隠れないことがありますが、こんなときに平ワッシャーを使うとネジの頭からはみ出た穴を隠すこともできます。自作ではこのようなことがよくありますので、覚えておくとよいでしょう。

写真2-76　平ワッシャー

◆菊座ワッシャー

平ワッシャーの周辺が**写真2-77**に示すように菊の花のようにギザギザの凸凹となっており、ネジとともに締め付けると凸凹部分が部材に食い込んで、ネジのゆるみ防止の効果があるとともに、部材に食い込むことから電気的に確実に接続されます。特にアースを取るために接続するネジとシャーシの間に入れると効果があります。

写真2-77　菊座ワッシャー

◆波形ワッシャー

**写真2-78**ように平ワッシャーを波形に変形させ、それ自体でスプリングの効果を持たせたワッシャーです。これ1枚でスプリングワッシャーと平ワッシャーの組み合わせの効果があり、かつ1枚ですのでネジの頭の部分が出っ張りが少なくなるというメリットもあります。

写真2-78　波形ワッシャー

## 5.3 ネジを作る

◆ネジ穴を作るタップ

シャーシやケースなどに直接メスネジを作りたいことがあります。特にシャーシにカバーをかけるときに、受け側のシャーシにメスネジがないと取り付けることができません。

このような場合シャーシにメスネジを作りますが、これを「タップをたてる」といい、この工具をタップと呼んでいます。

タップは超硬金属でできていて、**写真2-79**のように周囲にネジに相当する刃が付い

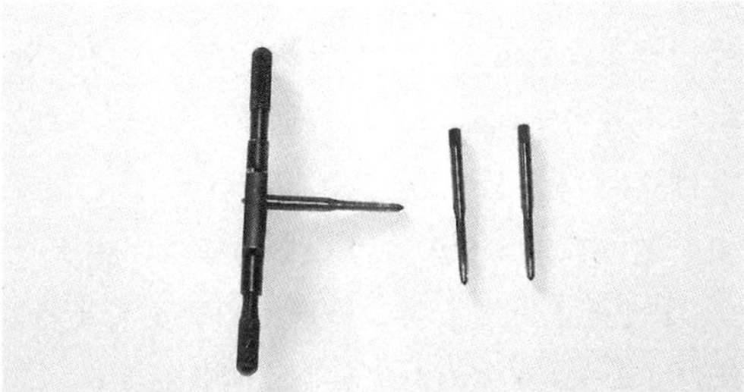

写真2-79　ネジ穴を作るタップ

ていて、あらかじめ目的の部材にあけた穴（下穴またはタップ下という）へ食い込ませ、この刃でメスネジの溝を刻みます。

タップ自体では強い力で回転させることができないことから、タップを固定するタップホルダーやタップレンチを取り付けます。下穴は目的のネジのサイズより小さな穴でなければなりません。たとえば3mmのタップをたてる場合は、2.5mmのドリルであらかじめ穴をあけておきます。ネジの溝の深さより大きい下穴では十分な溝の深さを確保することはできません。**表2-1**にネジの太さとタップの下穴の関係を示します。

| ネジの太さ | 下穴用ドリル |
|---|---|
| 2mm | 1.6mm |
| 2.5mm | 2mm |
| 3mm | 2.5mm |
| 4mm | 3.3mm |
| 5mm | 4.2mm |
| 6mm | 5mm |
| 8mm | 6.8mm |
| 10mm | 8.5mm |

**表2-1　ネジの太さとタップの下穴**

また、タップをたてるには通常3本のタップを使用します。これは少しずつネジの溝を刻んでいくためで、最初に使用するタップは、先タップと呼ばれ先端にはほとんど刃がなく簡単に下穴に食い付くことができます。これでいったん貫通させたら、次に中タップと呼ばれるもので同じように貫通させ、最後は仕上げタップで穴の底まで貫通させて完成です。薄いアルミ板のようなものでは、中タップ1本で仕上げても特に問題はないでしょう。**図2-14**でタップのたて方を説明します。

使い方は、下穴に対して垂直にタップをたて、静かに時計方向へ回転させてタップを下穴に食い付かせます。このとき目的の材料が動いたり、タップがふらついたりするときれいなネジはできません。万力やC型クランプでしっかりと固定しておくとネジ穴も歪まずに正確に切ることができます（**写真2-80**）。

タップが部材にしっかりと食いついたら静かに時計方向に1/2～2/3程度回転させ、次に少し反時計方向へ戻し、という作業を繰り返しながらネジを切っていきますが、回転が重くなったら決して無理をせず反時計方向に回し、いったんタップ切りを抜いて中に詰まった切りくずを除去します。

タップはとても硬い金属でできているため、とてももろいので無理に回転させたり、斜めに力がかかったりするとタップは簡単に折れてしまいます。するとその下穴は使えなくなって、特に深いネジの場合は折れたタップを抜き取ることは不可能です。

アルミ板のような柔らかいものでは特に必要ありませんが、厚い鉄板のタップたてにはオイルを注ぎながら切っていくとよいでしょう。

薄い部材にタップを切ってもネジの溝は2個程度しかできず、またすぐにネジの溝が壊れてしまい、ネジとしての役目を果たさなくなってしまいます。なるべく厚みのあるもののほうがネジの効果はでますが、薄い部材へのタップをたてるときは、あらかじめセンターポンチや釘のようなもので目的の場所を打

**写真2-80　万力で固定してタップをたてる**

図2-14
タップのたて方

**STEP.1**

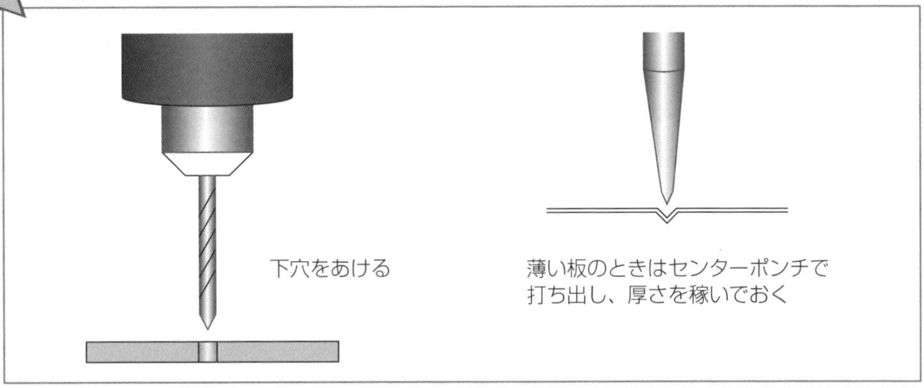
下穴をあける
薄い板のときはセンターポンチで
打ち出し、厚さを稼いでおく

タップをたてたい位置にセンターポンチを打ち、ドリルで切りたいネジの太さより小さめの穴をあける

**STEP.2**

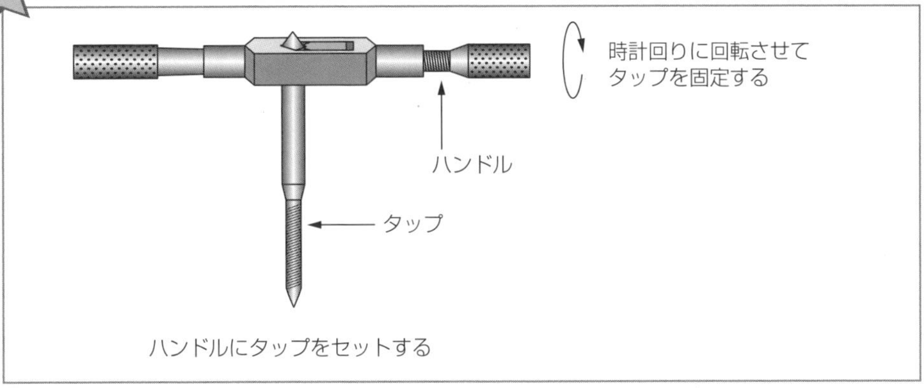
時計回りに回転させて
タップを固定する
ハンドル
タップ
ハンドルにタップをセットする

所定の太さのタップをタップ切りにセットする。タップをセットしてタップハンドルを回して固定する

**STEP.3**

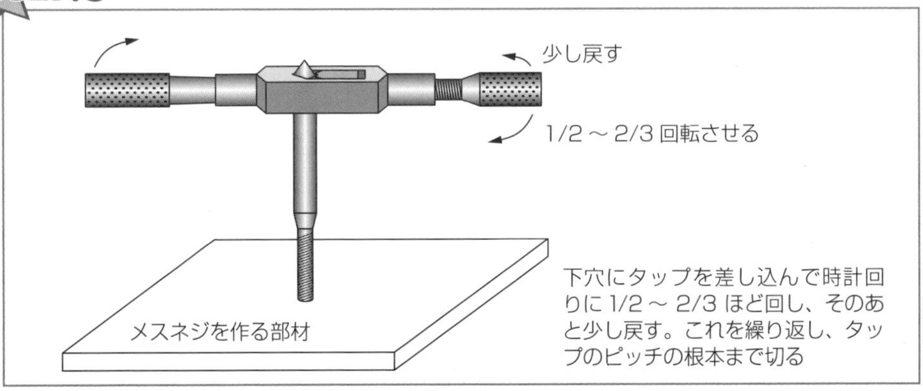
少し戻す
1/2 ～ 2/3 回転させる
メスネジを作る部材
下穴にタップを差し込んで時計回
りに 1/2 ～ 2/3 ほど回し、そのあ
と少し戻す。これを繰り返し、タッ
プのピッチの根本まで切る

所定の太さのタップをタップハンドルにセットして、あけた穴に挿入しタップハンドルを回してネジを切っていく

ち出し、凹型にして板厚を稼いでおくとネジの溝の数を増やすことができます。

ネジのサイズにインチとミリがあるようにタップにもインチとミリがありますので、タップに付いている刻印をよく確かめて目的のネジに合ったものを使いましょう。パソコンに使われているネジは、インチのものが多くあります。また、ミリにもISOとJISとがありますが、今はほとんどのものがISOネジとなっています。

電子工作などで使用するネジは3mmのものが多く、このタップとタップ下の2.5mmのドリルの刃を準備しておくと何かと重宝です。

### ◆オスネジを作るダイス

オスネジを作ることはほとんどありませんが、ときには、金属棒の先端にネジを作りたいことがあります。このようなときは、**写真2-81**に示すダイスと呼ばれる超硬金属の丸形工具の中心にネジ山に相当する刃が付いたものを使用すれば、棒状のものにネジを切ることができます。

写真2-81　オスネジを作るダイス

ダイスの穴に目的の部材が食いつきやすくするため、グラインダーやヤスリであらかじめ先端を細くしておきます。

グラインダーで部材の先端を細くしたものを**写真2-82**に、万力に挟んでダイスでネジを切っているようすを**写真2-83**に示します。

写真2-82　金属棒の先を細くする

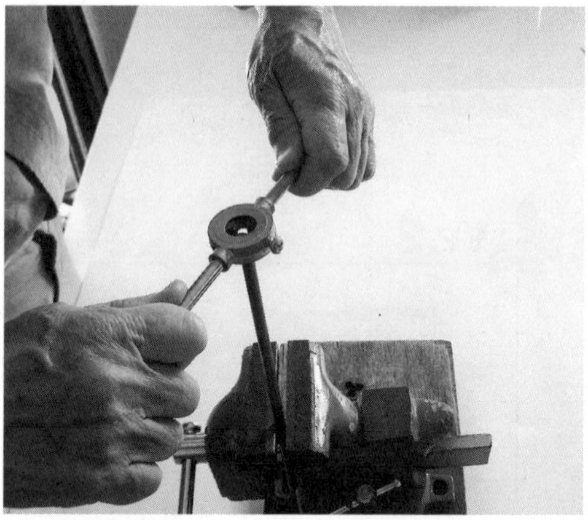

写真2-83　万力に挟んでネジを切る

## 6　材料を切る

配線材料を切断する工具にはニッパー、ペンチ、ハサミなどいろいろなものがありますが、それぞれの目的により使い分けます。

### 6.1　線材を切る「ニッパー」

抵抗器やコンデンサーなどの多くの部品にはリード線と呼ばれる線が付いていますが、これは実際に部品を取り付けるときに比べて長めにできています。プリント基板や端子にハンダ付けするときは必ず必要な長さに切断しますが、このときに使用するのが**写真2-84**のニッパーです。ニッパーは先端が鋭く尖っていますので、狭い場所での切断もできます。

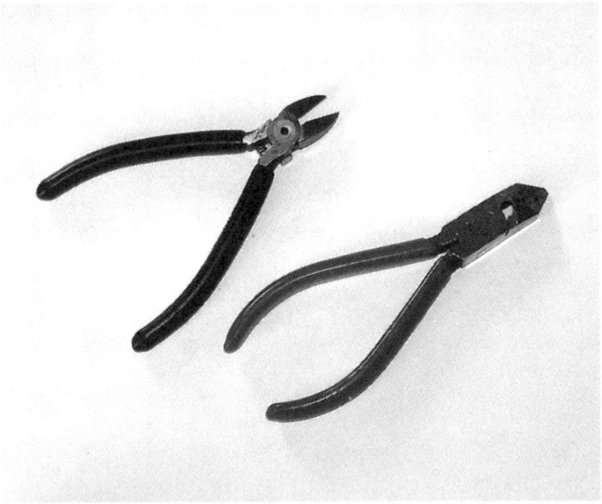

写真2-84　細い線材を切るニッパー

このようにニッパーはリード線や細い線を切断する工具ですので、あまり太い線の切断はできません。せいぜい2mm程度の柔らかい銅線の切断にとどめましょう（図2-15）。鉄などの硬い太い線を切断しようとすると、刃がこぼれたり歪んだりしてしまいますので、このようなときはペンチを使用します。

刃の付いた工具は、切れ味が生命です。価格の安いニッパーもありますが、切れ味や耐久性を考えると安いものはお勧めできません。やはり多少高価でも、しっかりとしたメーカーのものを買っておくべきでしょう。

部品のリード線の切断用と、配線材料や少し太めの線の切断用の2種類のニッパーを用意し、用途により使い分けるとよいでしょう。たとえばリード線の切断用には、柄のところにスプリングが付いている写真2-85のものが便利です。このニッパーは、力を入れていないときは刃がスプリングによりV字型に開いていますので、線を挟むためにわざわざ開く必要がなく、たいへん便利に使用できるので、お勧めの一品です。

ニッパーで線を切る以外にアルミ板に大きな角穴や丸穴などをあけるときに使用することがあります。方法は、周囲に沿ってドリル（6〜10mm）で穴をあけ、この穴をニッパーで切りつないでいき、最後はヤスリで仕上げます。丸い穴でも四角い穴でも自由な形の穴

図2-15　ニッパーで線材を切断する

STEP.1

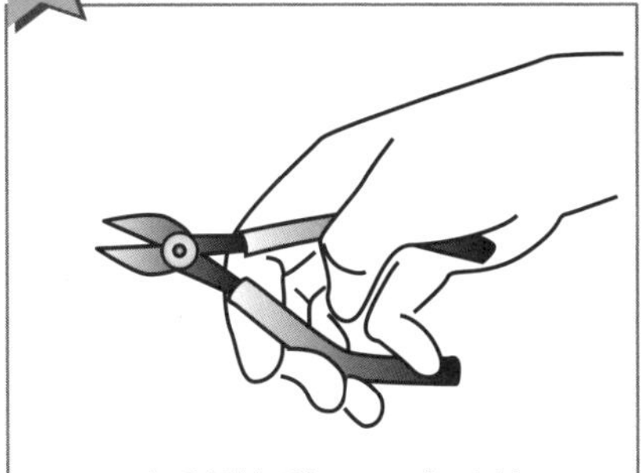


ニッパーを図のように持つ。このとき、小指の使い方が重要。この小指でニッパーの開閉を自由に扱う

STEP.2

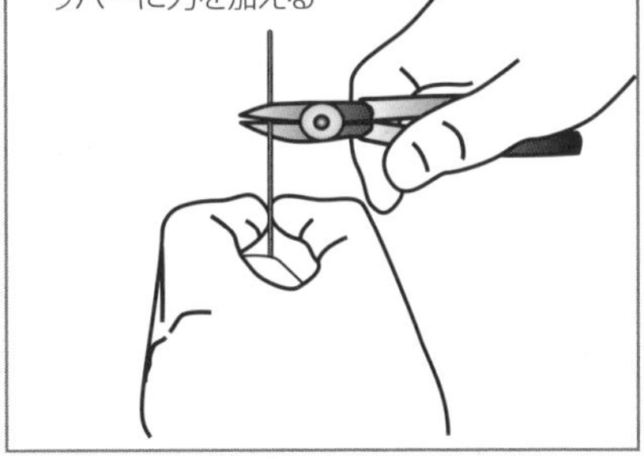

切断する線の必要な箇所をニッパーで挟み、そのままニッパーに力を加える

線材とニッパーの刃は直角になるようにすると切り口がきれいに切断できる

STEP.3

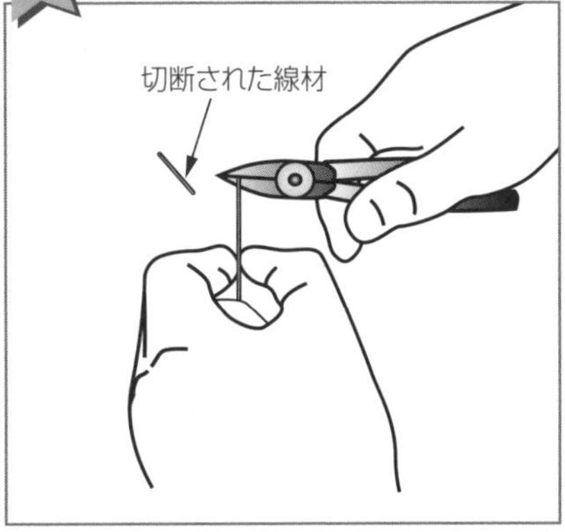


ニッパーの使い方に慣れると線材の切断だけでなく、ビニル線の外皮を剥くこともできる

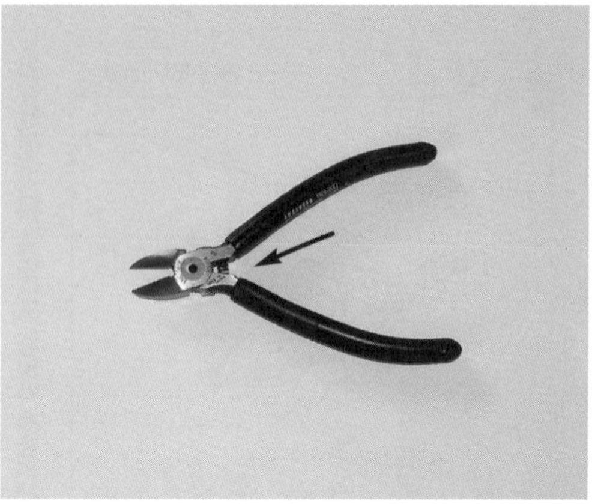

写真2-85　スプリング付きニッパー

あけにニッパーが活躍します。このようにドリルで多く穴をあける場合、隣り合う穴の間隔は2mm以下がニッパーで切り取りやすくなります。

## 6.2 ビニル線の皮を剥く「ワイヤーストリッパー」

このストリッパーは「皮剥き器」の意味ですが、ここでは配線に使用するビニル線やテフロン線などの外皮を剥くのに使用します。**写真2-86**のようにニッパーの刃の一部にこの機能を持たせたものがありますが、**写真2-87**に示す専用のワイヤーストリッパーを用意しておくと、芯線に傷を付けることなくきれいに外皮を取り去ることができます。

ワイヤーストリッパーの使い方は**写真2-88**のように線の太さにより挟む位置を変えて目的の線と直角に引っ張り外皮を取り去ります。ハンダ付けする場所により外皮の剥く長さを変えますが、プリント基板に線を直接ハンダ付けするときは5mm程度とし、ラグ端子やスイッチなどにからみつける場合は10～15mm程度の外皮を剥くとよいでしょう。**図2-16**にワイヤーストリッパーを使ったビニル線の皮剥きの例を示します。

ワイヤーストリッパーの付け根にはハサミと同じような部分があり、ここで線を切断することができますが、あまり太い線の切断には向いていません。せいぜい直径1mm程度のやわらかい銅線の切断にとどめましょう。硬い線や太い線を切断すると、刃こぼれを起こしてしまいます。線の切断面はニッパーで切断したときと異なって鋭利の刃ですから、ほぼ直角となります。

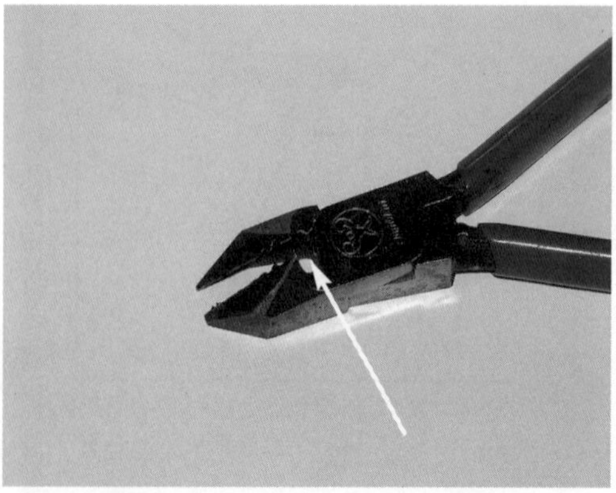

写真2-86　ニッパーにある皮剥き部

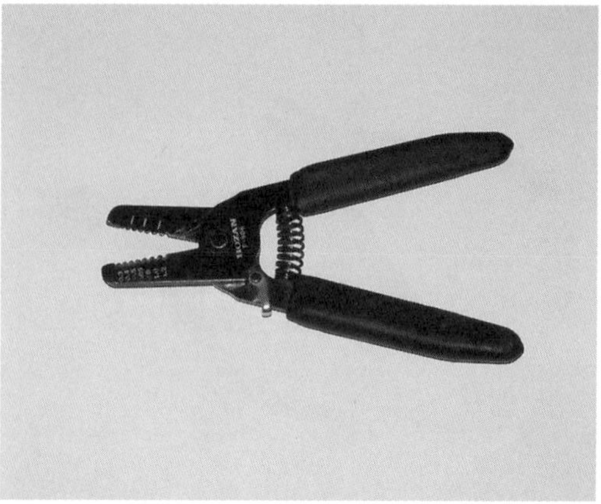

写真2-87　ビニル線の皮を剥くワイヤーストリッパー

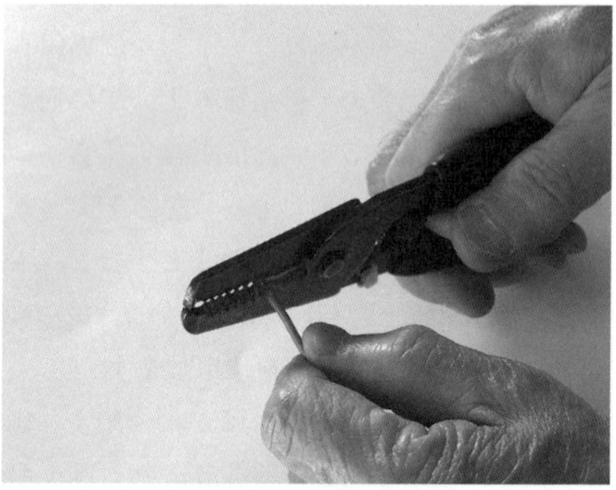

写真2-88　線を挟む位置

**STEP.1**

図2-16　ワイヤーストリッパーでビニル線の皮を剥く

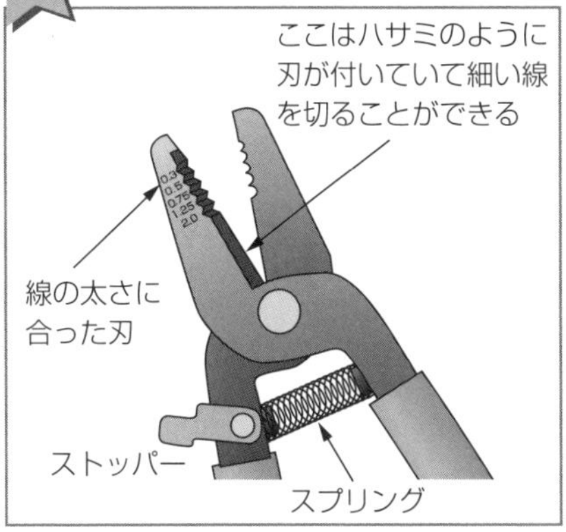


ワイヤーストリッパーはいろいろな太さのビニル線の外皮を剥く工具。線材の太さに合った大きさの刃に挟み込む。ストッパーははずしておく

**STEP.2**

- 線の太さに合った箇所で直角に挟む
- ワイヤーストリッパーを右へ移動させて外皮をずらして取り去る

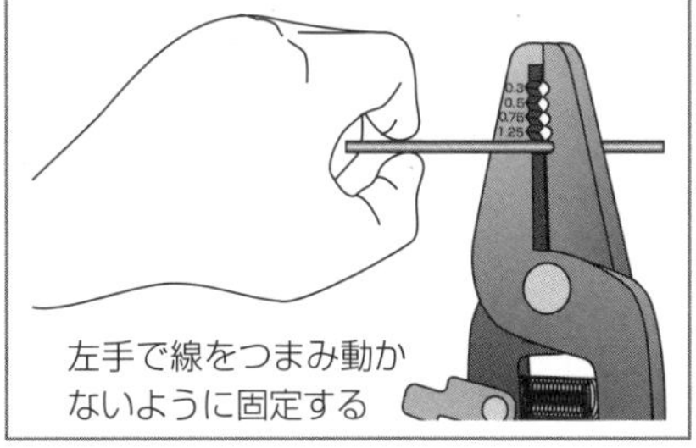


皮を剥くには線材を動かすのではなく、ワイヤーストリッパーを動かすこと

**STEP.3**

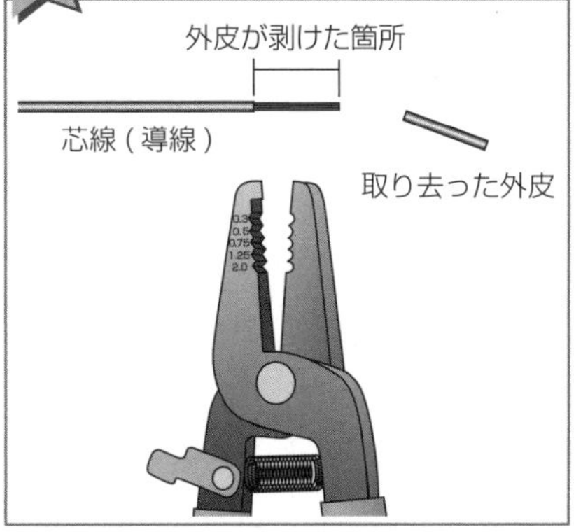


線材の太さとワイヤーストリッパーの刃の大きさが異なると剥けなかったり、あるいは線材を痛めてしまう

## 6.3　金属板を切断する「金切りバサミ」

厚さの薄い銅板、アルミ板そしてブリキ板の切断には**写真2-89**の金切りバサミを使用します。アルミ板は厚さ1mm程度、銅板やブリキ板は0.5mm程度の切断はできますが、これ以上の厚さのものの切断は、金切ノコギリを使用します。

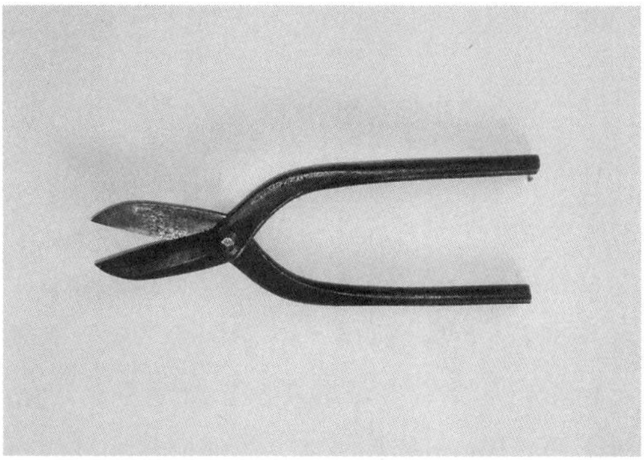

写真2-89　金切りバサミ

金切りバサミで真っすぐに切断するのは慣れないとかなりむずかしいので、不要なアルミ板などで練習してから目的のものに挑戦するとよいでしょう。

うまく切るコツは、二つの刃に隙間が生じないように片手で刃と刃を強く押しつけながら、刃の中央部を使用して切断していきます。刃と刃の隙間ができると切り口にバリが出たり曲がったりします。**写真2-90**のようにハ

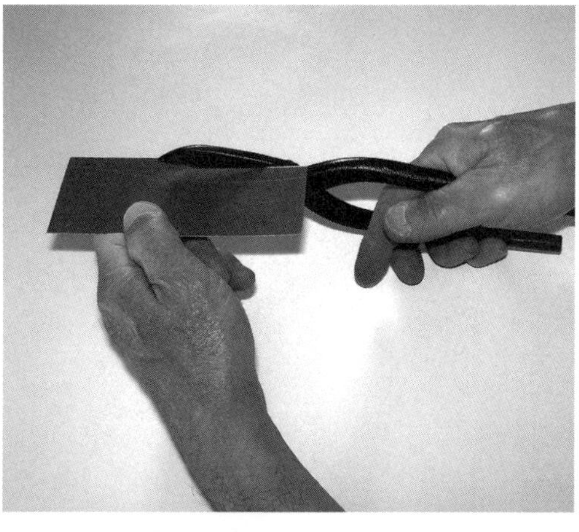

写真2-90　金切りバサミの持ち方。人差し指に注意

サミの柄の所に中指を中に入れ、最後まで押しきらないよう中指で切り具合を調整することがポイントです。なお、ハサミの先端まで使用して切ると先端で切った部分に段差ができますので、ハサミを適当に進めながら中心部を使用すると、きれいに切ることができます。薄い金属を切るときには、裁縫に使う裁ちバサミの古いものや園芸用のハサミも利用できます。

## 6.4 アクリル板専用「プラスチックカッター」

アクリル板は、電子工作物のケースを作ったり絶縁板に使用したりいろいろな使い道があります。色も透明から半透明のスモークドといろいろなものがあり、また厚さも1mm以下から10mm程度までと工作の目的に合ったものを選ぶことができます。厚さ3mm程度のものまでは、写真2-91に示すプラスチックカッターで直線に切断することができます。

プラスチックカッターの刃は、モリブデン鋼というたいへん硬い金属でできた鋭いものでアクリルを「引っ掻き」、溝を付けて切断します。

上手に切断するコツは、コンパスの針のような尖ったものであらかじめ切断する場所に線を引いておき、ここに定規をあてて、これに沿って溝を付けていきます。プラスチック定規のようなものでは柔らかいため、定規に傷が付いてしまうことから金属の定規を使用します。

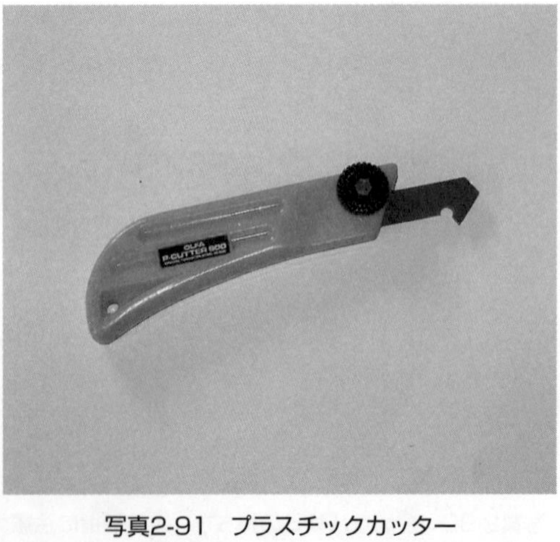

写真2-91　プラスチックカッター

金切りノコギリの歯を定規代わりに使うとうまくいきます。細かい歯が切断する材料に適度に引っ掻かり、定規のずれも起こりません。ただし幅が狭いので、くれぐれも指がはみ出ないように注意します。はみ出ていると、指まで引っ掻いてしまい、非常に危険です。

溝を付けるには最初は静かに軽く手前に引き、この溝をガイドラインとして次第に力を入れて引っ掻いて溝を深くしていき、板厚の半分くらいの深さになったら裏側も同様に「引っ掻き」ます。

ただし、裏側の溝の深さは板厚の1/3程度でよいでしょう。裏側に溝を入れないで折ると断面が直角にならずに、ときには割れたりしますから必ず裏側にも溝を入れてください。

表側と裏側の引っ掻く位置がずれると切断面に段差が付いてしまいますので、正確な線を引いておくことが肝心です。両面に溝ができたら、あとはテーブルの縁などにあてて折り、最後はヤスリやサンドペーパーで断面を直角に仕上げます。図2-17にこれらの作業を示します。

アクリル用接着剤で接着するときは、断面を直角にしないとうまくいきません。直角にすることにより接着面積が大きくなります。

このカッターは、プラスチックはもとよりアルミ板や0.5mm程度の鉄板も切断することができます。切り方はプラスチック板と同様に両面に溝を入れてから机の縁などにあてがい、何回か折り曲げると一直線に切断することができます。2mm程度のアルミ板でも溝を深く入れることにより切断できます。同じように切断面は、ヤスリできれいに仕上げます。

図2-17

**STEP.1** プラスチックカッターで板を切る

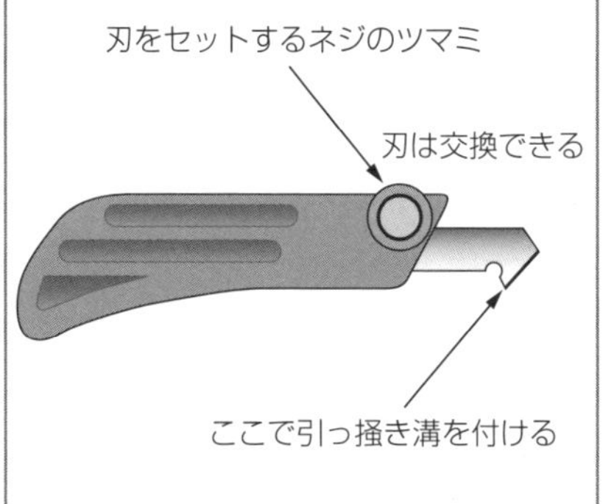


プラスチックカッターの刃をセットする

**STEP.2**

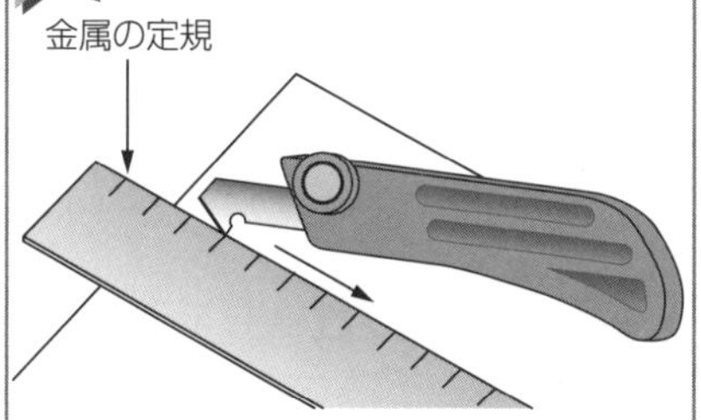


- 金属の定規をしっかりと切断する位置に押え、カッターをあてて、手前に引く
- はじめは軽く、ゆっくりと溝を付ける
- 裏側にも溝を付ける

切断したいアクリル板に金属製の定規か、もの差しを切断したい箇所にあてる。1回だけでなく、何回も引っ掻くようにしてアクリル板に溝を付ける

**STEP.3**

机の直線部分に溝を合せしっかりと左手で机に押し付け、右手で押して折る

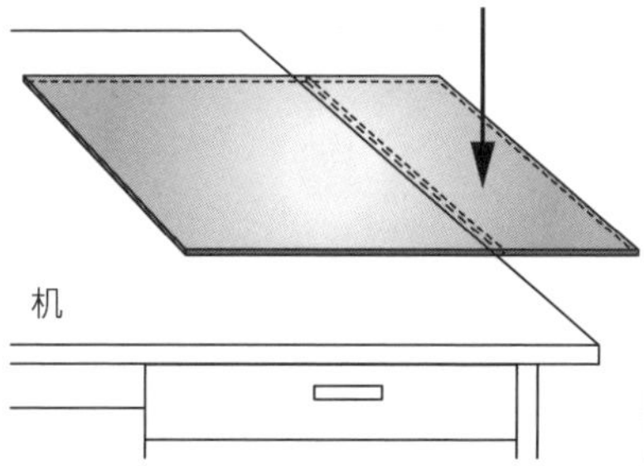


アクリル板が動かないように左側の部分を強く押さえ付けておく

## 6.5 「金切りノコギリ」

**写真2-92**は金属、木材、アクリル板などほとんどの部材を切断することができるノコギリです。弓と呼ばれる部分に歯を取り付けることができるので、切れなくなったら歯を交換することで切れ味はいつも最適の状態に保つことができます。

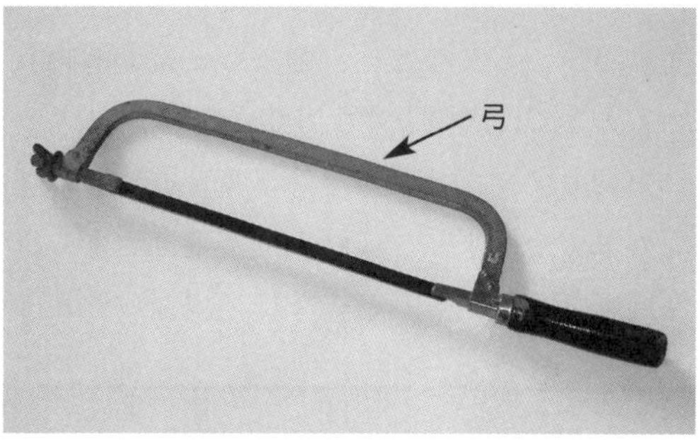


写真2-92　金切りノコギリ

**写真2-93**のように歯の両端には穴があいていて、この穴に弓に取り付けられた歯の固定用の爪に引っ掻け、蝶ネジを回してきつく張ります。

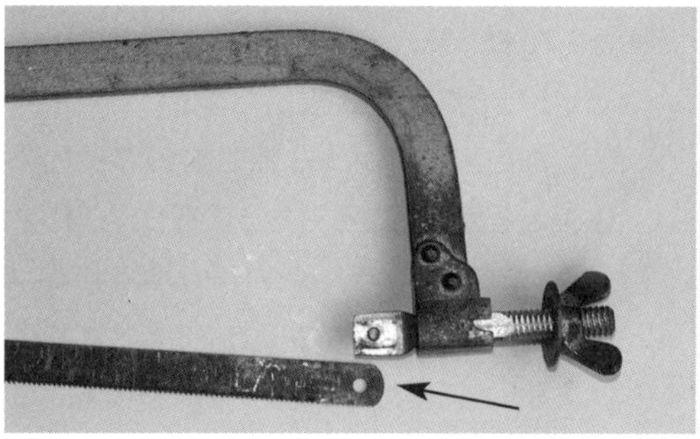

写真2-93　ノコギリの歯の穴

歯の取り付け方は、指先で歯を触ってみて強く引っ掻かる方向が弓の先端に向くようにします。つまり、日本で使用されている木工などの通常のノコギリは手前に引くと切れますが、金切りノコギリは押して切る方向に取り付けるのが、ふつうの方法です。このとき、きつく蝶ネジを締め付けて歯に揺らぎがないように強く張ります。張りが弱く、歯にガタがあると押した

ときに折れやすくなります。

金属を切るときは「押して」切りますが、ノコギリの歯が必ず切る部材に対して直角に、そして手前から先端に向かって一直線になるように押さないと歯に横方向の力が加わり、すぐに折れてしまうので必ず「直角」と「一直線」を意識して押してください。

また、長いものを切断するときは弓が邪魔になり、あるところまでしか進まないことがあります。こんなとき、ちょっと変わった使い方としては次のような方法があります。

金切りノコギリからハンドルと先端の蝶ネジの部分をはずし、これを通常の向きから90度回転させて装着し、ここにノコギリの歯を取り付けると、弓に対してノコギリの歯は90度の角度で取り付けることができます。こうすると弓が邪魔にならないので、長いアルミ板も切断することができます。ただし、切り幅は弓と歯の幅以内で、またブレやすいので注意して切る必要があります。目的の部材を万力やクランプでしっかりと固定しておくことも、上手に切断するコツです。図2-18に金切りノコギリの使い方を示します。

小さいものを切断するときは、歯を弓に固定せずそのまま使うこともできます。強い力を加えることはできませんが、細かい部分の加工には便利に使用できます。たとえば、シャーシにトランスのような角穴をあけるとき

## COLUMN

### 折れたノコギリの歯の再利用方法

折れた金切りノコギリの歯をそのまま不燃物として捨ててしまうのはもったいないので、まだ切れ味が残っている金切りノコギリの歯のちょっとした利用方法を紹介します。

①折れた歯をペンチなどで挟んで長さ7〜8cm程度のところでさらに折り、これをグラインダーで研ぎ、ジグソーの歯を作る。歯の幅は細いものを作っておくと小さな曲線を切るときに便利。金切りノコギリの歯は細かいので、アルミ板などの切断面も比較的きれいになる（**写真2-A**）。

②長さ10cm程度のものの先端をプラスチックカッターのような形にグラインダーで研ぎ、柄にはビニルテープなどを巻き付けておくと、プラスチックカッターの代替品としてプラスチック板や薄いアルミ板の切断工具として使用できる（**写真2-B**）。

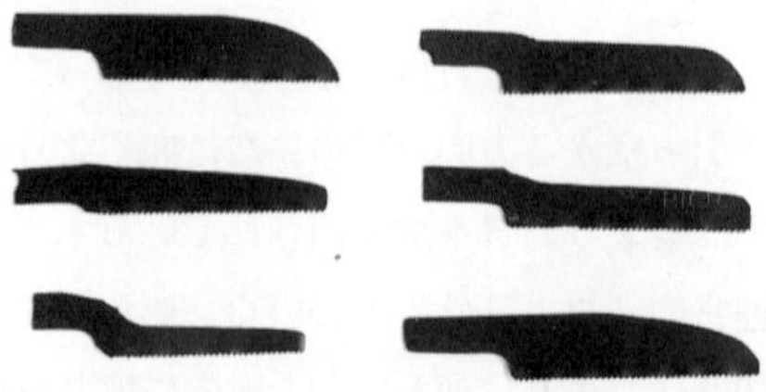

写真2-A　自作したジグソーの歯

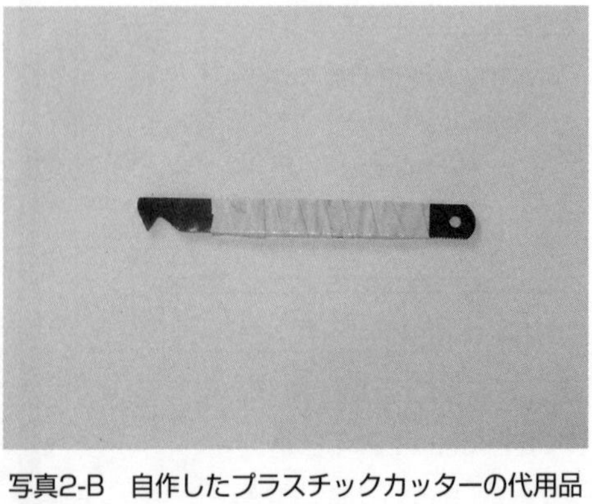

写真2-B　自作したプラスチックカッターの代用品

にも金切りノコギリの歯が便利に使えます。

まず、切り取る2辺にドリルでいくつかの穴をあけ、これをニッパーやヤスリでつないで金切りノコギリの歯が入るスペースを作り、ここにノコギリの歯を差し込んで押しながら切っていきます。4辺のすべてを切り取り、あとは平ヤスリで仕上げます。

図2-18
金切りノコギリの使い方

STEP.1

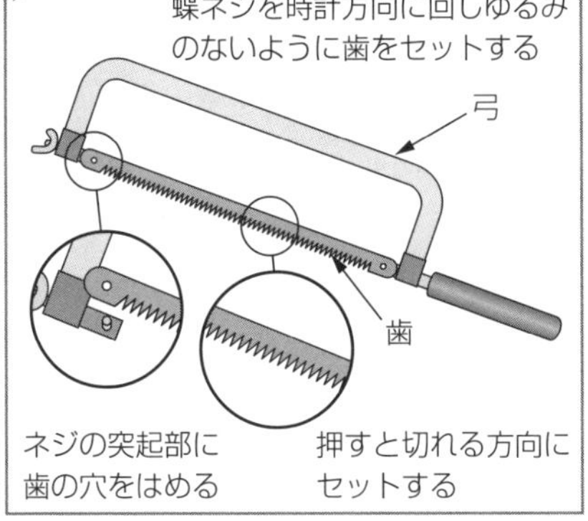

蝶ネジを時計方向に回しゆるみのないように歯をセットする
弓
歯
ネジの突起部に歯の穴をはめる
押すと切れる方向にセットする

金切りノコギリの歯の方向を間違えないように、弓にセットする

STEP.2

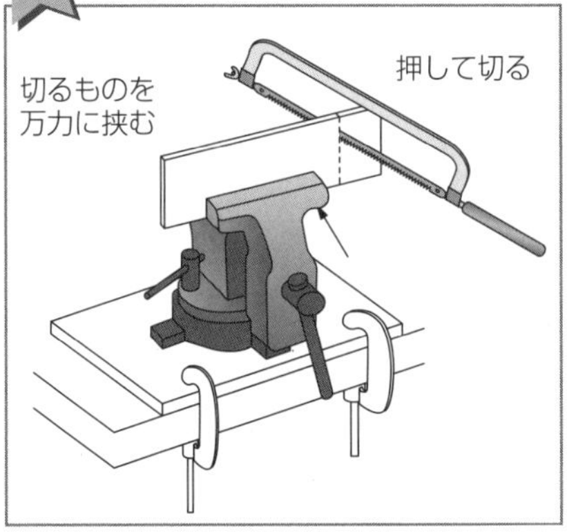


切断したいものを万力などで挟むと作業がはかどる。金切りノコギリは押したときに切れるので、引くときには力をゆるめる

STEP.3

切断した部分はギザギザになっているので、ヤスリがけしてきれいに仕上げる

## 6.6 木板や金属板を自由に切断「ジグソー」

**写真2-94**は、ブレードと呼ばれるノコギリの歯が上下に高速で往復して、金属板や木材を直線に切断したり曲線に切り抜いたりするときに使用する電動ノコギリ（ジグソー）です。**写真2-95**に示すブレードの幅は10mm以下のものがほとんどで、切断する材料により歯の荒さやアサリ（ノコギリの歯が交互にわずかに外側に反り返っている構造で、切断する材料との摩擦を少なくするとともに、切りくずを詰まらせない働きがある）の出方が異なり、建材用や非鉄用、金属用といろいろ揃えられています。

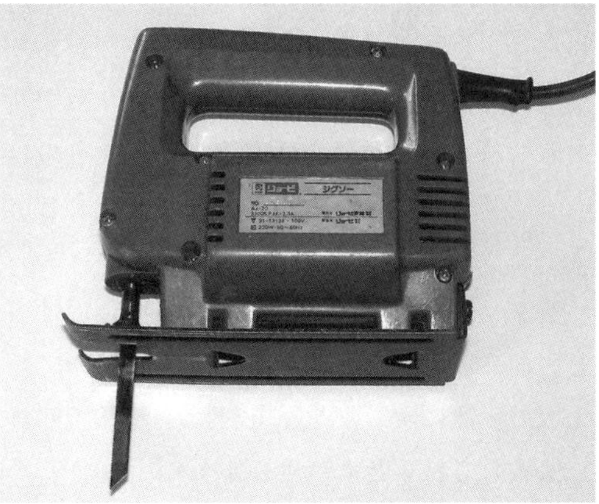


写真2-94　ジグソーと呼ばれる電動ノコギリ

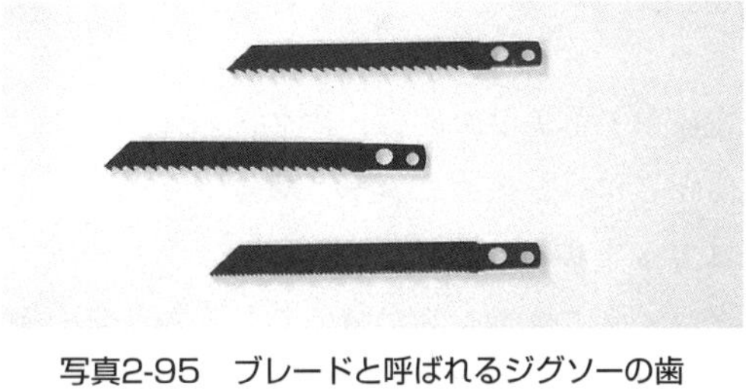

写真2-95　ブレードと呼ばれるジグソーの歯

写真2-96　ジグソーでアルミ板を切る

写真2-97　ベースの角度を変えたジグソー

アルミ板の切断には金属用の歯の細かいものがよいでしょう。アルミ板の切断は、**写真2-96**のように切断する箇所に線を引いてこれに沿ってジグソーを移動させますが、高速で動くため振動によりそのままだと曲がりやすいので左端に定規を当て、これを部材と共にC型クランプでしっかりと固定します。

そして、これにジグソーの左端を押し付けて移動させるときれいに直線に切ることができます。高速で動作させてから切断物にあてると跳ね返されることがあり、ブレードが折れたり、思わぬ怪我をしたりすることがありますので、最初はジクソーをしっかりと切断する材料に押し付け、可変速度付きのものはゆっくりと動作させて徐々に高速にしましょう。

ジグソー本体を強くアルミ板に押し付けると表面に傷が付きますので、あらかじめアルミ板の表面にテープを貼り付け、これで部材を保護しておくとよいでしょう。

ジグソーは曲線にも切ることができますが、ふつうのブレードではその幅が広いのであまり小さな直径を切り抜くことはできません。電圧計や電流計などのメーターの丸穴をあけるときは、幅広のブレードでは切り抜くことはできませんので、このためにはブレードをグラインダーで研いて細くしたり、折れた金切りノコギリの歯で細いものを作っておくと直径50mm程度の丸穴の切り抜きも可能です。

通常は歯とベース部とは直角にして使いますが、ベース部の角度を調整することにより歯とベース部に角度が付き、切り口を斜めにして切断することもできます（**写真2-97**）。

ジグソーを使う作業は切りくずが飛んだり、ブレードが折れたりして危険が伴うことから、防塵マスクや保護メガネを付けて安全に作業を行ってください。

## 7　材料を磨く

### 7.1　切断した箇所をきれいに仕上げる「ヤスリ」

ヤスリは、**写真2-98**に示すように棒状の超硬金属の表面に鋭い歯を刻んだ切削工具で金属、木材やプラスチックなどの部材を削っ

写真2-98　ヤスリのいろいろ

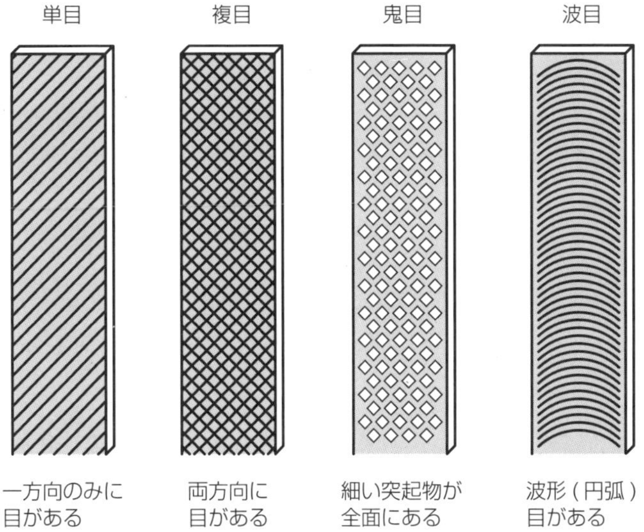


図2-19　ヤスリの目の種類

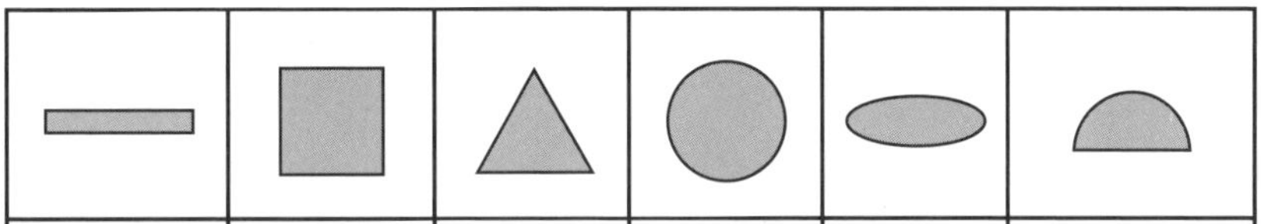

| 平形 | 角形 | 三角形 | 丸形 | 楕円形 | 半丸形 |
|---|---|---|---|---|---|
| 両面に目がある（左右は片方のみ） | 四辺すべてに目がある | 三辺すべてに目がある | 全面に目がある | 全面に目がある | 甲丸形ともいう全面に目がある |

図2-20　ヤスリの断面

たり切ったりするものです。ヤスリには目と断面の形状により多くの種類がありますので、切削する場所や形状により使い分けます。

**図2-19**はヤスリの目の種類です。単目は板状の金属に斜めの目が刻んであるもの、複目は単目と交差する目が付いたもので、この二つで電子工作には間に合うといってもよいでしょう。

鬼目は表面に細かい突起物があり、比較的柔らかなものを荒削りするときに使用します。

波目は文字のごとく波状の刃が並んだもので、これも比較的柔らかいものを切削するときに使用します。

ヤスリの目の荒さは単位面積にどのくらい目の数があるかで区別し、少ないものを荒目、中くらいのものを中目、細かいものを細目、さらに細かいものを油目といいます。

断面の形状は、**図2-20**に示すように平形といって板状のものの両面と片方の横側に目が刻まれたものです。角穴を削るとき、一方の辺はそれ以上削りたくないときに、目のないほうを向けることにより、削り過ぎを防ぐことができます。

半丸形（甲丸形）は片方が円弧で、もう一方が平らになっているものです。電圧計などのメーターの大きな丸穴を削るときに使用できます。丸形は断面が円状で、先端が細くなった棒の全面に目が付いてます。丸穴を拡げたり、穴の形を任意のものへ変えたりするときに使用します。

そのほか、角形、三角形、楕円形などがあり、切削する形や場所に合わせて使い分けます。

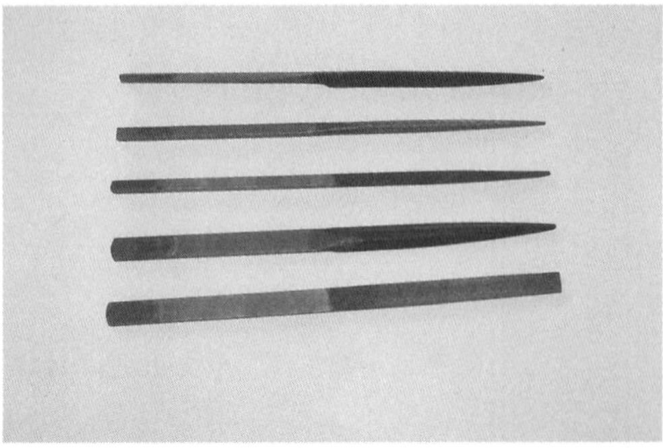

写真2-99　セットになったヤスリ

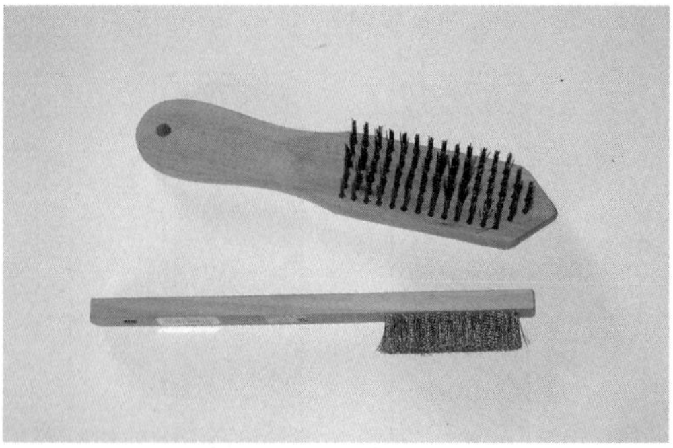

写真2-100　ヤスリの目をきれいにするワイヤーブラシ

これらのヤスリは**写真2-99**のように組ヤスリのセットとして販売されていますので、ひととおり揃えておくとよいでしょう。

ヤスリの大きさには小さい（細い）ものから大きい（太い）ものがあり大、中、小のひととおりがあると作業の効率が一段と上がります。最初は荒削りをするための大きめのヤスリを使い、そのあとは順次目の細かいもので削ることで仕上げ面がきれいにできます。極細の丸ヤスリはネジ穴の修正や横長のネジ穴を作るときたいへん便利で、シャーシ加工などに必需品です。

このほかに、ロータリーヤスリというドリルにセットし、回転させて切削するものもあります。

◆ヤスリの使い方

ヤスリの目は押すときに削れるように付いていることから、削るものに押し付け、手前から押すときに力を入れ、引くときは削るものから浮かせて手元へ戻します。これを繰り返し、目的のサイズや形になるまで削り取ります。

平らに削るときは平ヤスリを平行に前後させますが、ヤスリの移動方向がブレたりすると切削面が歪んでしまいます。したがって、削るものは万力やC型クランプでしっかりと固定することで正確に削ることができます。削っていくと削りくずが目に詰まり、切れ味が落ちてきます。こんなときは**写真2-100**のワイヤーブラシで表面をこすり、詰まった削りくずを除去します。そして、使用後も同じように削りくずは除去しておきます。**図2-21**にヤスリがけの手順を示します。

◆サンドペーパー

サンドペーパーは生地となる紙や布に研磨材を接着剤で均一に塗布したもので、金属の表面や木材表面をきれいに磨くのに使います。

サンドペーパーは目の粗さを番号で区別しています。よく使われるものの番号は100から1000番程度で、番号が小さいものは目が粗く、番号が大いものは目が細かくなります。

木工には200程度から300番程度がよく、金属では加工する材料により選択します。中には12000番といったとても細かいものがあり、これはMicro Mesh Kitとして販売されていて塗装の鏡面仕上げなどに使います。**写真2-101**にサンドペーパーの一例を示します。

紙製は安価ですが、耐久性に乏しく長持ちしません。布製は耐久性に優れていて折り曲げなどに強いことから、あとで説明するオービタルサンダーにセットして使うことができます。

また、これらとは別に水研（と）ぎといって水を流しながら研磨するときに使用する耐水ペーパーがあります。これは水に浸けても研磨材が剥離することがないので、研ぎくずで目詰まりを起こすことも少なく快適に研磨できます。また、耐水サンドペーパーと石鹸を組み合わせて磨くと滑りもよく、また磨きくずも

図2-21
ヤスリがけの手順

STEP.1

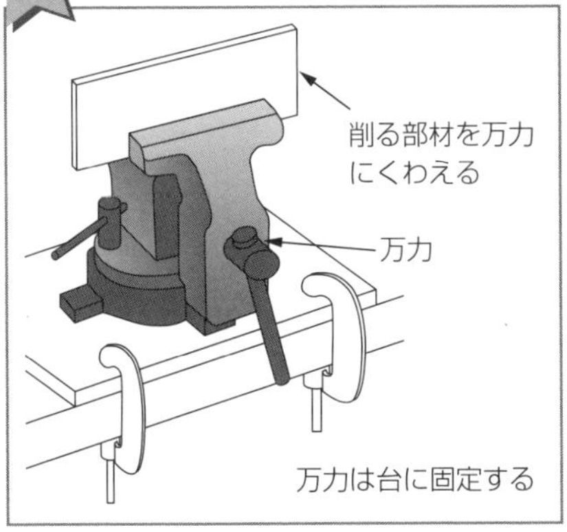
削る部材を万力
にくわえる
万力
万力は台に固定する

万力にヤスリがけしたい部材を固定する。部材に傷が付きそうなときは、部材を紙などで挟むようにする

STEP.2

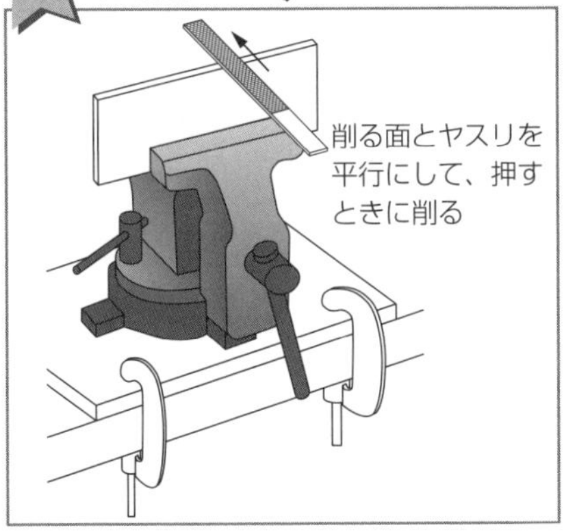
削る面とヤスリを
平行にして、押す
ときに削る

万力で挟んだ部材がずれないよう、しっかりと挟み込みヤスリがけする。ヤスリは押したときに削るので、引くときには力をゆるめる

STEP.3

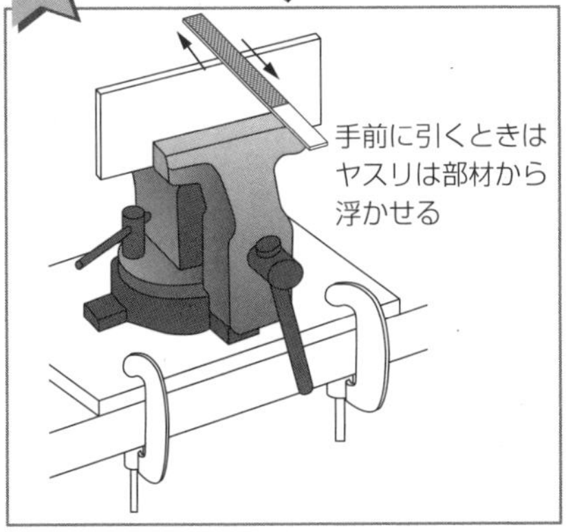
手前に引くときは
ヤスリは部材から
浮かせる

ヤスリがけしたいところを、たとえば左から右へと移動していく

写真2-101　サンドペーパーのいろいろ

よく洗い流してくれますので、利用する価値があります。ただし、柔らかい木工製品の研磨は水を流しながら、というわけにはいきません。耐水性のないサンドペーパーは湿気に弱く、湿度の高いときは生地自体が柔らかくなってしまい、研磨材が剥離しやすくなってしまいます。

サンドペーパーは使っていくうちに研磨材が剥離したり、生地が痛んだりしますので消耗品として取り扱い、研磨能力の落ちたものは交換するようにします。

サンドペーパーを小さく切ったり、折り畳んだりして使うと、どうしても磨きムラが発生してしまいますが、こんなときはサンドペーパーホルダーに挟むと平らに、そして均一に磨くことができます。安価ですから、一つ揃えておくとよいでしょう。

厚めの木片（100×50×30mm程度）にサンドペーパーを巻き付けることで、サンドペーパーホルダーの代替えとすることもできます。なるべくサンドペーパーの面積を広くして、平らにして使うことがきれいに磨き上げるコツです。

### ◆アルミパネルの加工

自作の無線機やアンプなどのパネルは、アルミ板そのままでは手垢が付いたりして見栄えがよくありません。アルミ板は柔らかいため傷が付きやすく、また次第に酸化して黒ずんだりしてきます。アルミ板は、ちょっとした工夫で見栄えのするパネルを作ることができます。その一つは、ヘヤーライン仕上げといった細かいスジをパネル全体に入れることで高級感が出てきます。

この細かいスジはサンドペーパーで作ります。200～240番程度の耐水サンドペーパーを木片に巻いて、アルミ板を平らなところに動かないようにセットし、水道水を流しながら一方向へ直線的に磨きます。力の入れ具合は均一にして、必ず一方向で決して戻すときに磨いてはいけません。

縁の部分は力が均一とならず光沢にムラができるときがありますから、できれば大きめのアルミ板を磨き出し、必要な部分を切り出すと均一なものができます。穴あけ加工をしてから磨くと穴の周辺が均一に力が入らず、これもムラができますので必ず大きめの無垢のアルミ板を磨いてください。

穴あけ加工のあと、パネルにレタリングなど（**写真2-102**）で必要な文字を入れたら、酸化防止とレタリングの剥がれを防ぐため透明ラッカーやレタリング用のコーティング剤を吹き付けておきます。

これによりアルミ板が黒ずんでくることが防止でき、いつまでも光沢のある表面を保つことができます。

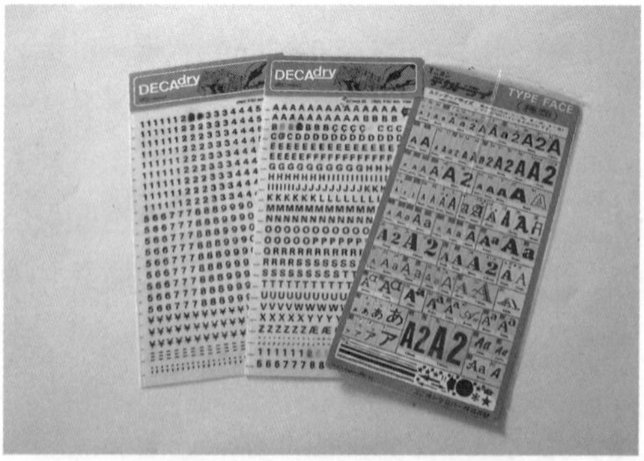


写真2-102　レタリングの一例

### ◆丸穴の磨き

メーターの丸穴のような大きい穴をあけるときは、円に沿ってドリルでいくつもの穴をあけてそれをつないでいきますが、半丸ヤスリで粗削りをしておき、そのあと丸穴の内側を磨くときは、**写真2-103**に示すように太めの丸棒にサンドペーパーをしっかりと巻き付け、これをヤスリのようにして磨くときれいに早く仕上げることができます。

細いヤスリではどうしても削る部分にムラができますが、このように太めの棒に巻き付けることにより、太いヤスリと同じような効果がありムラなくきれいに磨きあげることができます。

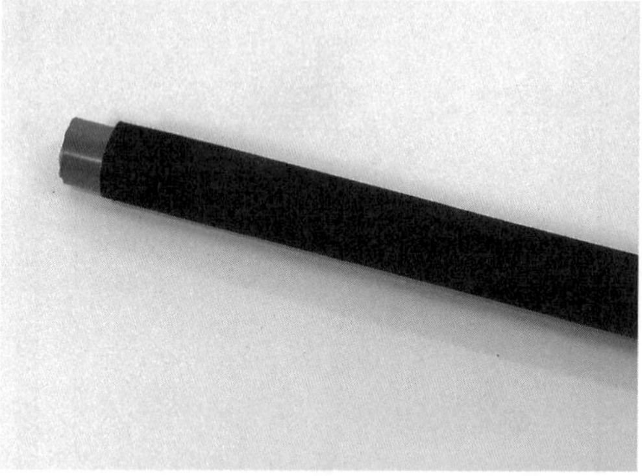

写真2-103　丸棒にサンドペーパーを巻く

## 7.2　金属の表面をきれいに磨く「オービタルサンダー」

**写真2-104**に示すオービタルサンダーは、ベース部のペーパーホルダーにサンドペーパーを挟み（矢印）、モーターの力でベース部が高速で円運動することで効率よく部材を磨くことができます。ベース部の面積は市販のサンドペーパーの1/3程度あり、研磨面を均一かつ平らに磨きあげることができます。また、サンドペーパーの代わりに布などを使うことにより、さらに細かく磨きあげることもできます。オービタルサンダーの回転は、1～2mm程度の円運動です。

120番程度のサンドペーパーを使い、オービタルサンダーでアルミ板を磨くと小さい円の模様が全面にできて、未処理のアルミ板に

写真2-104 オービタルサンダー

比べて艶消しとなって高級感が増します。

磨くコツは、全面をゆっくりと移動させることです。パネルを磨くときに穴をあけてから磨くと穴の周りがムラになりますので、穴あけの前に磨きます。

磨いたあとはクリヤーラッカーをかけておくと酸化による変色を防止することができ、いつまでも光沢を保つことができます。なお、磨くときは磨きくずが飛びますので、**写真2-105**のように保護メガネ（ゴーグル）と防塵（ぼうじん）マスクは必ず着用します。

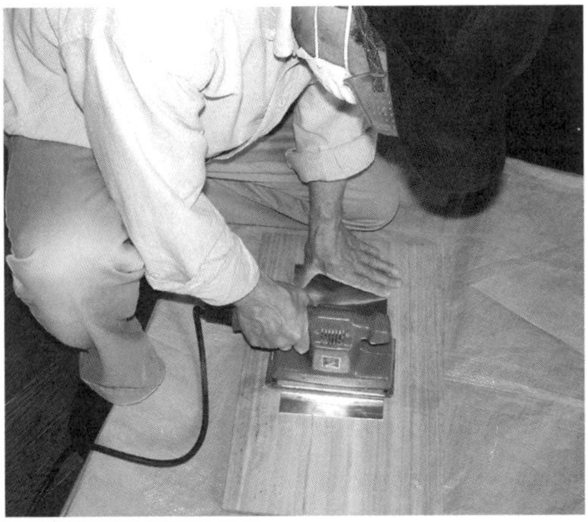

写真2-105 オービタルサンダーで金属板を磨くときは保護メガネと防塵マスクを忘れずに!!

## 7.3 「ディスクグラインダー」

直径10cm程度の円盤状の砥石（といし）を高速回転できるモーターに取り付けて「磨く」、「削る」、「切断する」といろいろな用途に使用できるのが、**写真2-106**に示すディスクグラインダーです。砥石の種類として鉄やアングルなどを削るオフセット砥石、金属を切断する切断砥石、ブロックやレンガを切断するダイヤモンドホイール、錆落とし用のカップワイヤーブラシなどがあり、回転部にこれを取り付けます。

写真2-106 ディスクグラインダー

磨きや削りはディスクの面を使い、切断はノコギリのように切断砥石を縦にして使用します。

砥石の取り付け、取り外しは専用の工具を使用しますが、回転中にゆるんでディスクが外れるようなことがあるとたいへん危険ですから、しっかりとネジを締め付けます。

ディスクグラインダーは高速で回転しますから、取り扱いには注意が必要です。削ったり切断したりする材料は万力で固定するか、安定した場所を選び足でしっかりと押さえ、切断する部材やディスクがふらつかないように作業してください（**写真2-107**）。ディスク部分に力を入れて押さえ付けると回転の力で部材や本体が反動で動いてしまいますから、部材には軽くあてがう程度としてください。

切りくずの飛散やときにはディスクの破損も考えられますので、保護メガネと防塵マスクは必ず着用してください。また、回転速度をコントロールする電圧調整器を用いると細

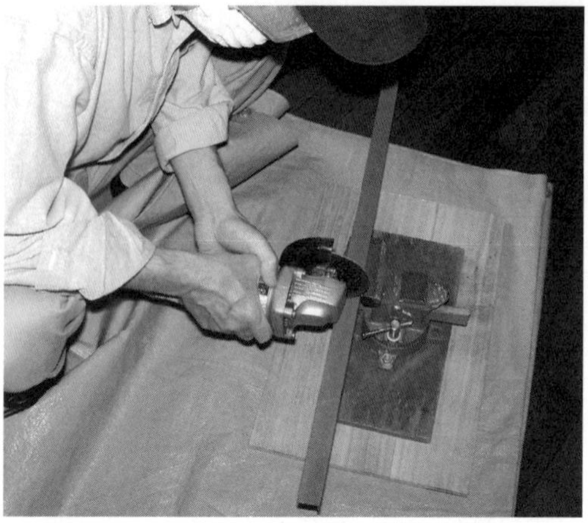

写真2-107　ディスクグラインダーで金属を切る

かいところを磨いたりするときに効果を発揮します。

ディスクが左側になるように持つと、回転は上から下への方向になります。この方向は切断するものを押し付ける方向となることから、切断時の火花を下側に出すので安全です。

作業の近くに引火するものを置くと危険ですから、広い場所で作業するようにしてください。

## 8　折り曲げ器

電子工作で任意の大きさのケースやL型金具を作ったりすることができれば、さらに自作らしさが強調でき、既製品にないオリジナリティのあるものができ上がります。

工具メーカーのホーザンから写真2-108に示すK-130という折り曲げ器が販売されていてアルミ板では1.5mm厚、鉄板では0.6mm厚のものまで折り曲げることができます。

使い方は、折り曲げる部材を厚い鉄材でできた押さえ金具でしっかりとネジで固定し、両脇にあるハンドルを両手で持ち上げることにより90度までの任意の角度に折り曲げることができます。コの字型の単純な折り曲げでは全長445mmまで折り曲げが可能で、ボックス型の折り曲げでは最大長420mm、深さは30mmまで折り曲げることができます（図2-22）。

ボックス型のものを作るときは、最初に2辺を折り曲げたあと、押さえ金具の溝に最初に曲げたところが入るようにするとすべての辺を折り曲げることができます。押さえ金具両端に付いている固定用ネジの金具はエキセントリックな構造になっていて、押さえ板を前後に細かく調整することができます。

注意することは折り曲げ時にハンドルを持ち上げると本体も動いてしまいますので、作業台にネジで固定するか、2個のC型クランプで作業台にしっかりと固定しておくことです。また、長いものや厚めの板を折り曲げるときは押さえ金具に隙間ができることがありますので、C型クランプで本体と押さえ金具を強く締め付けておくときれいに折り曲げることができます。特に長いものでは数カ所を

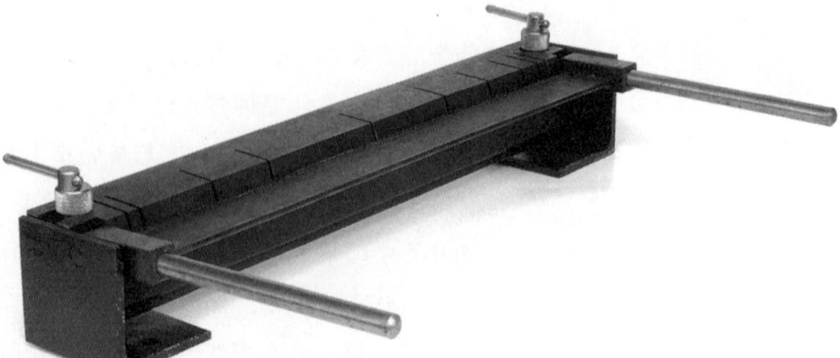

写真2-108　折り曲げ器

図2-22
折り曲げの手順

## STEP.1

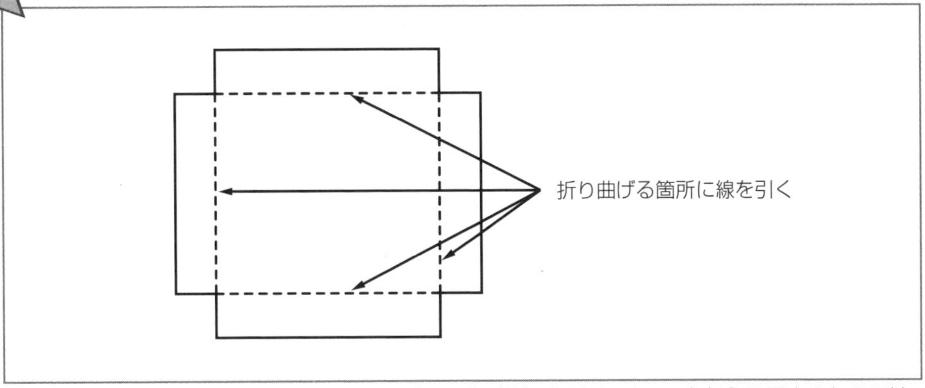
折り曲げる箇所に線を引く

アルミ板の折り曲げる箇所にあらかじめ線（折り曲げ線）を引く。1mmを超える厚さのものでは、この線に沿ってプラスチックカッターで何回か引っ掻き、浅い溝を付けておくときれいに折り曲げることができる

## STEP.2

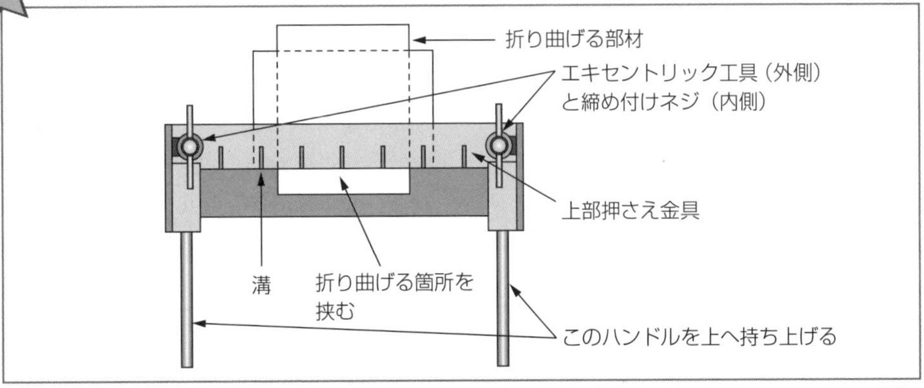
折り曲げる部材
エキセントリック工具（外側）
と締め付けネジ（内側）
上部押さえ金具
溝
折り曲げる箇所を
挟む
このハンドルを上へ持ち上げる

折り曲げ器に目的の部材を挟み、折り曲げ線と押さえ金具がぴったりと合うようにセットする。折り曲げる板の厚さによりこの金具で押さえ金具の位置調整をしたあと、ネジについているレバーで強く締め付ける。セットできたら両手でハンドルを静かに上に持ち上げ、目的の角度になるまで曲げる

## STEP.3

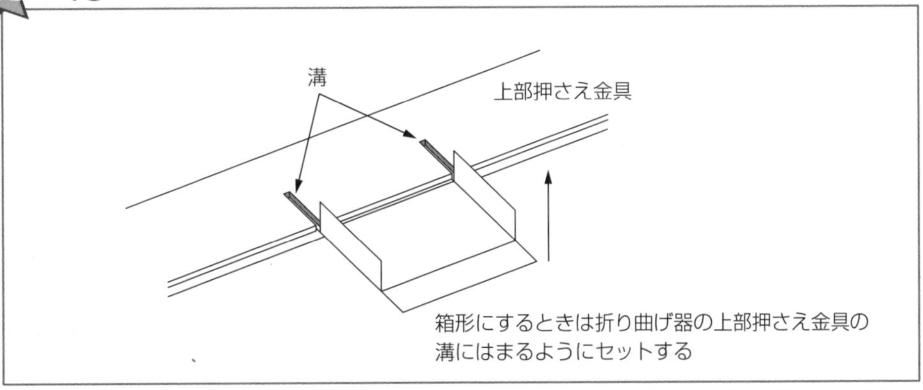
溝
上部押さえ金具
箱形にするときは折り曲げ器の上部押さえ金具の
溝にはまるようにセットする

ボックス形に曲げるときは押さえ金具の溝を利用して、すでに折り曲げた箇所がこの溝に入るようにセットする。この溝を利用するため、最初に折り曲げたところの深さは、この溝の長さの30mmまでとなる

写真2-109　折り曲げているようす

固定しておくことをお勧めします。**写真2-109**にアルミシャーシを折り曲げているようすを示します。

厚いものを折り曲げるときは、折り曲げるほうにプラスチックカッターで何回か引っ掻き、溝を入れておくと、この溝に沿ってきれいに折り曲げることができます。

コの字型ケースは2個のコの字に折り曲げたものを上下に合わせて、ケースにすることができます。さらに簡単なのは底板にコの字の上ぶたをかぶせるだけでケースが完成します。第6章の真空管式レフレックスラジオの製作では、1.5mm厚のアルミ板の4辺を折り曲げてボックス型のシャーシを製作しました。

## COLUMN

## 電気街・秋葉原はこんなところ

電子工作ファンにとっては「電子パーツの宝庫」である秋葉原は、東京都千代田区のJR秋葉原駅の周辺にあります。JR総武線の下にある「秋葉原ラジオセンター」とJR総武線に沿った「東京ラジオデパート」には、たくさんのパーツショップがあって一日中、電子工作ファンで賑わっています。

写真は、万世橋側から撮った秋葉原の電気街です。

第3章

# 電子工作に大切な「ハンダ付け」

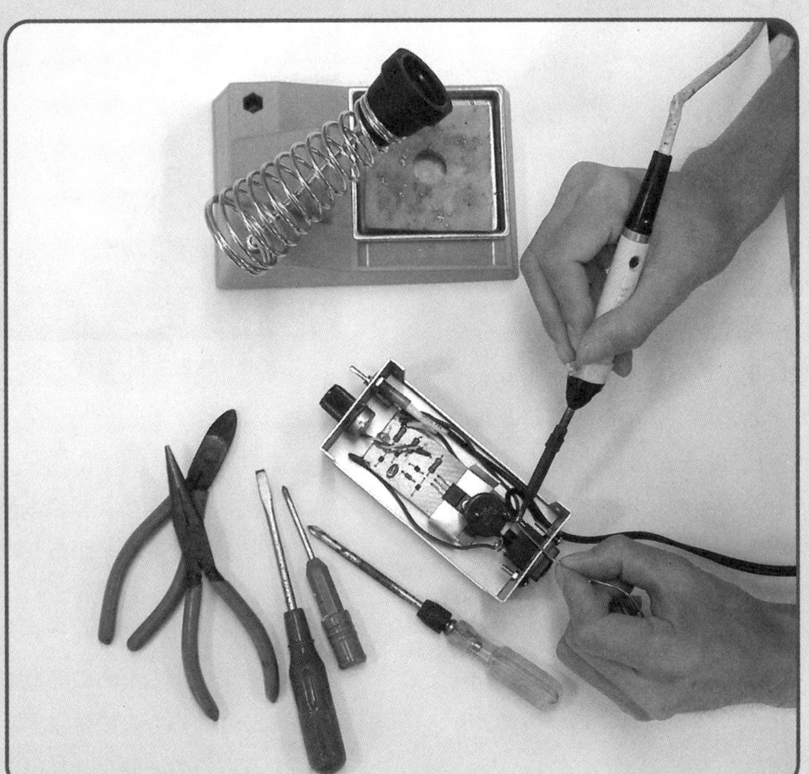

第3章
# 電子工作に大切な「ハンダ付け」

部品と部品のリード線などの金属部分を接続するには、一般的にはハンダ付けによります。ハンダ付けには「ハンダごて」と「ハンダ」が必要で、ここではそのハンダ付けのテクニックについて説明します。電子工作で作り上げたセットが目的どおりに動作するか、そしてそのあと、安定して動作するかを左右するのはハンダ付けの技術の善し悪しで決まるといっても過言ではありません。ICやトランジスタ、そして抵抗やコンデンサーなどの部品が目的のところにしっかりと接続されていないと接触不良を起こしたり、場合によってはまったく動作しなかったりすることがあります。

## 1　ハンダの種類

ハンダは錫(すず)と鉛の合金で、その比率が6：4のものが多く使用されています。この比率のものは融点も低くてたいへん使いやすいことと、値段が安いので長い間使われてきました。しかし、最近では鉛が含まれていることから環境に対しての影響が懸念されており、メーカーでは鉛フリーハンダといって鉛の成分を含まない環境に優しいハンダを使用するようになりました。このハンダの成分は錫と銀の合金でできていて融点が高いのが特長ですが、錫と鉛の合金のものに比べて、値段は高価です。

私たちが使う多くのハンダは線状に作られていて、その形状から糸ハンダと呼んでいます（**写真3-1**）。太さには0.8mm、1mm、2mmなどがあり、ハンダ付けする場所により使用するハンダの太さを使い分けます。

電子工作では大きな部品をハンダ付けすることはあまりないので、太さは0.8～1mm程度のものが容易に溶かすことができて使いやすい太さです。

線状のハンダの中心部は中空になっていて、この中にフラックス（ヤニ）の入っているヤニ入りハンダが、手軽に使用することができます。

写真3-1　糸ハンダの一例

フラックスが含まれているヤニはハンダの表面張力を下げる効果があり、目的の部品にハンダをなじみやすくします。

なおペーストと呼ばれているものはハンダが付きやすくするための促進剤で、ハンダ付けの前に目的のものに塗布することでハンダ付けするものの表面をきれいにする働きと表面張力を下げる効果があります。しかしペーストは酸化作用があるため、ハンダ付けのあとにこれが残っていると部品の腐食の原因となることから、きれいに除去しておく必要があります。最近ではペーストは使われることは少なく、特にプリント基板やICなどには使用しないようにしてください。

# 2 ハンダごて

ハンダ付けには、先に述べた「ハンダ」とここで説明する「ハンダごて」が必要です。ハンダごての善し悪しはハンダ付けの結果に大きく影響しますので、ハンダ付けする部品の大きさによりハンダごてを使い分けることが必要です。大きい部品へのハンダ付けに小さなハンダごてでは目的のものを十分に加熱することができず、上手なハンダ付けはできません。また、小さいものに大きなハンダごてを使うと部品を痛めたり、プリント基板から銅箔が剥がれたりしてしまい、まともなハンダ付けはできません。

信頼性のあるハンダ付けをするためには、少なくとも大小2本のハンダごてを用意することが大切ですが、できれば大（100W程度)、中（50W程度)、小（15～20W程度）の3本を用意しておけば、ほとんどの電子工作での対応は万全です。

ここでいう「大」・「中」・「小」とは、ヒーター容量のことをいいますが、見た目の大きさもこれに比例し、ヒーター容量が大きいほどハンダごての形も大きくなります。

## 2.1 大きいハンダごて（100W程度）

熱容量の大きい銅板や太い導線にハンダ付けするときは、小さなハンダごてではハンダ付けするものに熱が奪われてしまって上手にハンダ付けすることができません。十分大きな熱を出せるハンダごてで、奪われる熱よりハンダごてから供給される熱を大きくしない

電子工作では、「ハンダ付け」は避けては通れない。このセットでもわかるように数多くのハンダ付け箇所がある

と、滑らかなハンダ付けはできません。これには**写真3-2（右）**に示す100W以上のハンダごてがよいでしょう。

また、屋外でハンダ付けするときは風により熱が奪われてしまい、さらに大きなハンダごてが必要になります。屋外での同軸ケーブルやアンテナ回りのハンダ付けには段ボールなどで風よけを作ると、ハンダ付けするところに直接風が当たりにくく、また熱も奪われにくくなるので上手にハンダ付けをすることができます。特に段ボールの使用は冬の屋外での必須アイテムです。

## 2.2 中くらいのハンダごて（50W程度）

アース板やラグ板、特にシャーシに取り付けたアース端子などへのハンダ付けは熱がシャーシへ逃げますので、**写真3-2（中）**に示す中くらいのハンダごて（50W程度）を使用します。電源トランスなどの端子やACケーブルなどの太い線や端子には、この中くらいのハンダごてが使いやすいでしょう。

## 2.3 小さなハンダごて（15～20W程度）

プリント基板への部品の取り付けはハンダ付けする面積も小さく、熱が伝わりやすいので15W程度で先の細い小さめのハンダごてを使用します（**写真3-2（左）**）。特にICやトランジスタのハンダ付けにはハンダごての先が交換できるものがたいへん便利です。これには1mmといった細いものがあり、用途により太さを交換して使えます。

このような小さなこて先だと強い熱が加わることも少ないので、部品が壊れることはほとんどありません。

半導体のハンダ付けは素早く、手際よくすることがコツです。

プリント基板のハンダ付けには大きなハンダごてを使用すると隣の部品との間にハンダが入ってしまったり、銅箔が剥がれてしまったりして回路をつぶしてしまうことがありますので注意し、くれぐれも大きなハンダごてを使用するのは避けてください。

## 2.4 ガス式ハンダごて

静電気や過大な電圧に弱いC-MOSのICなどをハンダ付けするとき、絶縁のよくないハンダごてでは、こてから漏れる電気でICが壊れることがあります。このような心配がないのが、**写真3-3**に示すガス式ハンダごてです。このこては、ガスライターに使用する液化ガスを充填してワンタッチで着火でき、急速にこて先が加熱されますから、急いでハンダ付けしたいときにもうってつけです。さらに、電気のない屋外でのハンダ付けにも便利に使用できますが、ときどきガスを充填しなければなりません。燃焼させるガスの量の調節により、こて先の温度を変えることができます。

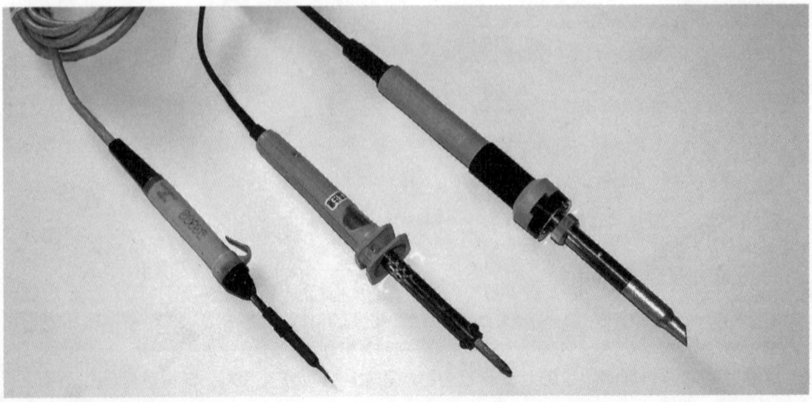

写真3-2　ハンダごて
左から小、中、大

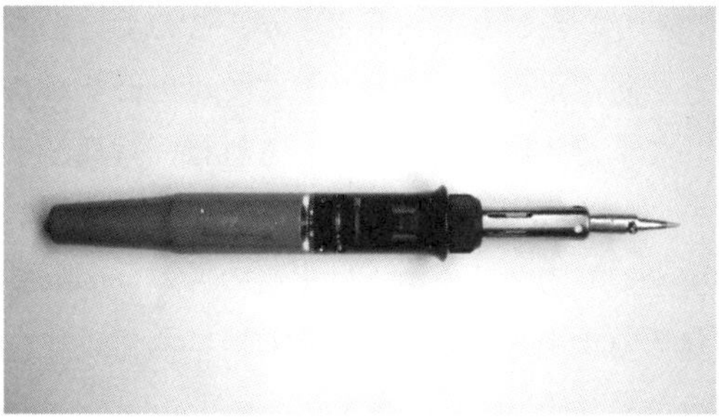

写真3-3　ガス式ハンダごて

## 2.5　直流式ハンダごて

このこては、車のバッテリーから電源を取って使用できる直流式のハンダごてで、AC100Vがない場所でも使用できます（**写真3-4**）。可変電圧の電源を使うことによりプレヒートが可能ですから、使用時に規定の電圧を加えて、待機中は電圧を下げておけば、こて先の過熱を防ぐことができます。

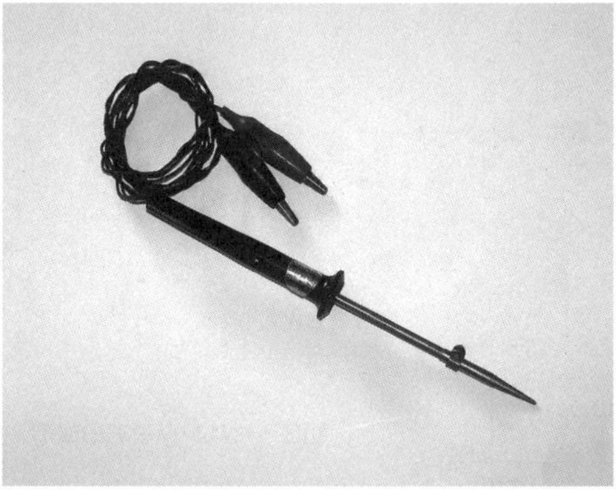

写真3-4　直流電圧で動作するハンダごて

## 2.6　ガスバーナーによるハンダ付け

**写真3-5**に示すガスバーナーを使用すると、銅パイプや厚い銅板などの大きなものもハンダ付けすることができます。すき焼きや鍋料理のときなどに使用する家庭用カセットボンベに、ガスバーナーを取り付けて使用するものです。

ハンダ付けする部材をサンドペーパー（200番程度）でよく磨き、錆や汚れを取り除いてください。

写真3-5　ガスバーナー

次に接合する箇所をきちっと固定し、ガスバーナーに着火して接合部の全体が加熱されるよう均一に炎をあてます。そして、ときどきハンダを押し付け、溶けるようになったら素早く均一にハンダを押し付けて全体にハンダがなじむよう接合します。

使用するハンダは太めのものにすると、手際よくできます。この作業では部材の熱容量が大きいことから、なかなか冷えないためハンダ付け箇所を動かさないようにゆっくりと冷やします。十分冷めてから、余分に付いたハンダはナイフやヤスリで削り取るときれいになります。ここではガスを使いますので周りに燃えやすいものがあると危険ですから、屋外の安全な場所で行ってください。また、手袋をはめたりして火傷（やけど）をしないように注意が必要です。

# 3　ハンダごて台とクリーナー

ハンダごてでの作業では、その方法を誤ると火傷をしたり、ものを焦がしたり、場合によっては火災になるかもしれません。ハンダごては、使い方を誤るとたいへん危険な工具です。

ハンダごての構造は**図3-1**のように内部にヒーターが入っていて、これにAC100Vを加えて、こて先を加熱するもので250～450度という高温になることから、机の上での作業は注意深くしなければなりません。こてを使用しないときは必ず**写真3-6**のようなハンダごて台に置いたり、電源を切る習慣を付けてください。

筆者は失敗例として衣類を焦がしたり、プラスチック製のものを溶かしたり、線を焦がしたりしたことがありますが、このようなことを防ぐために必ずハンダごて専用台を用意してください。こて台はできれば、**写真3-7**のこて先クリーナー付きのものがベターです。こて先クリーナーは専用のものも市販されていますが、濡れ雑巾をお皿に載せておくことでも代用ができます。

**写真3-8**に示すこて先クリーナーは、ハンダごて台からこてを外すと自動的にクリーナーに電源が入り、このクリーナーの入り口にこて先を差し込むことで、こて先に付いていた余分なハンダが除去されてきれいになるという便利なものです。

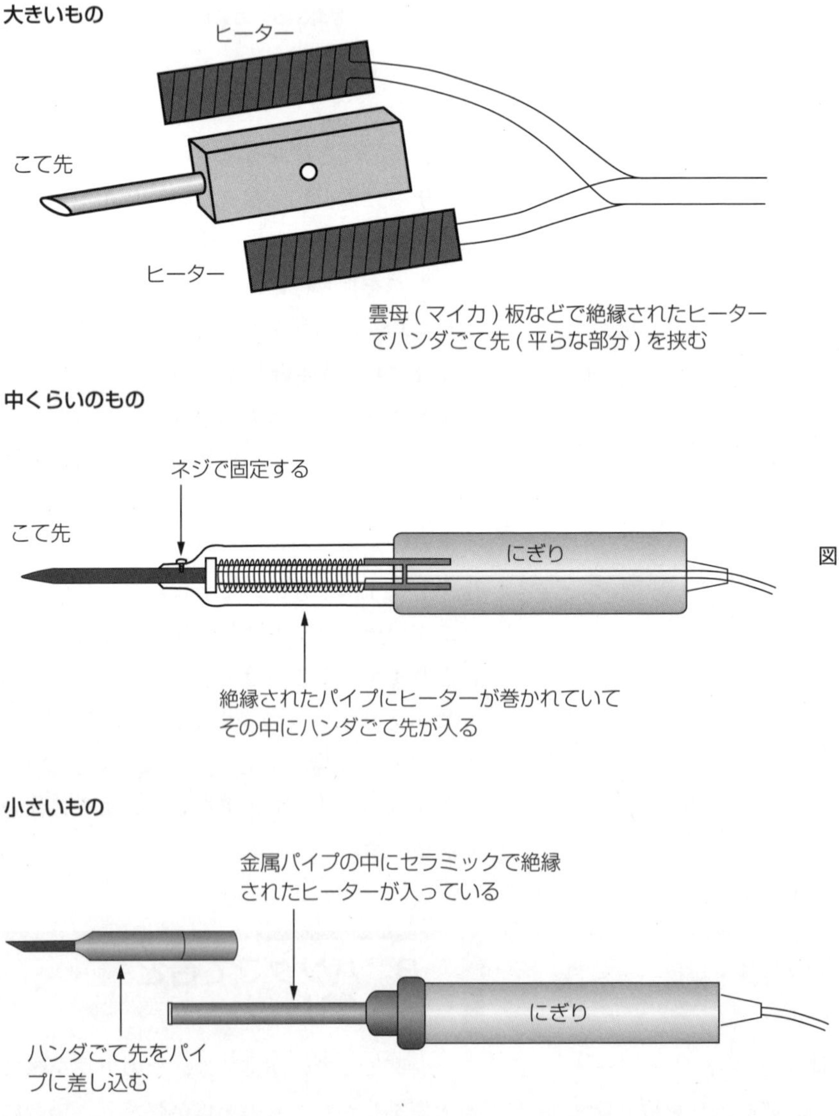


**図3-1　ハンダごての構造**

写真3-6　簡単なハンダごて台

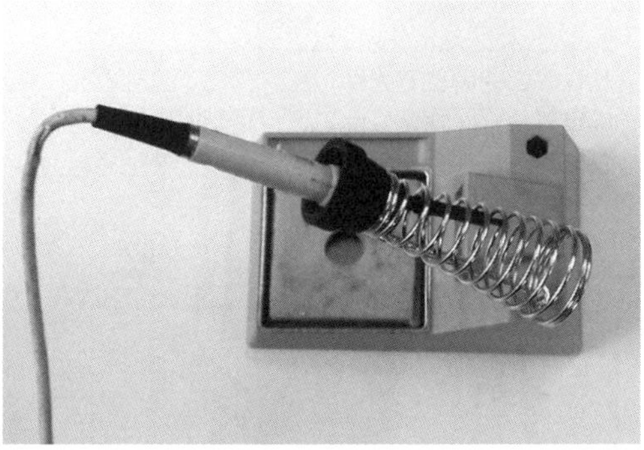

写真3-7　こて先クリーナーのあるハンダごて台

写真3-8　自動こて先クリーナー付きハンダごて台

クリーナーの内部は直径の異なるウレタンのローラーが2本回転しており、この間にこて先が入り、ハンダを拭い取ります。拭い取られたハンダは、直径の異なるローラーの働きにより内部に蓄えられます。ローラーには、水を含ませておく必要があります。

このハンダごてを使っている間、クリーナーのモーターが回転しっぱなしでしたので、筆者はタイマーで10秒程度オンにし、そのあと電源をオフにしてモーターの電源が切れるように改造しました。また、長い間ハンダ付けしないで、そのまま電源が入りっぱなしとなっているとこて先が過熱して傷みますから、このようなときは図3-2のようにスイッチを「予熱」に切り換えてヒーターと直列にダイオードを接続してAC100Vの半波整流とし、ハンダごてに加わる電力を半分にして過熱を防ぎます（これをプレヒート方式という）。

そして、使うときにはスイッチを「加熱」に切り換えると短時間でこてが加熱されてハンダ付け可能の状態となります。

## 4　ハンダ付けできる材質

ハンダ付けは、金属と金属を接合する手段ですが、どんな金属でも簡単にハンダ付けできるわけではありません。ハンダの成分であ

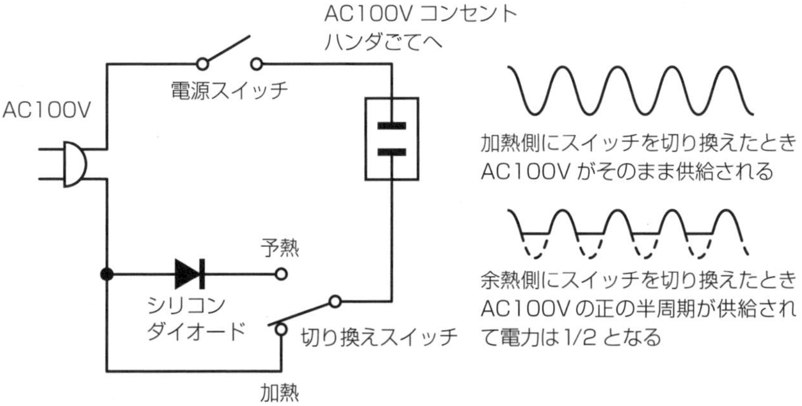


図3-2　ハンダごての加熱を防止する回路

図3-3　プリント基板にハンダ付けする手順

## STEP.1

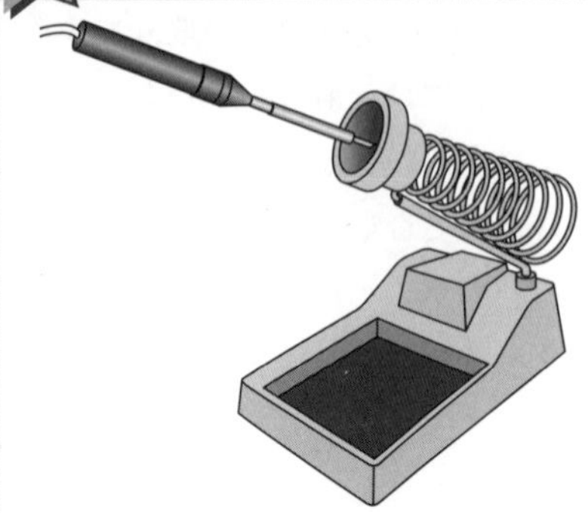

ハンダごてとこて台を用意する

ハンダごて台にこてをセットし、通電して暖めておく。使用するハンダごての大きさは、ハンダ付けする大きさによって使い分ける

## STEP.2

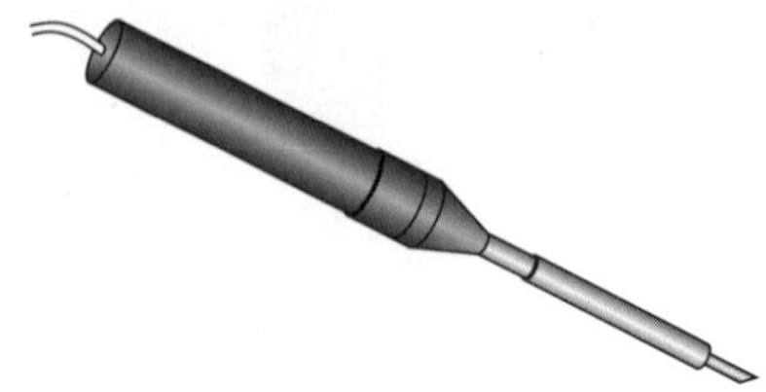

ハンダごての先をクリーナーできれいにする

ハンダごてのこて先は、ハンダごて台などに付属しているクリーナーできれいにしておく。こて先が汚れているときれいなハンダ付けはできない

## STEP.3

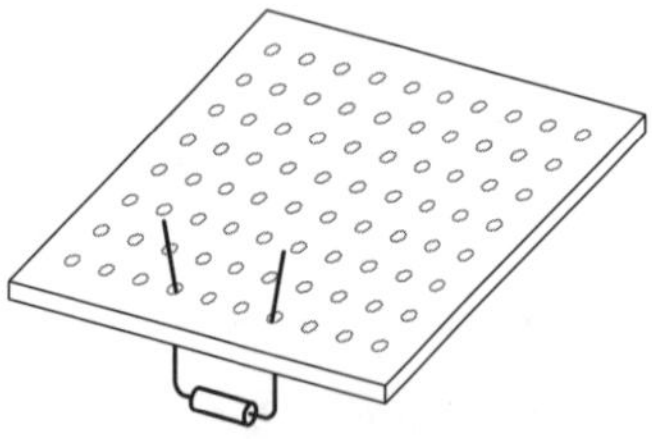

部品をプリント基板にセットする
（わかりやすくするため部品のリード線は長く描いてあります）

ハンダ付けしたい抵抗やコンデンサーなどの部品を基板のハンダ付け面の下から差し込み、落ちないようにリード線を少し曲げておく

## STEP.4

ハンダごてをハンダ付け部分にあてて、暖める

基板のハンダ付け部分にハンダごてをあて、部品と銅箔面を暖める。暖め過ぎると銅箔面が剥がれてしまうので注意が必要である。このあたりがハンダ付けのむずかしいところ

## STEP.5

部品と基板面とハンダごてに糸ハンダをあてながらハンダを溶かす

ハンダ付けしたいところにハンダをあてると、ジュッと音がしてハンダが溶けて接続面に流れる。ハンダ付けができているのにそのままこてをあて続けると銅箔面が剥がれたり、部品を壊したりするので注意

## STEP.6

ハンダが溶けて全体になじみ、煙が出ているうちに糸ハンダとハンダごてを離す

ハンダ付けが完了したら、部品のリード線をニッパーなどで切断する。周辺に余計なハンダが流れていないかどうかなどを調べておく

る錫や鉛はもちろんのこと、金・銀・銅もよくハンダ付けできる金属です。しかし、鋼鉄やステンレスなどのハンダ付けはむずかしい金属です。

電子部品のほとんどは、よくハンダ付けできる金属やその合金によりできていますから、通常使われている「錫と鉛」や「錫と銀」の合金のハンダを使用することができます。

ステンレスのハンダ付けは、特殊なフラックス（ハンダ付け促進剤）を使用することで可能ですが、このフラックスは強い酸化作用を持っていることから電子工作には使用することはできません。

## 5 ハンダ付けテクニック

ハンダ付けの善し悪しが電子工作の結果に大きく影響することは前にも述べましたが、ハンダ付けした部分同士が安定して確実な動作をするための上手なハンダ付けのコツを習得しておくことは大切なことです。これには、不要なプリント基板や部品を使ってあらかじめ練習しておくとよいでしょう。何はともあれ、ハンダ付けのテクニックは数をこなすことで上達するものです。

まず、ハンダ付けの目的の部品により適切な大きさのハンダごてを選びます。こて先が変形していたり、腐食していたりしては上手なハンダ付けはできません。このようなものは、こて先を新しいものに交換しておくことが必要です。こて先は消耗品です。ハンダごてを購入するときに交換用のこて先も同時に購入しておくと、このような場合にとても役に立ちます。ハンダごて自体を買い替えるよりたいへん安価です。

ハンダ付けするプリント基板や抵抗、トランジスタ、ICなどの部品のリード線に酸化膜（錆）が付いているとハンダは上手くのりません。800番から1000番程度のサンドペーパーでよく磨いて、錆を落としてからハンダ付けします。

プリント基板の場合は、**図3-3**のようにプリントパターンの穴にしっかりと部品のリード線が貫通するよう差し込み、少なくともリード線の先端が3mm以上は出ているようにしてください。長い分にはハンダ付け後にニッパーで切断すればよいのですが、短いと見かけ上はパターンにきれいにハンダがのっているようですが、リード線はハンダ付けされていないことが多くあります。このようなハンダ付けは、製作したセットの動作不安定などのトラブルが発生してもなかなか見つからないものです。

真空管のセット製作では、ラジオペンチを使って**図3-4**のように抵抗やコンデンサーなどのリード線を真空管のピンや端子にしっかりとからげておきます（**写真3-9**）。

ハンダ付けのコツは、ハンダ付けする場所をハンダごてで素早く加熱して、反対の手で

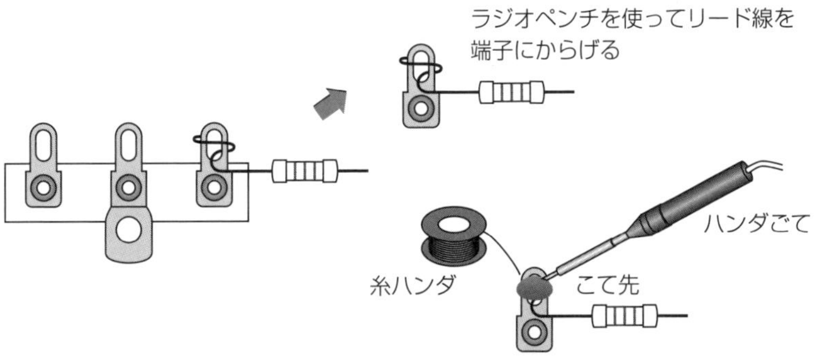


図3-4　端子板のピンなどには配線をからげてからハンダ付けする

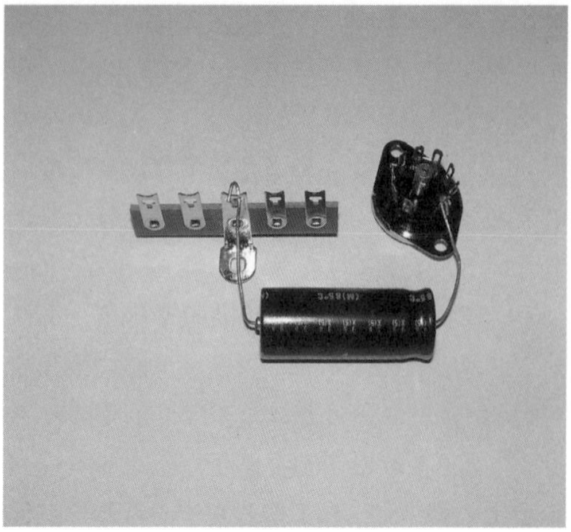

写真3-9　からげ配線

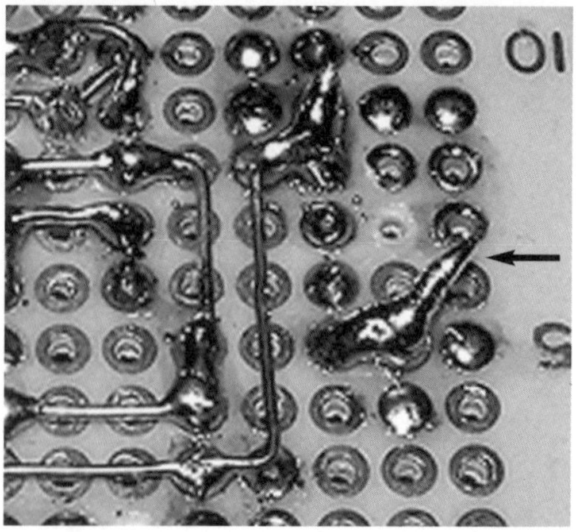

写真3-10　ツノが出たハンダ付け（←部分）

ヤニ入りハンダを押し付け、ハンダが溶けて煙が出て、ハンダがリード線になじむ適量のハンダがきれいにのったところで、煙の出ているうちにハンダとハンダごてを素早く離すと、きれいなハンダ付けができます。この煙の出具合のタイミングが上手なハンダ付けのポイントです。まだハンダが冷えきらないうちに動かすと、ハンダ付け箇所にクラック（ひび割れ）ができてしまい信頼性が低下しますので、冷えるまで動かさないよう静かにしておきます。きれいに仕上がったハンダ付けのようすを**図3-5**に示します。

この煙が消えてしまってからハンダごてを離すと表面に光沢がなく、またハンダごてを離すときにダラダラとハンダがこてに付いてきます。いわゆる「ツノ」（**写真3-10**）ができ、これが隣の回路に接触したりする「ブリッジ」ができてしまいます。これでは別な電気の通り道ができてしまい、電子回路が成り立たなくなってしまいます。

ハンダ付けで一番悪い例としては、**図3-6**に示すいわゆる「いもハンダ」や「てんぷら

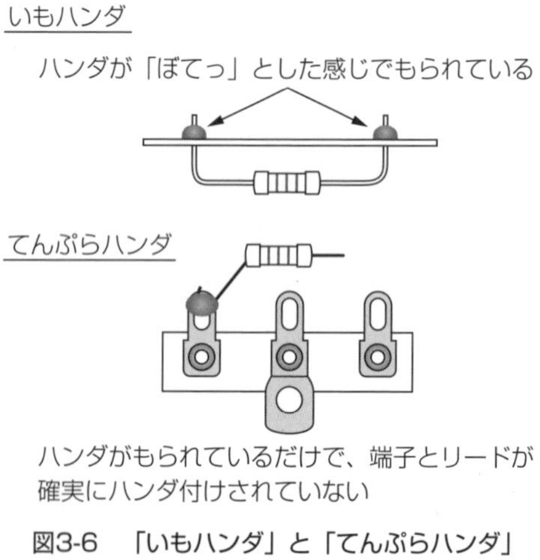


図3-6　「いもハンダ」と「てんぷらハンダ」

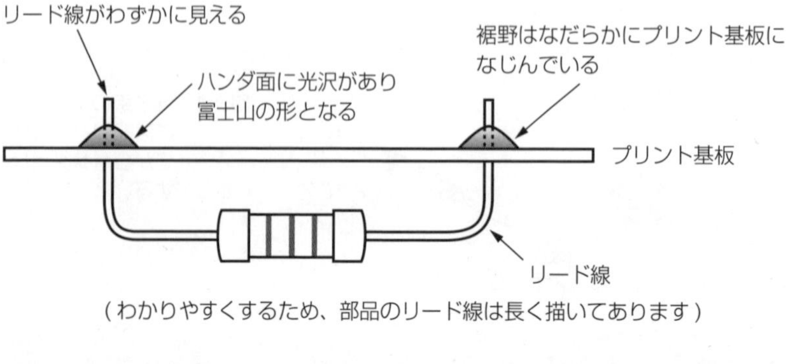


図3-5　きれいにできたハンダ付け

ハンダ」と呼ばれるものがあります。これはハンダ付けした部分がいものようにぼてっと付いたり、てんぷらのように衣だけがかぶさっているだけで目的の部品に対してきちんと付いていないハンダ付けのことを指して、このように呼びます。

ハンダ付けの作業では、ヤニから煙が出ます。また、鉛も溶けこの煙を吸い込むと、のどを痛めたりして体によくありません。できればハンダ付けのときの煙は、室外に排出するようにしましょう。

それには小型の排気ファンを使用したり、冷却用のファンを使ったりして煙の排出をすることをお勧めします。筆者は、DC12Vで動作する機器の冷却用のファンを利用して、窓に挟み込むものを製作しました。排気ダクトは、ホームセンターなどで売っている直径80mmのアルミ製のフレキシブルパイプを使用し、ハンダごてのすぐ上に吸い込み口がくるようにしました。

これによりハンダ付けのときの煙はきれいに室外に排出できるようになりました（写真3-11）。

写真3-11　ハンダ付けのときに出る煙を外に吸い出す装置

## 6　ハンダ吸い取り線

ハンダ付けのあとで部品を外したり、ジャンク基板から部品取りをしたりすることがありますが、これにはピストン方式によるバキューム吸い取り器や電動の工具があります。電動のものはとても高価なことから、電子工作ではバキューム式のものやハンダ吸い取り線が手軽でしょう。

このハンダ吸い取り線は、同軸ケーブルやシールド線の網組線（あみぐみせん）のようなものを平たくして、これにフラックスを染み込ませたものです（写真3-12）。

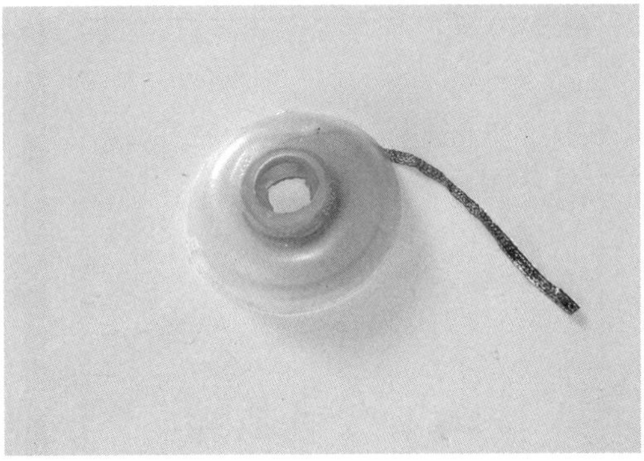

写真3-12　ハンダ吸い取り線

この線を目的の場所に押し当て、上からハンダごてで押さえ付けます。すると、溶けたハンダが毛管現象により、この網組線の隙間に吸い込まれてハンダをきれいに除去できるというわけです。プリント基板や部品を痛めることなく部品を外したり、余分なハンダを除去したりできます（図3-7）。

ハンダ吸い取り線は、細い線を使った幅の狭いものから広いものまでいろいろあり、使用する場所や部品の大きさなど目的にあったものを使ってください。ハンダが多量に付いているときは幅の広いものを、少ないときは狭いものと使い分けるため、2～3種類のものを用意しておくとよいでしょう。

なお、ハンダをいったん吸い込んでしまっ

たものはニッパーで切って捨てるしかありません。上手に吸い取るコツは、ハンダ吸い取り線に熱が取られるので少し大きめなハンダごてを使用し、短時間にハンダを溶かして吸い取るようにすることです。短時間で吸い取らないとプリント基板や部品を痛める原因となります。

図3-7 ハンダ吸い取り線で余分なハンダを取り去る手順

STEP.1

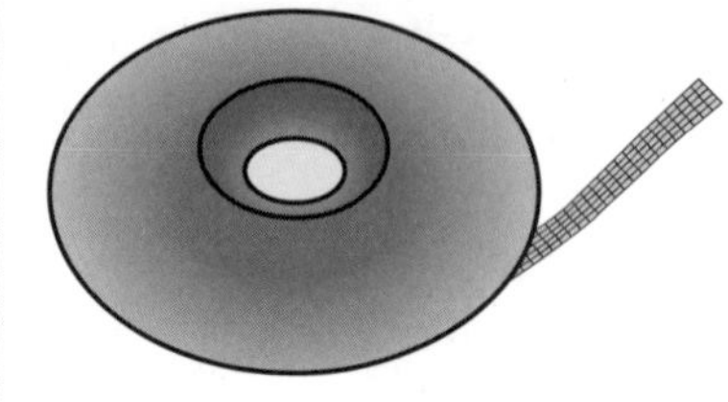

ハンダ吸い取り線を引き出す

ハンダ吸い取り線にはいろいろな形状のものがあるが、一例として写真3-12のものを使ってハンダを吸い取る

STEP.2

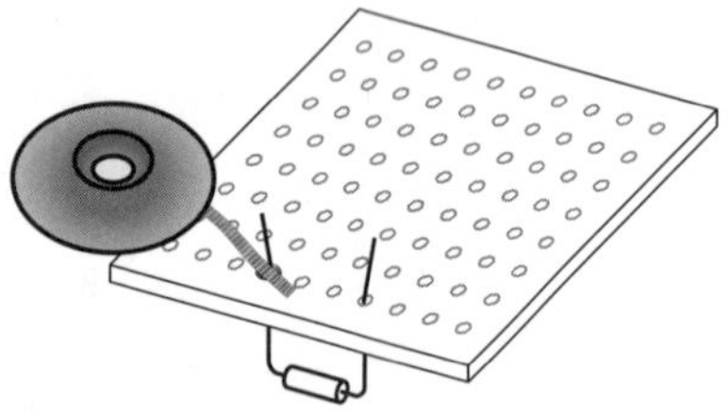

ハンダ吸い取り線をハンダを取り去りたい箇所にあてる

ハンダ付けされた箇所のハンダを吸い取りたいところにハンダ吸い取り線をあてる。ハンダ吸い取り線は平べったい形状をしているので、できるだけ接触面積が広くなるようにする

STEP.3

ハンダごてで取り去りたい箇所の吸い取り線を加熱するとハンダが吸い取り線に吸い取られる

ハンダごてをあてると、ハンダ付けされている箇所のハンダが溶け、吸い取り線に吸い取られるので、吸い取られたらハンダごてと吸い取り線を離す

## 7　安全対策

ハンダ付け作業は、高温のハンダごてを使用しますので、火傷や火災の心配があります。ハンダ付け作業の前には作業場所をきれいに片づけて、可燃物などがハンダごてに触れないようにします。ハンダごてを落としてしまい、あわてて拾ったらこて先をつかんだため火傷をしてしまうこともあります。ハンダごては必ずハンダごて台に収納し、使わないときは必ず電源を切るよう癖をつけておきます。長時間つけっぱなしにするとたいへん高温になり危険ですので、1時間ごとに電源をオフとするタイマーを入れておくのも安全対策の一つです。

また、ハンダ付けとは直接関係ありませんが、実験中に思わずAC100VやB電源の高圧に触れて感電してしまうことがあります。そのためAC100Vの電源には漏電ブレーカーを入れるなどの安全対策をしておくとよいでしょう。

また、真空管の工作のためにB電源のコンデンサーにたまっている電気を放電する抵抗をクリップで接続しておき、これでB電圧回路をショートさせて高電圧を放電させることができるのようにしておくと安全に作業することができます。

安全対策をし過ぎて困るなどということは決してありませんので、日頃からいろいろ準備をしておくことをお勧めします。

第4章

# ケースの塗装と非金属の接着

第4章
# ケースの塗装と非金属の接着

電子工作で製作したセットをそのままの剥き出しの状態で使うより、ケースを作って収納し、そのケースやセットそのものに塗装を施すと見違えたようにすばらしいセットに変身します。

また、部材を接続する多くの方法はネジ止めやハンダ付けに頼るものが多いのですが、プラスチックやアクリルなどの非金属の接続には接着剤を使用すると便利に、かつきれいに仕上げることができます。

工具とは性質が異なりますが、ここでは電子工作に欠かすことのできない項目として塗装と接着について紹介します。

## 1　ケースを塗装する

部材を塗装することには、二つの大きな効果があります。

一つ目は、地肌剥き出しの部材では無骨で見栄えもよくありませんが、塗装を施すことにより部材の地肌は塗装膜で覆われ、見違えるほどきれいになります。

二つ目は、部材の地肌そのままでは表面が酸化されて変色したり、錆びたりしてきます。部材が直接空気や水分に触れないように塗装をすることにより、錆や汚れから守ることができます。ここでは、塗料の種類やきれいに塗るコツなどを説明します。

### 1.1　自作セットの仕上がりを見栄えあるものにする塗装

自作の機器がメーカー製と比べて見劣りするのは、ケースやシャーシがアルミ板や鉄板などの地金が剥き出しとなっていることかもしれません。メーカー製と同等というわけにはいきませんが、自作したセットにそれなりの塗装やレタリングを施すと見違えるほど見栄えがよくなります（**写真4-1**）。

自作のものに、きれいなお化粧をするつもりで仕上げましょう。

**写真4-1　きれいに仕上がった自作セット**

### 1.2　サンドペーパーで下地処理

何といっても、塗装する材料の下地はきちっと処理しておくことが肝心です。アルミ板のように表面が滑らかなものに、そのまま塗装を施しても剥がれやすいので、塗料が付きやすくするように、200から300番程度のサンドペーパーで全体をよく磨いて表面に細かい傷を付けると、この傷の隙間に塗料が染み込んで、剥がれにくくなります。

このとき、あまり荒いサンドペーパーで磨くと塗装後も細かい傷が目立ってしまうことがありますので、注意してください。

磨いたあとはよく水洗いして、磨きくずやほこりを除去して乾燥させます。小さなほこりやゴミが付着していると、それがそのまま塗料で固定されてしまって塗装面が均一に仕上らず、出来栄えが半減してしまいますので、注意してください。

木材への塗装は表面をサンドペーパーで滑らかに磨き、磨きくずはきれいに拭い取り去ります。木材には細かい穴がたくさんあり、そのままでは塗料が木材に吸い込まれてしまい、きれいな塗装はできません。このため目止め処理を行います。目止めとは、**写真4-2**に示す「トノコ」という微粉末の土でできたものを水で溶き、これを布で木材へすりこんでよく乾燥させてから、余分に付いたトノコを乾いた布で取り除き、ほこりを除去しておきます。屋外での塗装では塗料が乾かないうちに虫が飛んできて塗装面にくっ付いてしまったりして思わぬ失敗もありますで、飛んできた虫は追い払うくらいの配慮も必要です。

**写真4-2　トノコ**

## 1.3　余計な箇所に塗料が付くのを防ぐマスキング

スプレー塗装は細かい霧状の塗料を噴霧するため、狭い隙間や目的外のところへも塗料が飛んでしまいます。このため、必要がないところへは塗料が付かないように**写真4-3**のマスキング（覆い隠すこと）をしなければなりません。

マスキングには、**写真4-4**のマスキングテープと呼ばれる粘着力がそれほど強くない紙

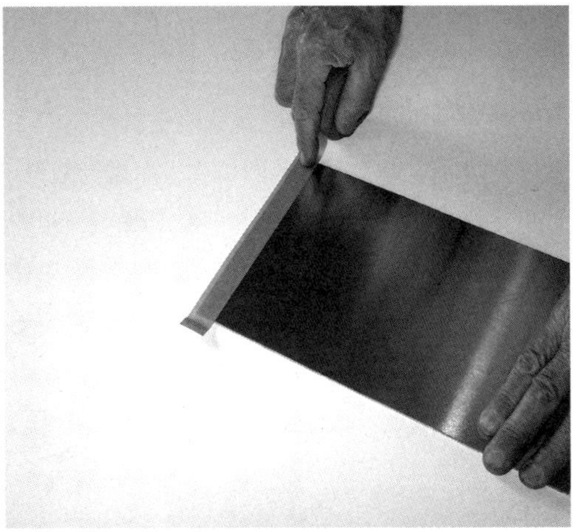

**写真4-3　マスキングテープの使用例**

**写真4-4　マスキングテープ**

テープが市販されています。

さらに幅広い範囲をマスキングしたいときには、薄いビニルシートの端にマスキングテープが取り付けられたものがあります。ビニルシートの幅もいろいろなものがありますので、マスキングしたい幅に合わせたもの購入しますが、これを用いなくてもマスキングテープと新聞紙とで、塗装が必要でない箇所を覆ってもよいでしょう。

マスキングテープは、塗料がよく乾いてから外さないと、テープと共に塗料がくっ付いて剥がれてしまいます。なお、あまり厚く塗装するとマスキングテープを外したとき、段差ができてしまいますから、適度の厚さとします。

## 1.4 塗料の飛散を防止 周囲への配慮

スプレー塗装は細かい霧状の塗料が噴射されますから、かなり広範囲に塗料が飛び散り、周りの建物や地面が汚れますので段ボールや新聞紙などできちっと囲いをして、この中に塗装するものを置いてから行います。段ボール箱は、風よけにもなりますので大きめなものを用意しておくとよいでしょう(**写真4-5**)。

写真4-5　スプレー噴射のときには段ボールで囲うとよい

## 1.5 仕上がりが違う 塗装に適する日

風の強い日にスプレー塗装をすると霧状の塗料が飛ばされてしまいますので、風のない日に行います。夏のあまり暑い日では霧となった塗料が乾燥してしまい、ほこりが付いたような塗装面になってしまうことがあります。このようなときは直射日光を避け、日陰で塗装物とスプレー缶の距離を調整しながら塗装することをお勧めします。

また、冬の寒い日は塗料の出が悪くなることがありますので、お風呂の温度くらいのお湯で暖めてから使うとスムーズに噴射することができます。

塗料は引火性の強いものもあり、くれぐれも直接火で暖めるようなことはしないでください。また、雨の日のような湿度の高い日も塗装に向きません。

## 1.6 種類はいろいろ 塗料の種類

### ◆アクリル系ラッカー

速乾性塗料で、塗装後30〜40分くらいで乾燥しますから取り扱いが楽で、塗装膜も硬くなり電子工作での塗装に一番向いています。

### ◆油性ペイント

この塗料はなかなか固まらず、乾燥するまでに1週間ほどかかります。よく乾燥したあとは、塗装膜もかなり硬くなります。

### ◆水性ペイント

水で薄めることができる塗料で、取り扱いはたいへん簡単です。乾燥すると油性ペイントと同じくらいの硬さになります。ハケ塗りのときは、ハケを水洗いできますので後始末が簡単にできます。

**写真4-6**にいろいろな塗料を示します。

写真4-6　塗料のいろいろ

## 1.7 スプレー塗装

スプレー塗料を使って吹き付け塗装をしてみましょう。まず、前述のマスキングや周囲への配慮の準備をします。使っていないスプレー塗料缶の塗料は、沈殿していて溶液と塗料が分離していることがあります。缶の中にパチンコ玉くらいの金属球が入っていますので、カラカラと音をたててよく振り、塗料と溶液をよく混ぜ合わせて均一化します。

塗装面とスプレーのノズルとの距離は、30〜50cm程度離します。あまり近過ぎると放射状に噴射された塗料が狭い場所に多量にかかって、垂直面は垂れてしまい、水平面にはムラができてしまいます。コツは、ノズルを材料と平行にして、ゆっくりと全体に均一に塗料がかかるように動かします。

なお、ノズルボタンは最後まできちっと押さないとガス圧が低かったりしてノズルからの噴射が弱くなり、塗装面にはムラができてしまいます。

塗装面は、明るい方向からよく見てムラができていないか調べながら塗装します。木片などに塗装するものを載せて、これを回転させるとよいでしょう。なお、ケースの塗装などで底部が木片にピタっと付いていると、ここに塗料が溜まることがありますので浮かせて保持するよう、木片の大きさを選択してください。

ムラができたり塗料が垂れたりした場合は、よく乾燥させて表面が硬くなってから細かいサンドペーパーで失敗したところを磨き、平らにしてから再度全体に塗装すると目立たなくなります。まだ乾燥していないときは、塗料のうすめ液などで除去する方法もあります。

## 1.8 再利用のために後始末

使ったスプレー缶をそのままにしておくと、ノズルに残っている塗料が硬化してしまって次の塗装のときに塗料が出なくなり、均一な放射状の霧とならなくなってしまいます。これを防止するため、使用後は**写真4-7**のようにスプレー缶を逆さにして内部のパイプとノズルに残っている塗料を噴出させる「空吹き」をしてから保管します。この処置をしておくと、次の塗装のときもスムーズな

写真4-7 スプレー缶は使用後、一度カラ吹きする

塗料の噴霧ができ、ムラ塗りの防止対策となります。

## 1.9 木工工作に使うテクニック ハケ塗り

電子工作ではハケ塗りはあまり用いませんが、塗装後の細かい傷の補修や隠れた部分を塗るときは細いハケや筆で塗ることがあります。木工工作では、水性塗料とハケ塗りは慣れてくると美しく仕上げることができます。いずれの場合でも一度に濃い塗料を塗るのではなく、薄めた塗料を塗り、乾いたらさらに塗るという方法を3〜4回繰り返すとムラもできず美しく仕上がります。

木工工作での下地が透けて見えるニス塗装は木目の美しさを出す一つの方法ですが、スピーカーボックスなどでニスをムラなく均一に塗るのは意外とむずかしく、どうしても刷毛ムラができて色も均一になりません。

ニス塗装にはちっとしたコツがあります。それは最初に木材を好みの色に着色してしまい、その上から透明ニスを塗ることです。木材に色を付ける顔料（着色料）が販売されており、好みの色の顔料を水で薄めてボロ切れに浸し、均一に塗り目的の材料を着色します。トノコと混ぜ合わせて塗るのもよいでしょう。

トノコと混ぜ合わせたときはよく乾かしたあとに、余分なトノコを除去しないとムラになりますので注意してください。着色が均一にでき、十分乾燥したあとに透明ニスをハケ塗りし、そのニスが乾いたら、さらに重ね塗りをして十分な皮膜を作ります。透明ニスも濃いものを塗るとハケ目が残りますので、溶剤で薄めたものを数回に分けて塗るようにしましょう。**写真4-8**にハケの一例を示します。

写真4-8　ハケの一例

### 1.10　使用には注意が必要 電動スプレー

**写真4-9**はAC100Vで動作する電動スプレーで、ノズルの下に付いているタンクから塗料を吸い上げノズルから噴霧するものです。高速で動作する電磁ポンプで圧力を連続的にかけて霧状にします。広い範囲に多量に塗装するときはたいへん効率的で、きれいに塗れますが、使用後の機器の清掃が面倒なことと多量の塗料を消費するのが難点で、電子工作のときのような、ちょっとした塗装には向いていません。

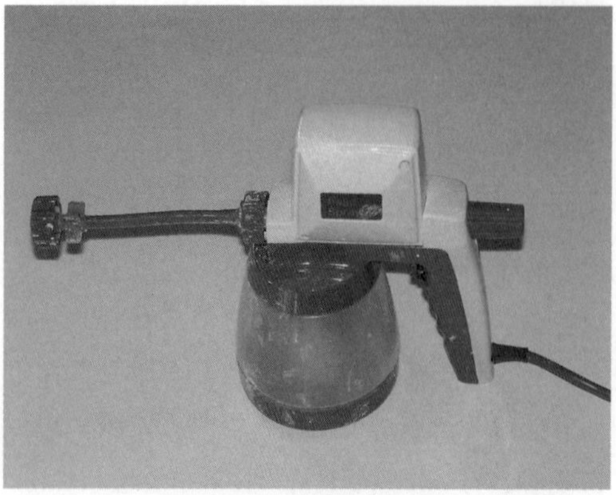

写真4-9　電動スプレー

## 2　接着する

部材（もの）と部材とを接合するにはネジ止めやハンダ付けなどのほかに、接着剤による接合があります。ただし、部材の材質により使用する接着剤の種類を変えなければなりません。用途の間違った接着剤を使用するとまったく接合できないばかりか、場合によっては部材を痛めてしまうことがありますから、接着剤の性質と正しい使い方を知っておく必要があります。

接着剤は電子工作でよく使われ、接着する部材の質により使い分け、その種類も多くあります。電子工作に用意しておきたい接着剤はエポキシ系接着剤、瞬間接着剤、ボンド、木工用接着剤などです（**写真4-10**）。

接着剤の種類は豊富で、よく使われるものとしては次に挙げるものがあります。

### 2.1　いろいろな接着剤

◆エポキシ系接着剤

主剤と硬化剤が別々なチューブに入ったも

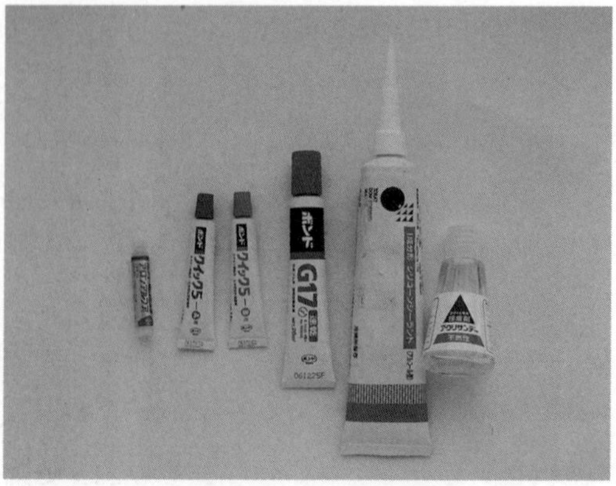


写真4-10　接着剤各種

ので、この2液を等量混合すると化学反応を起こして硬化します。接着強度はたいへん強く、また耐水性もあり、接着する材質も幅広く使用することができます。強力な接着力のため一度接着すると剥がすのは困難で、この接着剤は最終段階での使用となります。パネルのナットの固定や、電子部品の固定にも使用できます。

### ◆ゴム系接着剤

通常、ボンドと呼ばれていて広く使用されており、黄色いゴム状のネバネバしたものです。時間が経つと硬くなりますが、エポキシ系に比べて多少柔らかいものです。

これにはコニシボンドG-17などあります。チューブに入ったものと、広い範囲に均一に塗れるスプレータイプのものがあり、皮、金属、布、陶磁器、プラスチックなど多くのものに接着できるのが特長です。色が透明なものとして、コニシGクリヤなどもあります。

### ◆瞬間接着剤

シアノアクリレート系接着剤で、基本的には接着面や空気中の水分との化学反応により硬化するもので、サラサラした液状のものとゼリー状のものがあります。商品名としてはアロンアロファが有名です。

この接着剤は1滴で強力な接着力があり、液状のため狭い隙間のものも接着することができます。液状のものはタレ現象を起こすことがありますので、接着面からはみ出したりしないよう少ない量で使用します。

はみ出した接着剤は白く変色しますので、万一はみ出したときは素早く拭い去りましょう。ゼリー状のものはタレ現象もなく縦位置の接着にも使用できます。

瞬間接着剤は、皮膚や衣類に付かないように十分に注意してください。特に目に入るとたいへん危険なので、こんななきはすぐに医師の診断を受けるようにしてください。

電子工作ではネジのゆるみ防止や配線の固定に使用できますが、いったん使うとそれを外すことはできませんので、最終的に外す必要がないときだけに使用してください。

### ◆木工用接着剤

木工用ボンドと呼ばれています。酢酸ビニルを主成分としたもので、白色ですが硬化すると半透明に変化します。木材、紙、皮、布などに使用することができ、通常のものは硬化までに1日程度かかりますが、速乾性のものもあります。木工用ボンドは水には弱いため、水分のある箇所や屋外のものへの使用はできません。

### ◆シリコン接着剤

接着剤というより固定剤、または充填材といったほうがよいかもしれません。電子工作で部品や配線の固定に便利に使用することができます。有名なものとしては、信越化学工業のシリコーンがあり、この接着剤は硬化しても柔軟性を保っています。また、防水性もあるので、屋外で使用する電子機器のケースの防水や配線の防水にも使用できます。

### ◆アクリル接着剤

アクリル板の接着には、アクリル専用の接着剤を使用します。サラサラとした液状のもので、接着面にスポイトや注射器で流し込みます。接着面積が少ないと十分な強度が得られませんので、こんなときには当て材で補強して接着します。

## 2.2 上手な接着方法

接着剤は、使用方法を誤るとたいへん危険です。接着剤の使用上の注意は、その説明書に必ず記載されていますので、まずよく読むことです。どの接着剤にもいえる基本的なことは、次のとおりです。

### ◆接着面をきれいにすること

ゴミ、ほこり、錆、油、水分などが付着していると接着強度が下がるばかりか、場合によってはまったく接着できなくなります。事前にサンドペーパーやヤスリで接着面をきれいにし、布でほこりを拭い取ります。油はアルコールやベンジンで拭き取りますが、部材によっては溶けてしまうことがありますので、同じ材質の不要なものを使ってテストをしてから安全を確認して使うのがよいでしょう。

また接着面に凸凹があると、接着面積が少なくなるため接着できなかったり強度が下がったりします。凸凹を削り取ることができる場合は、ヤスリやサンドペーパーで平らにします。これでも平らにできない場合は、凸凹を埋めるため充填剤の使用や粘性の強い接着剤を多めに使用するとよいでしょう。

## 2.3 接着剤にあった接着方法

### ◆エポキシ系

2液混合タイプは等量のA剤、B剤をよく混合させてから使用します。

硬化速度が1分程度のものは素早く混合、接着する必要があり、いったん硬化が始まってしまうとうまく接着できません。少量の使用のときは、紙の上にA剤とB剤を等量取り出し爪楊枝（つまようじ）で混ぜるとよいでしょう。

### ◆ゴム系

接着する二つの面に均一に延ばし、指で触っても接着剤がベタつかない程度に乾燥させてから強く押し付けます。

## 2.4 部品の固定などに便利ホットメルト

**写真4-11**に示すホットメルトは、強力な接着力はありませんが、ちょっとした部品の固定や隙間の充填に手軽に使え、速乾性でもあることから接着完了までの作業時間を短縮することができます。

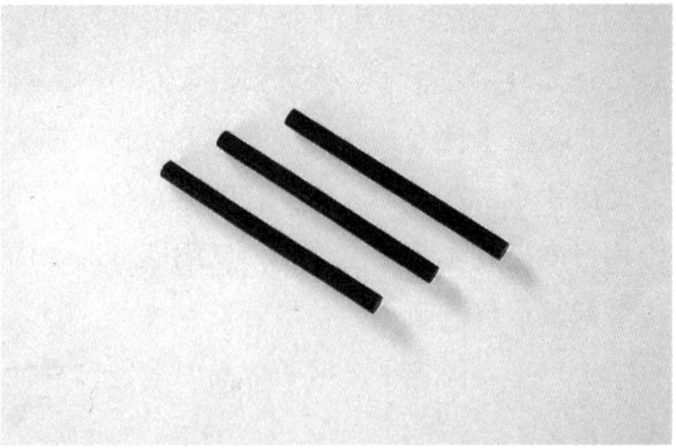

写真4-11　ホットメルト

ホットメルトは、熱可塑性（かそせい）（100～200℃）の樹脂をホットメルトガン（**写真4-12**）で熱すると液状になりますので、これを押し出して目的のものを接着します。電子工作では、配線の固定やLED（発光ダイオード）などの部品の固定などに使用できます（**写真4-13**）。

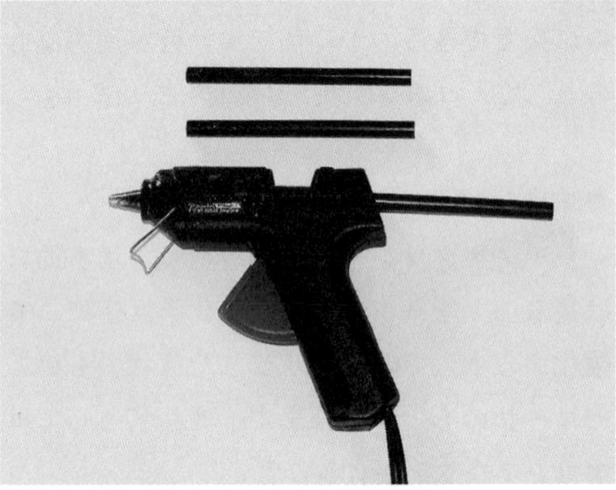

写真4-12　ホットメルトガン

写真4-13　ホットメルトで固定したLEDのリード線

ホットメルトはほかの接着剤と異なり、臭いや有毒性はありません。

また、固まるまでの時間も秒から分のオーダーですので、作業効率も上がります。ただし、接着といっても強度はそれほどなく、接着というより固定といった用途に適切です。

万能プリント基板に配線する方法は多くの線が交差し、特にハンダ付けの部分が折れ曲がって断線するトラブルがしばしば発生しますが、ホットメルトを薄く伸ばしておくと、配線が固定されて安定したものとすることができます。

ブラブラする部品の固定にも、同じように使用することができます。また、アルミ板のような表面が滑らかで平らなものにホットメルトでの固定は剥がれやすいので、ヤスリやナイフなどでアルミ板にあらかじめ傷を付けておいてからホットメルトで固定すると、剥がれにくくなります。

ホットメルトの色は乳白色が一般的ですが、黒や赤や黄色のものもありますので、好みに応じて使用してください。また、型枠に溶けたホットメルトを流して任意の形のものを作ることができますが、このとき型枠の内側にオイルを塗っておくと型から抜きやすくなります。

## 2.5 両面テープ

これは接着剤ではありませんが、部材と部材との間に両面テープを挟んで押し付けることでこれらを接着できます。このテープの材質には薄い紙の両面に粘着性の物質を塗布してあり、テープ状の剥離紙をセパレーターとして挟んで巻き取ってあります。必要な長さに切り取って目的のものに貼り付けて使用します。剥離紙にはテープが付かないよう、表面はツルツルしています。

電子工作ではケースにこの両面テープを使うとゴム足を貼り付けたり、パネルを貼り付けたり、簡単に部材と部材とを付けることができます。

テープの幅は5mmから50mmくらいのものがあります。単体での強度はそれほどありませんが、接着面積が広く取れる場合は複数のテープを使用すると手では剥がせないほど強く接着できます。この両面テープの接着力をさらに強くした強力タイプもあります。

接着する部材の表面が平らでないときは少し厚手の両面テープを使うと、この厚さが凸凹面を吸収してくれます。使用は接着面のゴミやほこり、そして水分などの両面テープの接着に邪魔なものをよく除去し、テープリールから剥離紙のまま引き出して目的のものに貼り付け、指で剥離紙の上を強く押し付けます。全体に浮きがないことを確認したら剥離紙を取り除き、もう一方の部材にも強く押し付けます。

両面テープは、たとえば7セグメントLEDの表面にスモークドアクリル板を取り付けるときにケースとの間に、またアルミ板や金具をネジ止めする前の仮固定に使用したり、いろいろな使い道がありますので、手元に15mm幅程度のものを用意しておくとよいでしょう。

**写真4-14**はニチバンのナイスタックという両面テープです。強度はふつうで15mm幅で20m巻のものです。

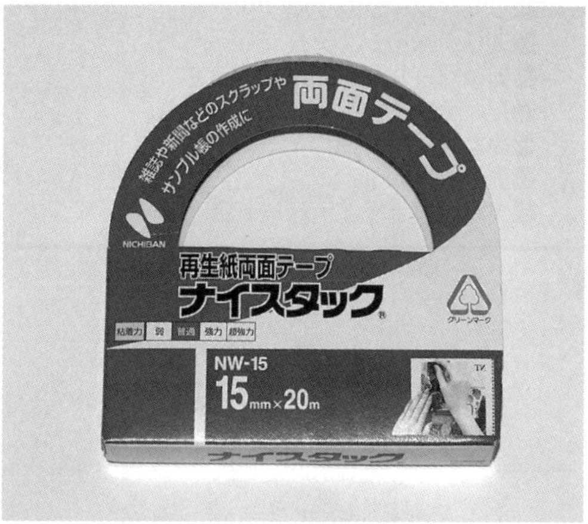


写真4-14　両面テープの一例

# COLUMN

## 東京ラジオデパート

2008年で創立60周年を迎えた「東京ラジオデパート」は、JR総武線と中央通りの交差するところにあります。地下1階から地上3階までたくさんの電子パーツショップが店を並べています。パーツショップは次のとおりです（順不同）。

**地下1階**

■秋葉原エレクトリックパーツ本店
■秋葉原エレクトリックパーツ2号店
■奥澤1号店
■J-セブン
■湘南通商
■ノグチトランス販売
■一二三電商

**1階**

■アイコー電子ショールーム
■アイコー電子2号店
■アイティーマックス
■赤城商会
■足立工商
■OLDIES ERECTORO
■奥澤1Fショールーム
■キョードーTRN店
■小林電機商会
■桜屋電機店
■上海光電
■サンライズ
■システムセブン
■シルバー電機神田営業所
■ジャパン・フラッグ
■スリーベルシステム
■神保商会1号店
■神保商会2号店
■鈴喜デンキ1F店
■瀬田無線1F店
■東映無線ラジオデパート店
■山長通商ラジオデパート工具店

**2階**

■エスエス無線
■海神無線
■光南電気
■桜屋電機店2F店
■サン・エレクトロ
■山王電子
■鈴喜デンキ2F店
■瀬田無線2F店
■電波堂書店
■東栄電子
■joint-shop by NOGUCHI TRANS
■マルカ電機工業2F店

**3階**

■稲電機
■斉藤電気商会
■サンエイ電機
■シオヤ無線電機商会
■スリートップ2号店
■トモカ電気第3営業所
■門田無線電機
■リバーランド電子商会

東京ラジオデパートのホームページ
http://www.toradi.com/top2.htm

第5章

# あるとさらに便利な工作用工具

第5章
# あるとさらに便利な工作用工具

工具の種類はたいへん豊富で、第2章で紹介したような常備しておきたい工具のほかに、こんなものがあるとさらに便利に使えるというものがあります。

この章では、工具メーカーであるホーザン株式会社のカタログから、電子工作にあるとさらに便利な工具や使って楽しい工具としてピックアップしたものを紹介します。ホーザン株式会社のHP（URL：http://www.hozan.co.jp/）や工具を取り扱うショップなどを覗いてみると、もっと便利な工具が見つかるかもしれません。

## 1　切る・削る

### 1.1　ヘビースニップ（N-840）

ふつうのハサミで薄いものや線を切断しようとすると滑って対象のものが逃げてしまい、うまく切断できないことがあります。このようなときヘビースニップと呼ばれる工具を使うと刃先にギザギザが付いているため、対象のものが逃げることなく切断できます。

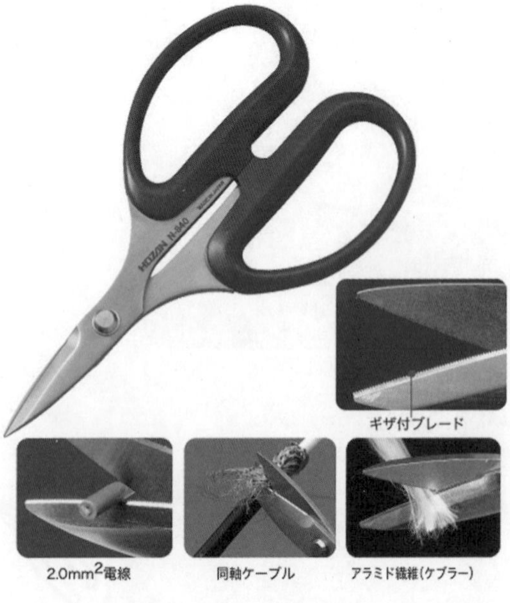


ヘビースニップ（N-840）

形は園芸や華道で使用する花バサミと似ています。

薄いアルミ板や同軸ケーブルなどの切断に使えます。

### 1.2　精密ニッパー（N-58）

このニッパーはセミフラッシュカットといって、切断面が平坦（線に対して直角）に近い形で切断することができます。ふつうのニッパーは切りくずが飛び散りますが、このニッパーは切りくずを飛ばさないように切ると同時に、挟む構造となっているのでより安全な対策がされています。

精密ニッパー（N-58）

## 1.3 エンドニッパー（N-33）

これはラジオペンチのように先端が少し長細くなっていて、その先に切り口が付いているので奥まった狭い場所に挿入してリード線などを切断することができます。切断面がグリップ面に対して垂直に付いているタイプと、少し斜めに付いているタイプ（N-33）とがあります。

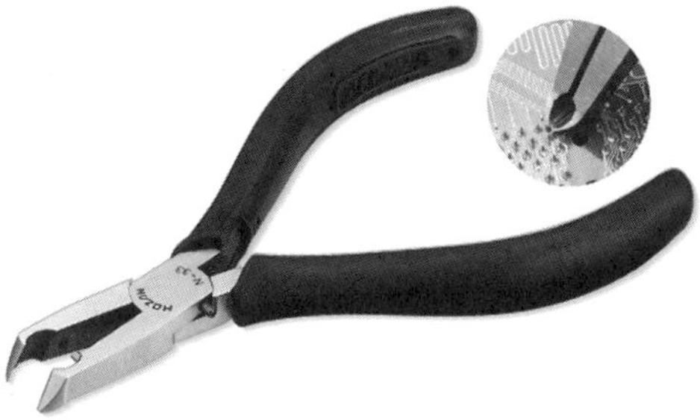

エンドニッパー（N-33）

## 1.4 カッティングピンセット（N-993）

ピンセットの先にニッパーの先を小さくしたもの（7×8mm）が付いていて、0.3mm程度までの柔らかな銅線を切断することができます。奥のほうに配線されたものや、ニッパーの入らないような狭い箇所にある線、そしてプリント基板のジャンパー線などのごく細い線を切断できます。

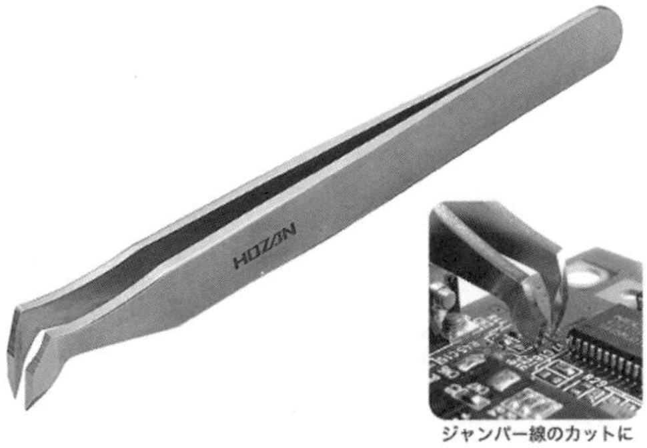


カッティングピンセット（N-993）

## 1.5 電工ナイフ（Z-682）

このナイフは弱電用というより強電用での使用が主ですが、電線の被覆を剥いたり紐などを切断したりすることができるナイフです。

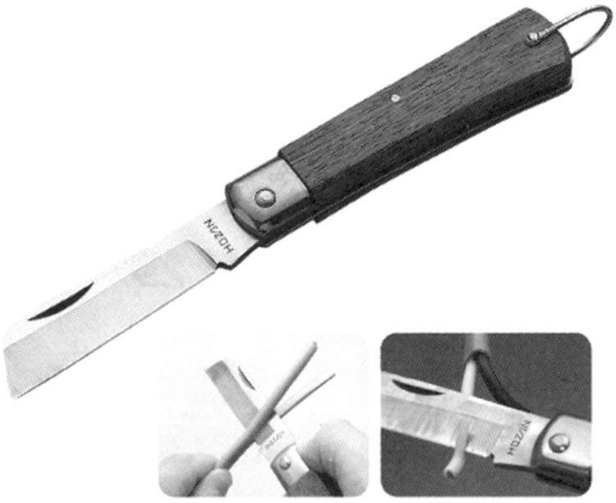

電工ナイフ（Z-682）

## 1.6 パイプカッター（K-203）

目的のパイプを挟んで、このカッターを回転することにより簡単にパイプを切断することができます。

金切りノコギリでステンレス、銅、アルミパイプなどを切断すると切り粉が出て、それをよく取り除かないまま使用すると思わぬトラブルになりますが、このカッターでは切り口もきれいで、挟んで締め付けて回転させるだけで簡単に切断できます。自作アンテナのアルミパイプや銅パイプの切断には、便利に使えます。

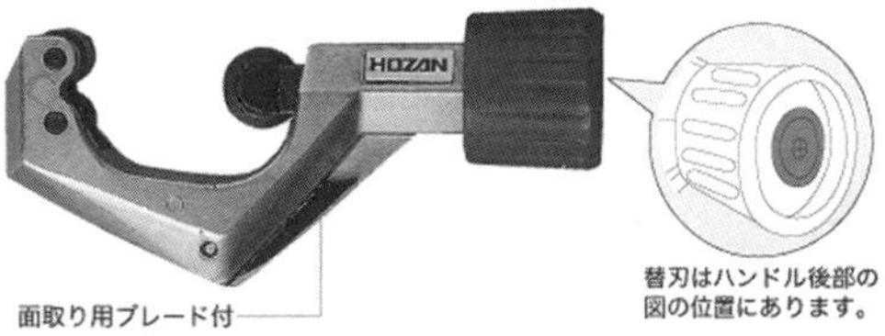


パイプカッター（K-203）

## 1.7 パターンカッター（K-108）

高速で回転するモーターにダイヤモンドパウダーをコーティングしたビットが取り付けてあり、ものを削るときに使用する工具です。このカッターはプリントパターンの修正や不要部分の除去などに使用できるほか、細かい部分の研磨や、アクリル板やアルミ板に文字を刻んだりするときにも使用できます。ビットは先端が0.8mmの細いものから5mmの丸形のものまであり、使用目的により交換することができます。

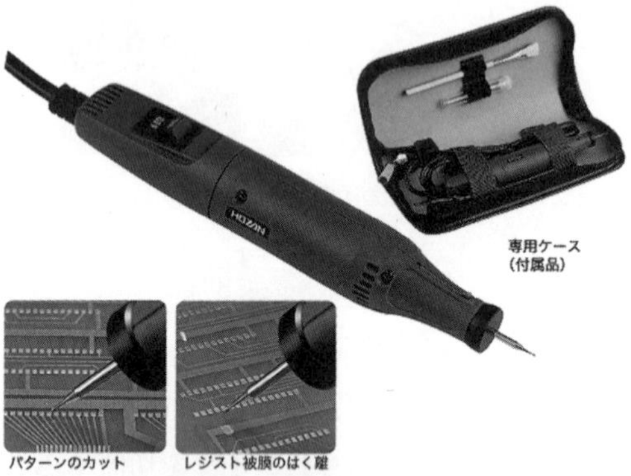


パターンカッター（K-108）

## 1.8 ダイヤモンドヤスリ（K-180～184）

ダイヤモンドの粒子がコーティングされたヤスリで、ふつうのヤスリでは研削できないような硬い物質でも研削できます。

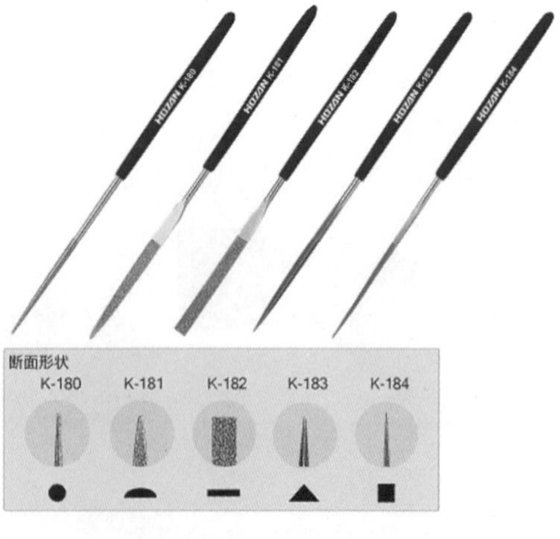


ダイヤモンドヤスリ（K-180～184）

## 1.9 ラバー砥石（K-140、K-141、K-142）

ラバー状の材料に微粒子の研磨材を含ませた研磨用砥石で、金属面の錆び落としやアルミのバリ取り、ハンダごて先の研磨などに用いることができます。

ラバー砥石（K-140、K-141、K-142）

## 1.10 シャーシパンチセット（K-83）

このシャーシパンチはアルミ板では厚さが1.8mmまで、鉄板では0.8mmまでの金属板を

シャーシパンチセット（K-83）

切り抜く能力があり16mm、18mm、21mm、25mm、そして30mmのカッター部がセットになっています。また、下穴を拡大する専用のリーマーも付いていますので、これ一つあればドリル以外であけるほとんどの穴をあけることができます。

### 1.11 PCBカッター（K-110）

この工具は卓上の電気ノコギリで、ダイヤモンドカッターが標準で装備されているためガラスエポキシ基板やセラミック基板などの硬い材質の切断が可能です。また、ディスクカッターを交換することにより、アルミ板や鉄板などの金属板も切断することができます。

切断能力はガラスエポキシ基板で3mmまで、セラミックや鉄板は1mmまで、アルミ板やプラスチックは2mmまでとなっています。

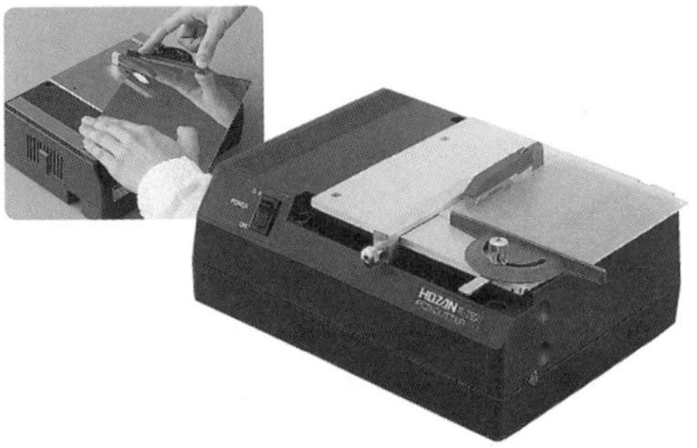

ＰＣＢカッター（K-110）

## 2 挟む

### 2.1 ペンチ（P-58）

ふつうのニッパーでは太い線の切断はできませんが、このペンチは直径3.5mmの単線から、より線では5.5mm²程度の銅線まで切断することができます。また、ハンドルの根本に

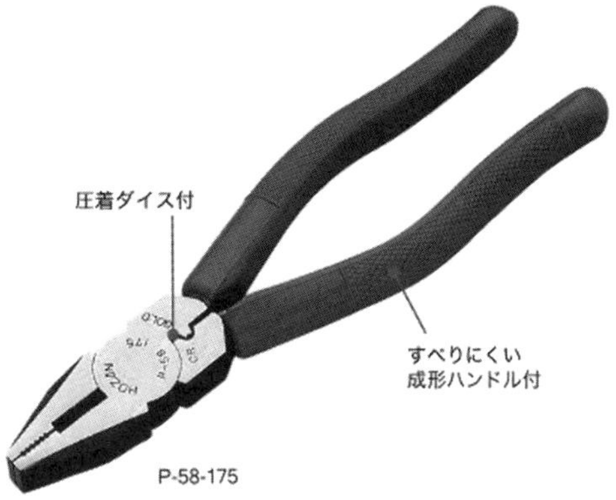


ペンチ（P-58）

は圧着端子をカシメる簡易圧着機能も付いていますので、これ一つで切断から圧着まですることができます。

### 2.2 プライヤー（P-211Z）

プライヤーはものを挟むことが目的ですが、このプライヤーはジョイント部分が移動できる構造となっているので、ジョイントをずらすことで幅の広いものも挟むことができます。

プライヤー（P-211Z）

### 2.3 ワイヤーストリッパー（P-90）

導線の外皮を除去する工具ですが、「挟む」、「外皮の切断」、「外皮の除去」という動作をハンドルを握るだけでできるという優れものです。いろいろな線材に対応できる替え刃が

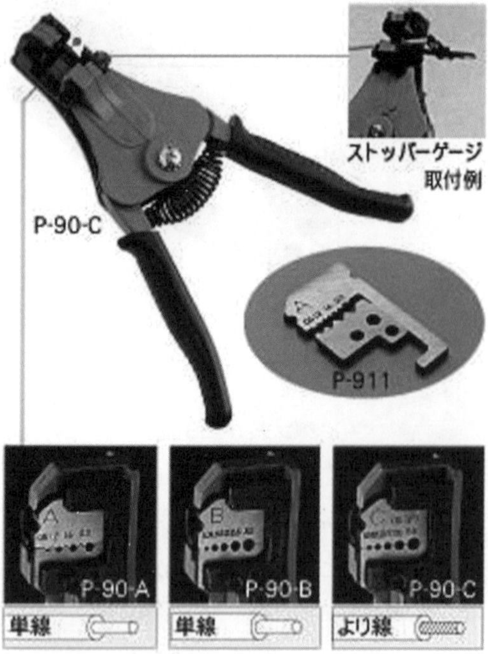


ワイヤーストリッパー（P-90）

用意されています。電子工作には0.5～2mmまでに対応するものがよいでしょう。屋内配線の電線には2芯のものが多く使用されていますが、2芯のものを同時に剥く替え刃もあります。

## 2.4 マルチスニップ（N-839）

比較的太い電源用の線材などの切断が可能で、アルミ板では1.2mm程度の厚さまで切断することができます。園芸用の剪定バサミと同じような形をしていて、ハンドル部にはスプリングが付いていますので連続して切断するときは、いちいち手で開かなくてもスプリングの力で開いてくれます。

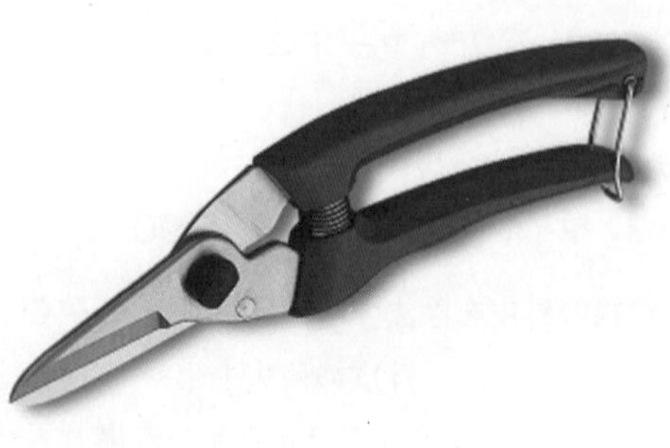

マルチスニップ（N-839）

## 2.5 ミニチュアラジオペンチ（P-37）

奥のほうに抵抗やコンデンサーなどの部品を取り付けるときに使用できるよう、先端が細い構造のラジオペンチです。

先端の外側は丸形の構造となっていて、ものに当たったときに傷が付かないよう工夫されています。

ミニチュアラジオペンチ（P-37）

## 2.6 先曲がりラジオペンチ（P-12）

直線的なラジオペンチでは届かないような場所の作業用に、先端が60度ほど曲がっている構造で、持ったときの手の角度を楽にすることができ、奥のほうの作業に適しています。

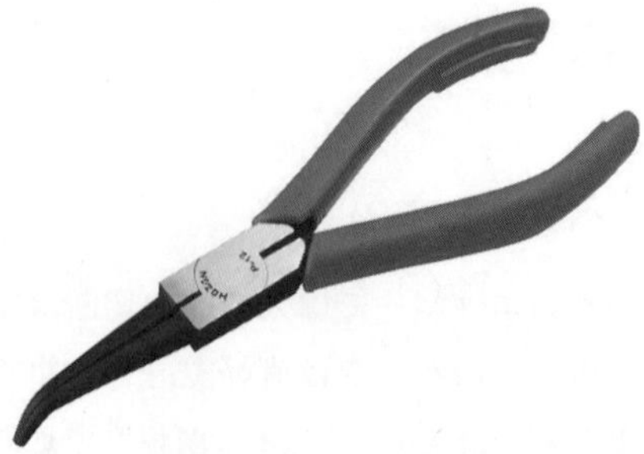

先曲がりラジオペンチ（P-12）

## 2.7 パーツクリップ（P-843）

ピンセットやラジオペンチで部品を挟んだときは、常に押さえていないと落ちてしまいますが、パーツクリップは挟んだ部品をロックできる構造となっています。

部品の大きさによりロック幅も3段階になっていて、ネジのような小さいものから抵抗やコンデンサーなども挟むことができ、狭い箇所への部品の取り付けや、熱に弱い電子部品などを挟んで目的の箇所でハンダ付けやネジでの固定が可能です。先端の内側には滑り止めのギザギザが付いていて、挟んだ部品の脱落防止となっています。また、ハンダ付けのときに部品に伝わる熱を逃がす放熱効果もあります。

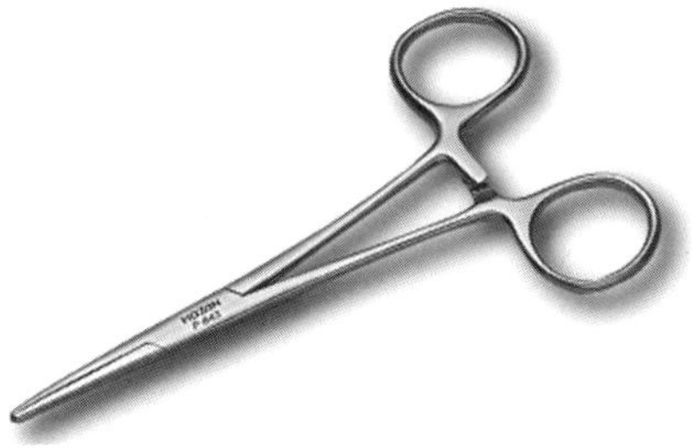

パーツクリップ（P-843）

## 2.8 ピンセット（P-870）（抵抗用）

リード線の付いた抵抗を挟むピンセットで、先端に抵抗のリード線を挿入できるように溝が切ってあります。この間にリード線を入れて抵抗全体を挟めばしっかりと抵抗をつかむことができ、ハンダ付けのときに効果を発揮します。

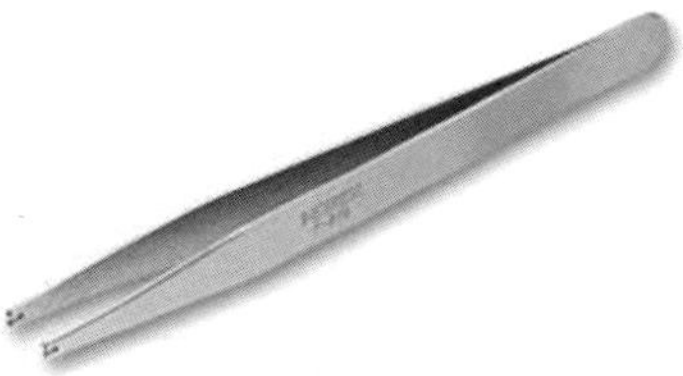

ピンセット（P-870）

## 2.9 ピンセット（P-878）

ふつうのピンセットでネジなどの小物を挟むと滑り落ちてしまうことがありますが、このピンセットには先端に部品を挟みやすいように小さなリングが付いていて、目的のものをしっかりと挟むことができます。奥のほうへのネジの挿入などには効果を発揮します。

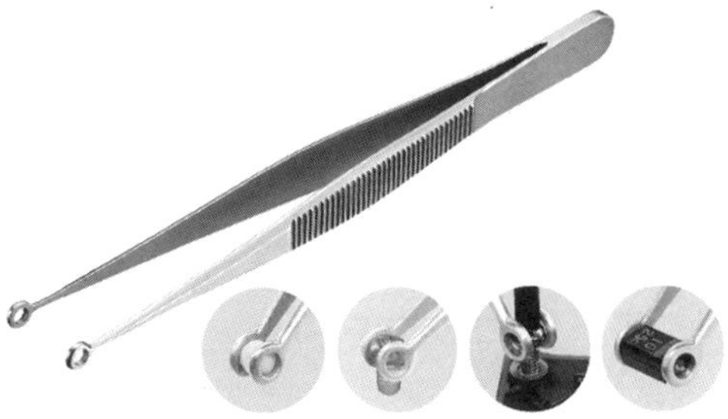

ピンセット（P-878）

## 2.10 セラミックピンセット（P-890）

このピンセットは挟むところがセラミック製で電気を通さないため、ピンセット作業でショートしたり磁気化されることもなく、またハンダが付いたりすることもありません。

セラミック製のため高温や薬品にも強く、安心して使用することができます。

セラミックピンセット（P-890）

# 3 回す

## 3.1 セラミック調整ドライバーセット（D-17）

高周波トランスやコイルには鉄の粉末を固めたフェライトコアが入っているので、これを出し入れしてインダクタンスを変化させると、同調周波数を変えることができます。このフェライトコアを出し入れするときに金属製のドライバーを使用すると、コイルに影響を与え周波数が変わって正しく同調がとれなくなってしまいます。このため、金属の影響が直接及ばないようプラスチック製のドライバーなどが使われていますが、このドライバーはドライバー部分がセラミックでできていて、プラスとマイナスの先端を差し替えて使用することができます。

また、ハンドルはキャップの部分も使えるため長さを変えることにより、小さなボリュームや高周波用トランスのコアの調整に使えます。セラミックのため強度も強く、絶縁も良好で人体の影響（ボディエフェクトという）が回路に伝わりません。高周波増幅回路や同調回路などを構成するコイルやバリコンに手を近づけたりすると、増幅度が変化したり、同調周波数がずれたりします。このように人体が回路に影響を及ぼすことをボディエフェクトといい、これを発生させないようにするには回路をシールドする必要があります。

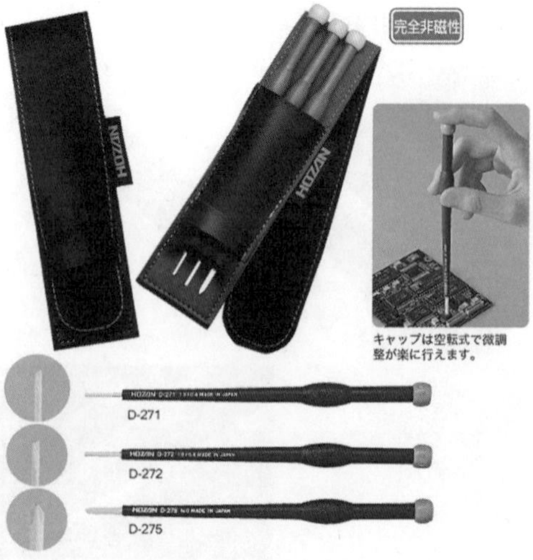

セラミック調整ドライバーセット（D-17）

## 3.2 スタピープラスドライバー（D-65-P）

このドライバーは全長が100mm以下とたいへん短く、またハンドル部分が太いことから狭い箇所でも力を入れてネジの締め付けができます。

スタピープラスドライバー（D-65-P）

## 3.3 コアドライバーセット（D-16）

これは高周波トランスのコアや半固定のボリュームの調整に使用するドライバーで、人体による影響が生じないよう軸は高絶縁の素材を使用しています。

部品の調整用ネジの頭の形状に合うよう平形、四角、六角、円筒などの形状が用意されています。

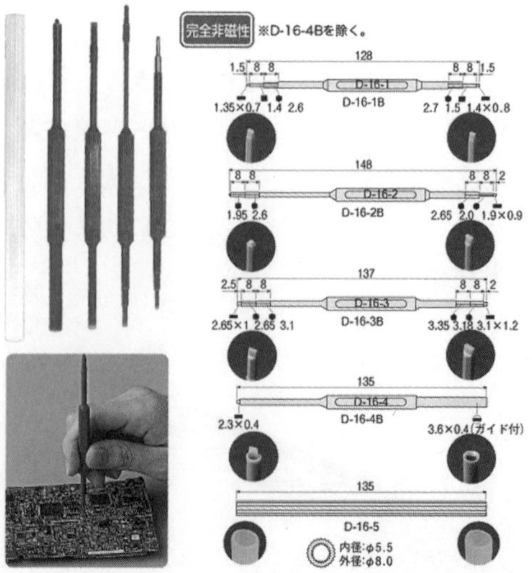

コアドライバーセット（D-16）

## 3.4 ソケットレンチ（W-510）

六角ボルトやナット回しで4～12mmまでの10種類のレンチがセットになっています。このセットにはエクステンションバーが付いているので、これをセットすると100mm程度までの深いところのボルトやナットでも回すことができます。

また、ハンドル部分にはラチェット機能が付いて、ネジの締め付けやゆるめにいちいちレンチを外すことなく、スピーディに作業をすることができます。

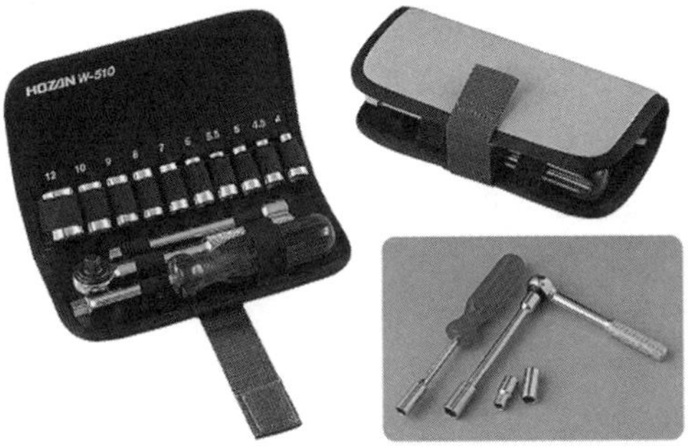


ソケットレンチ（W-510）

## 3.5 トルクスレンチセット（W-82）

あけられては困る箇所で使用するネジの頭は特殊な形をしていて、ふつうのプラスやマイナスドライバーでは締め付けたり、ゆるめたりすることはできませんが、このレンチはＬ型の形状をしていて、その両端に星形をしたものが付いています。

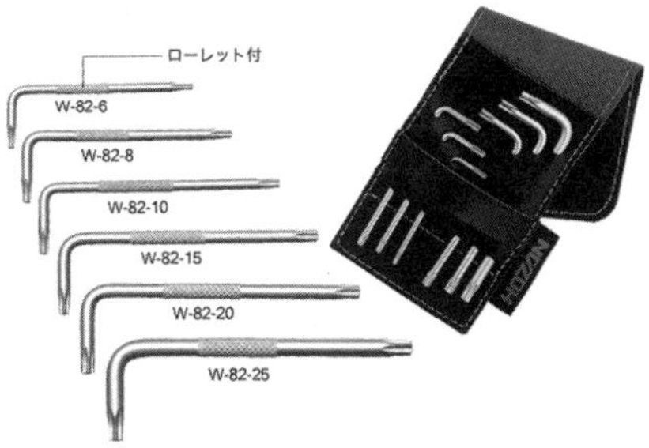


トンクルスレンチセット（W-82）

## 3.6 ボックスレンチ（W-27）

このレンチは全長50mmのボックス型のナット回しにハンドルを付けたもので、ナットがゆるいときはそのまま手で回し、きつくなったところでハンドルをボックスと直角にして持って回すと強く締め付けることができます。

また、ボックス部分は貫通しているため、長いボルトでもこれに通すことで締め付けることができます。ボックスのサイズは8～14mmの3本組のセットになっています。

ボックスレンチ（W-27）

## 3.7 板スパナー（W-76）

通常の両口スパナーの厚さは4～10mm程度あるので、あまり狭いところでの作業はできません。しかし、板スパナーは文字どおり板状のスパナーですから厚さは2.3mmと薄く、狭い場所での作業ができるようになっています。

板スパナー（W-76）

# 4 調べる

## 4.1 検電ドライバー（D-74-L）

ドライバーの柄の部分にネオン管が付いているものです。AC100〜220VやDC100〜350Vの範囲の電圧の加わっている箇所にドライバーの先端をあてるとネオン管が点灯し、電圧が加わっていることを確認することができます。テスターを用いるほどでもないときに、電気が加わっているかどうか簡単に調べることができます。ただし、ネオン管のため低い電圧では反応しません。

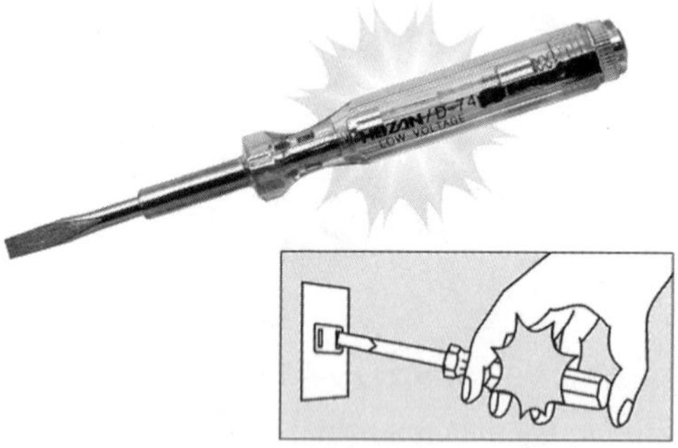

検電ドライバー（D-74-L）

## 4.2 ルーペ（L-98）

硬質プラスチック製で倍率が3倍のレンズが2枚収納されているルーペで、それほど倍率が必要でないときは1枚のレンズを使い、さらに倍率を高めたいときは2枚を組み合わせると6倍のルーペとなり、細部まではっきりと見ることができます。プリント基板のパターンのチェックや、ハンダ付け後の部品の付き具合などの確認に使用できます。

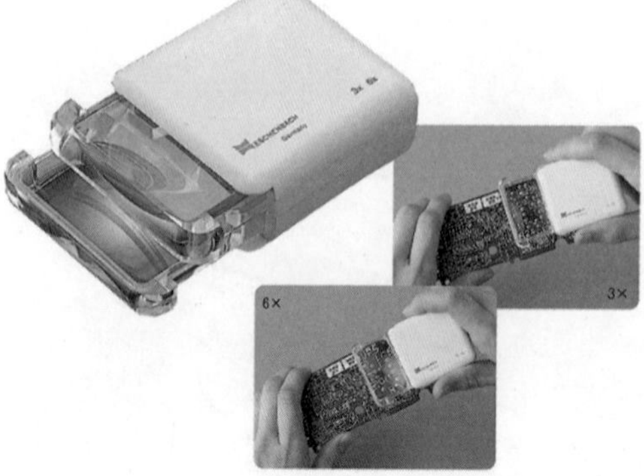


ルーペ（L-98）

## 4.3 インスペクションミラー（Z-350、Z-354）

歯医者で使用するのと同じような小さな鏡（直径25mm）が付いたもので、奥のほうの見えにくい箇所の部品や状態などを見るものです。

ネジの締まり具合や、ハンダ付けの具合を調べるときに使用できます。鏡の角度が変えられるものもあり、これは見えにくい角度のところをより見えやすくすることができます。

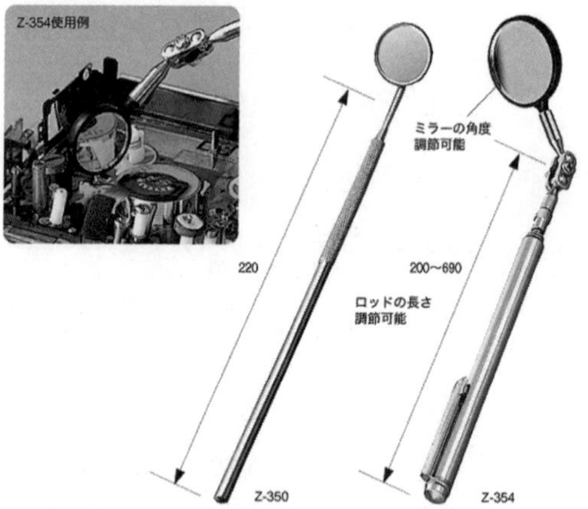


インスペクションミラー（Z-350、Z-354）

## 4.4 LEDポケットライト（Z-300）

3.5Wの高輝度LEDを使用したライトで、生活防水がされていてLEDは10万時間の寿命となっています。電子機器の奥のほうの点検や、日常の点検などに効力を発揮します。電源は、単3型のアルカリ乾電池3本仕様となっています。

ベルトなどに固定できるクリップホルダーは360°回転式で
照射方向が自由に設定可能。

LEDポケットライト（Z-300）

# 5 ハンダ付け補助工具

## 5.1 配線バイズ（H-91）

プリント基板へのハンダ付けや検査のときに使用する作業台で、ワンタッチでプリント基板を固定することができます。

高さ、傾き（角度）、回転の変更は自由にできハンダ付けなどの作業を効率的に行えます。

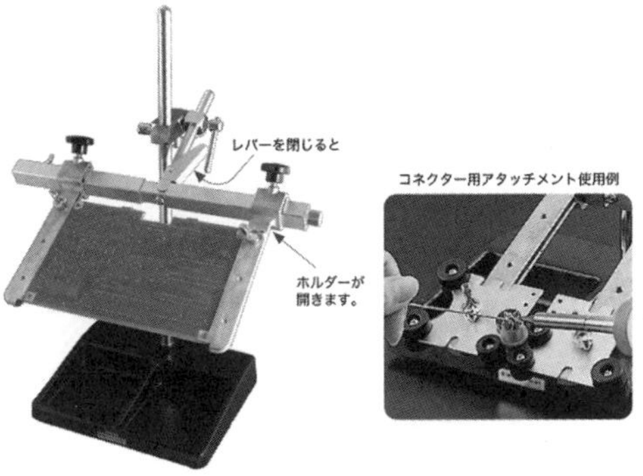


配線バイズ（H-91）

## 5.2 ヒートコントローラー（H-17）

ハンダごての温度調整や、電気ドリルのモーターの回転数を制御することができる電圧コントローラーです。コントロールできる範囲は60～100%で、制御できる電力は比較的小さく200W程度です。ACコンセントに直接差し込んで使用します。なおこのコントローラーでは、インダクションモーターには使用できません。

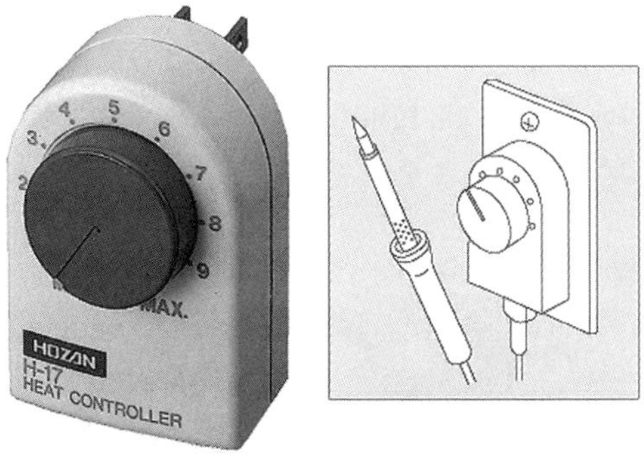


ヒートコントローラー（H-17）

## 5.3 ソルダーエイド（H-74）

プリント基板に付いている部品を外すときには、ハンダごてでハンダを溶かしてから部品のリードを引っ張りますが、この工具にはこのためのフックが付いています。

また、プリント基板の穴が詰まっているとリード線が入りませんが、その穴を貫通させるための細いリーマーが付いています。不要なパターンの削除のための小さなナイフやハンダくずの清掃用のワイヤーブラシなどが付いて、3本一組のセットとなっています。

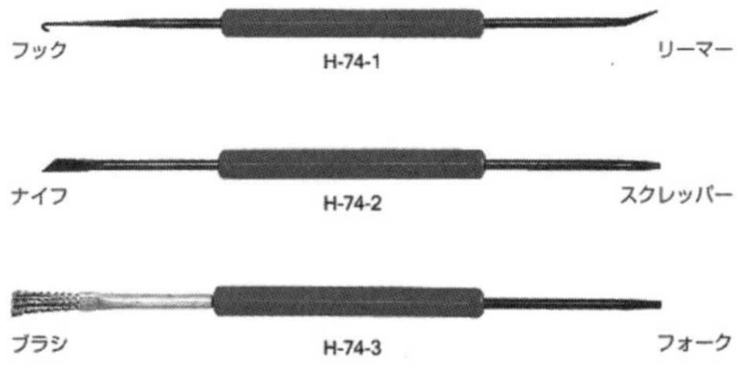


ソルダーエイド（H-74）

## 5.4 ハンダ吸い取り器（H-959）

シリンダーとピストンで構成された手動式のハンダ吸い取り器で、シリンダー内にピストンを押し込んでロックし、ハンダを除去したいところをあらかじめハンダごてで加熱して溶かしておき、ここにハンダ吸い取り器の先端をあてがい、ボタンを押すとバネの力でピストンが一気に戻り、溶けたハンダを吸い取ることができます。C-MOSなどの静電気に弱い半導体にも使用もできるよう、静電気対策をしてあります。

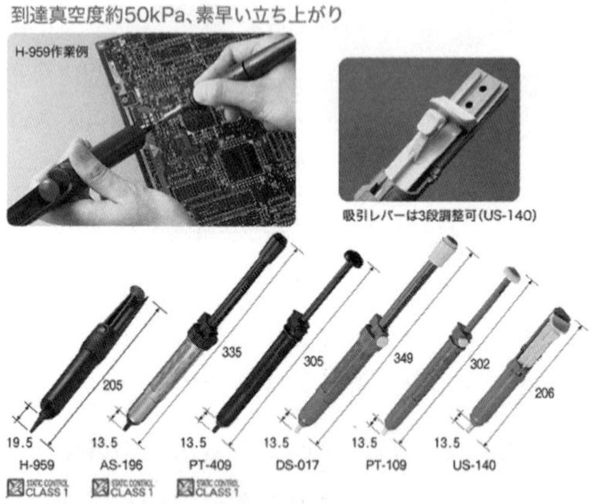


ハンダ吸い取り器（H-959）

## 5.5 こて台（H-16）

こて先クリーナーには水を補給する必要がありますが、このこて台のクリーナーには給水タンクが付いていて、水分がなくなってくると自動的に給水されるので、手間が省けます。

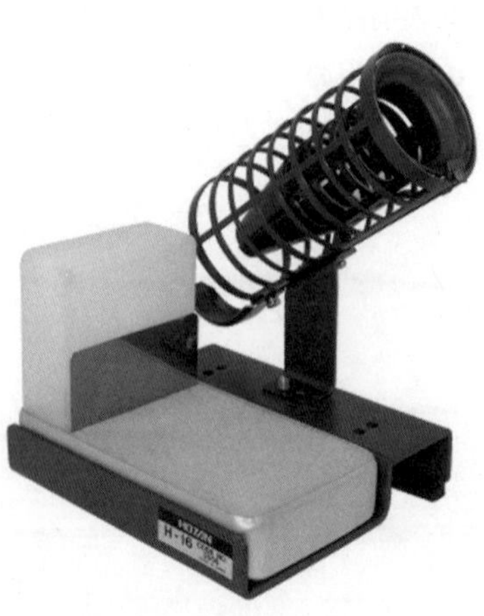

こて台（H-16）

## 5.6 ハンダごて台（H-10）

クリーナー付きハンダごて台で、デザインも優れていて机の上に置いても違和感がないほど洗練されたものです。こて先を収納する部分の角度も調整できますので、こて先をスムーズに格納でき、作業環境に合わせて角度を調整することができます。

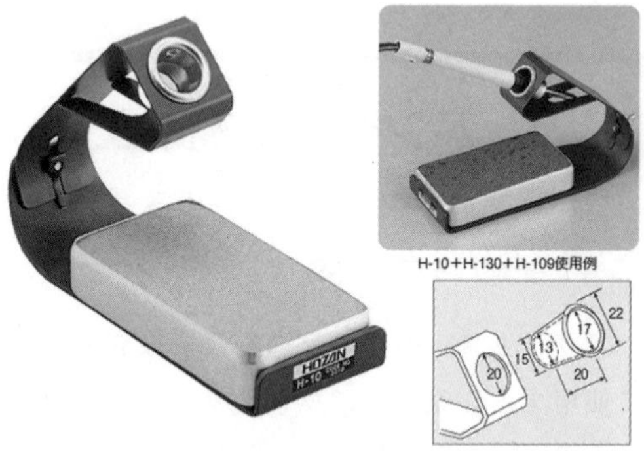


ハンダごて台（H-10）

## 5.7 ヒートコントローラー（H-5）

温度調整ツマミを回すことによりハンダご

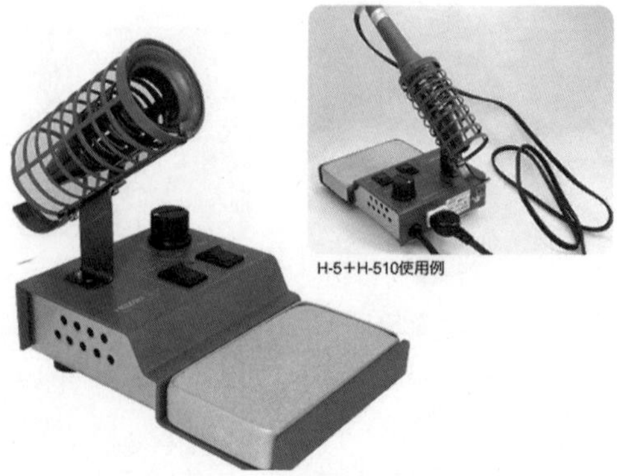


ヒートコントローラー（H-5）

てに加わる電圧を50～98%の間で調整でき、こて先の温度をコントロールするものです。ハンダごて台とこて先クリーナーが一体となっています。

### 5.8　ヒートシンク（H-72）

トランジスタやダイオードは熱に弱く、ハンダ付けで高温になると壊れることがあります。このクリップでトランジスタなどを挟んで放熱します。

ヒートシンク（H-72）

### 5.9　フラックスリムーバー（Z-293）

ヤニ入りハンダを使用したりハンダ吸い取り線を使用したりすると、プリント基板に茶色いフラックスが残ってしまいます。フラックスリムーバーはこれを除去する洗浄剤で、布きれやブラシに付けてこすり取ります。人体や環境に配慮し、有害な物質を含んでいません。

フラックスリムーバー（Z-293）

## 6　そのほか

### 6.1　ピンバイズ（K-501）

1mm程度の小さな穴をあけるときに使用する、指先で回す方式のドリルです。プリント基板の穴あけのほかにもいろいろな工作に使用できます。

コレットを交換することにより最大3.2mmのドリルの刃をセットすることができます。軸を短く切り、モーターの軸にハンダ付けすれば、プリント基板専用の超小型ドリルを作ることもできます。

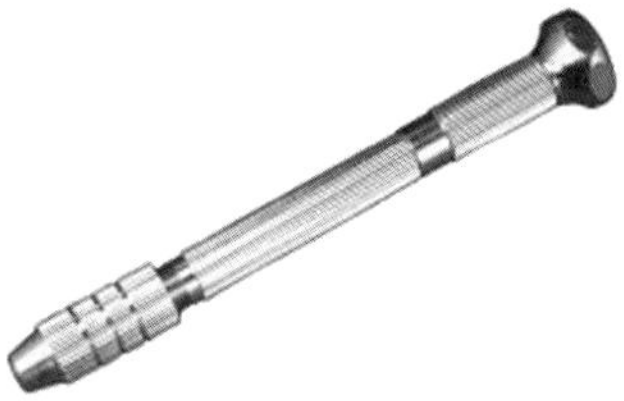

ピンバイズ（K-501）

また、下の写真は、筆者がプリント基板などの穴あけ用に、小型モーターで自作したピンバイスです。

小型モーターで自作したピンバイス

## 6.2 スプリングフック（H-75）

これは細長い棒の先がスプリング（コイル状のバネ）を引っかけたり、押したりできるようフック状になっているもので、スプリングをセットしたり外したりするときに使用します。

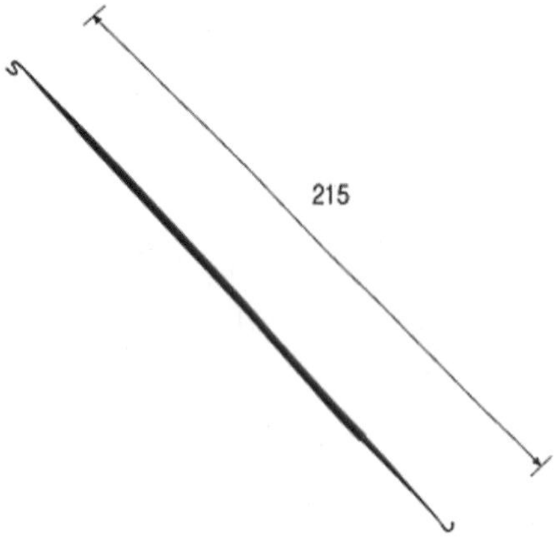


スプリングフック（H-75）

## 6.3 ブロー（Z-263）

手で握ることによりノズルから強い空気が放出される手動式のほこりを吹き飛ばす道具で、電子部品に付いている細かいほこりを除去することができます。吹いたり、吸ったりする機能を使い分けることもできます。また、吹き払ったほこりをこのブローが吸い込まないような構造となっています。ノズルを延長したり、さらに奥のほうのほこりを吹き払うこともできます。

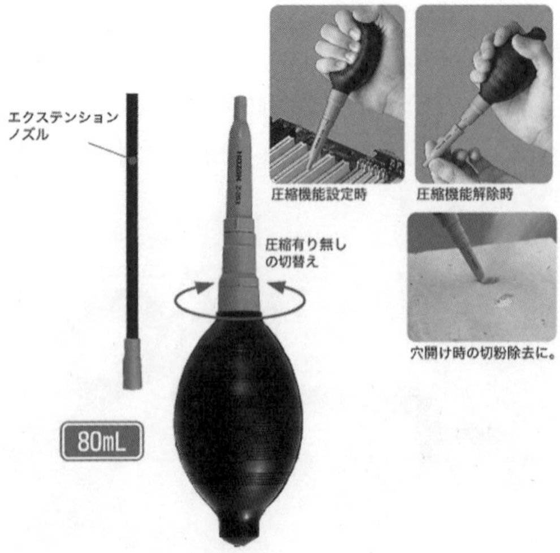


ブロー（Z-263）

## 6.4 安全メガネ（Z-634）

グラインダーでの研磨やジグソーでの金属の切断時は切りくずが飛散し、目に入るとたいへん危険です。これは切りくずが目に入ることを防止する安全メガネで、ハンマーで叩いても割れない安全基準で作られています。

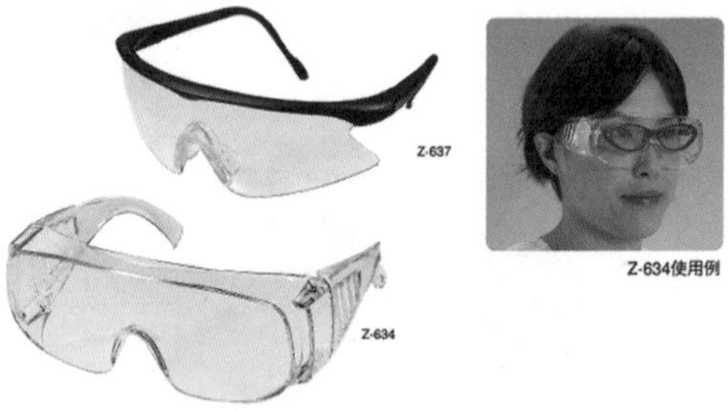


安全メガネ（Z-634）

## 6.5 パーツケース（B-10）

工具ではありませんが、電子工作では細かい部品やネジを多く使用します。これらの部品の整理箱として、内部が細かく仕切られて

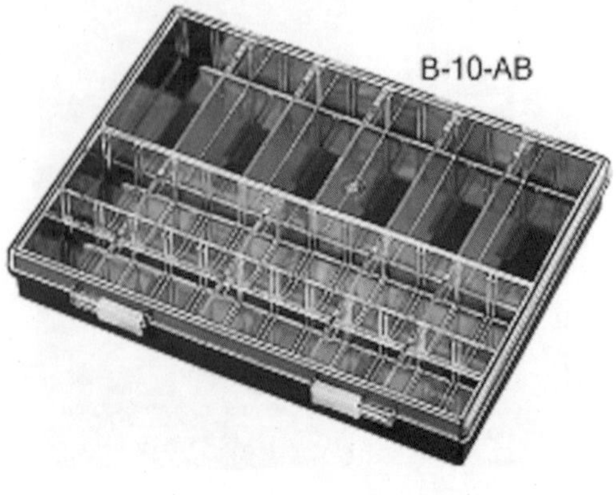


パーツケース（B-10）

いるパーツ収納用のケースです。内箱の仕切小間数が12、24、36あり、部品の大きさにより小間数の内箱を選べるようになっています。

## 6.6 工具セット（S-10、S-22、S-30、S-34、S-35）

電気工事や電子工作に必要な工具類が一式ケースに納められたもので、価格もハードケースに入った10万円を超えるものから、ソフトケースの1万円以下のものでいろいろあります。電子工作で最低限必要なハンダごて、ドライバーセット、ラジオペンチ、ニッパー、モンキーレンチ、プライヤー、ヤスリなどがソフトケースに入っています。シャーシ加工の工具は入っていませんが、これを追加購入すれば、ほとんどの電子工作には問題ないでしょう。

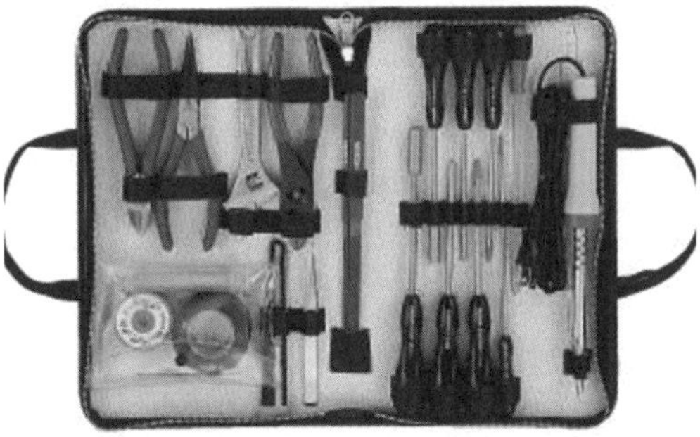
工具セット（S-10）

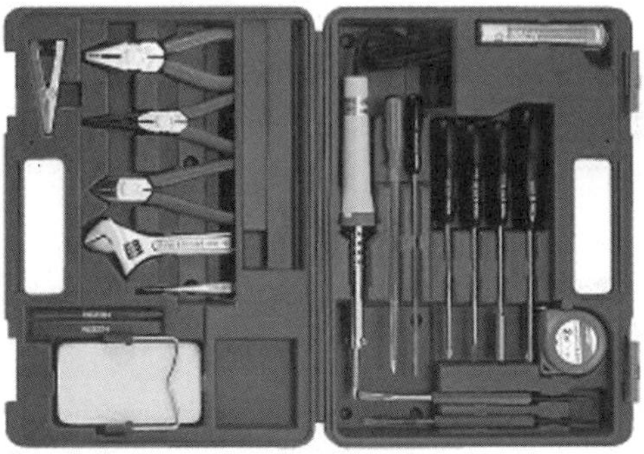
工具セット（S-22）

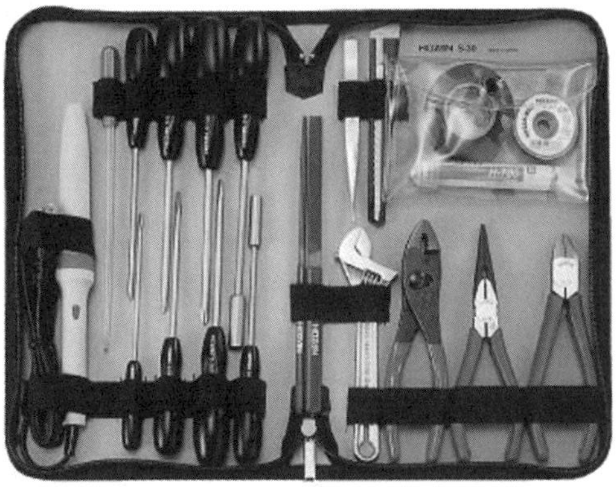
工具セット（S-30）

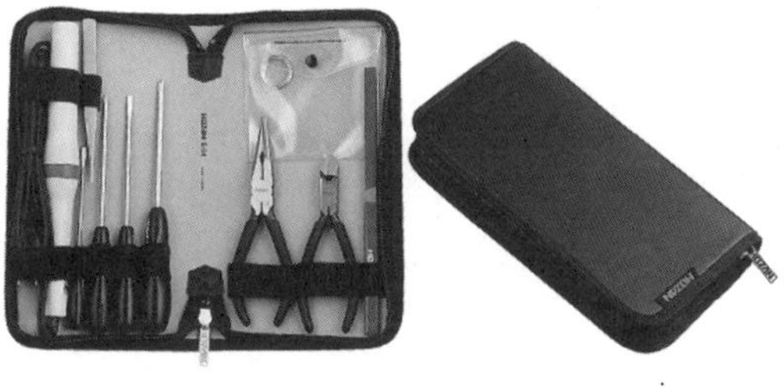
工具セット（S-34）

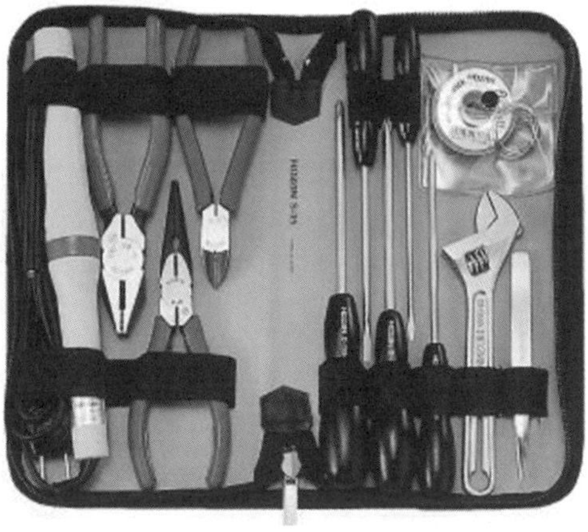
工具セット（S-35）

# COLUMN

## ネジの西川（西川電子部品）

秋葉原のJR総武線の高架に沿ったところに「ネジの西川（西川電子部品）」があります。店の名前のとおり、このショップは「ネジ」が専門で、ありとあらゆる種類のネジを扱っています。しかも、この店ではネジ1本、ビス1本から買うことができます。

また、写真のように「ネジ」だけでなく電子工作工具の専門店としても実に多くの工具を揃えています。

そしてうれしいことに、「電波新聞社」発行の電子工作関連の書籍も取り扱っていますので、電子工作ファンにとってはたいへんありがたいショップです。

〒101-0021　東京都千代田区外神田1-10-11
TEL 03-2-3253-6715

第6章

電子工作を実践で学ぶ

# 真空管式レフレックスラジオの製作

第6章　電子工作を実践で学ぶ

# 真空管式レフレックスラジオの製作

真空管ラジオを製作するときは、ICやトランジスタの電子工作とは違ういろいろな工具を使用しなければなりません。これは真空管という部品に直接ハンダ付けできないためソケットを使用し、そのソケット用の大きい穴あけや、また、電源も大きい電源トランスを使用するので、その角穴をあける必要があります。このためドリルはもちろんのことシャーシパンチやリーマー、そしてヤスリやバリ取り工具な多くの種類の工具を使用しなければなりません。ここでは、多くの工具が必要な真空管式ラジオの製作例を紹介します。

## 1　なぜ真空管か

### 1.1　使用する真空管の特長

ここで製作する真空管ラジオは、レフレックス方式といって1本の真空管で高周波増幅と低周波増幅を行うもので、効率と感度のよいラジオとして自作愛好家の間で人気があります。

高周波増幅と低周波増幅を同時に行う真空管は相互コンダクタンス（$g_m$）の値が大きいほど性能がよいのですが、このような真空管は結構高価で、また品薄で入手もむずかしいことから、本機には容易に入手可能な6CB6を使いました。この真空管の$g_m$は6200 μ℧（モー）ですが、特に問題なく使用できました。

### 1.2　レフレックスラジオの構成

並三と呼ばれる再生検波式ラジオでは、発振の寸前まで高周波増幅を行い、1本の真空管で同時に検波もしますが、レフレックスラジオでは、検波には高周波増幅に使う真空管のほかに別の真空管を使います。しかし、いろいろな製作記事を見ると、その多くはこの検波には、真空管ではなくゲルマニウムダイオードが使用されていますが、本機では二極検波管の6AL5を使用した倍電圧検波としました。

6AL5を使用した検波は、ダイオードによ

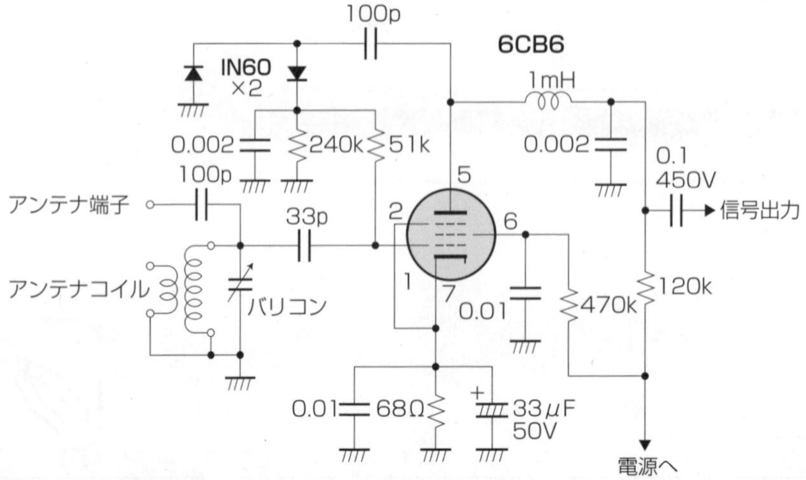


図6-1　検波部をダイオードにした回路図

る検波のときより幾分低域が伸びている感じがします。このゲルマニウムダイオードの代わりにショットキーバリアダイオードも使用することができます。ゲルマニウムダイオードを使用したときの検波部の回路を**図6-1**に示します。

レフレックスラジオでは、高周波増幅した信号を検波したあと、この検波出力を再び高周波増幅の6CB6のコントロールグリッドに戻して低周波増幅を行うという方式です。つまり、この6CB6は高周波増幅と低周波増幅の二役を買っているというわけです。

低周波増幅のあとは、スピーカーを鳴らせるまでの電力増幅が必要なので、これには1本の真空管に三極部と五極部が入っている6U8という複合管を使用しました。この6U8は電力増幅用ではないのですが、本機のような小出力では十分な音量でスピーカーを鳴らすことができました。

本機の最終的な回路を決めるまで、とりあえずの実験回路としてバラックで組み立てて部品の定数を変えたり、アンテナコイルの形状などを変えたりして感度のよいラジオとなるよう実験を行い（**写真6-1**）、その結果、**写真6-2**に示すバラックセットに落ち着きました。そして、その回路は**図6-2**のとおりです。

## COLUMN

## 通販もOK、シオヤ無線電機商会

秋葉原の東京ラジオデパート3階にある「シオヤ無線電機商会」は、たいへん多くの種類の電子部品を取り扱っています。半導体関連のパーツだけでなく、真空管関連のパーツ、そして今ではなかなか入手しにくいバーニアダイアルやコイル用のプラグインボビンといったものまで店頭に並んでいます。

〒101-0021　東京都千代田区外神田1-10-11
東京ラジオデパート3F
TEL 03-3253-3987
FAX 03-3253-4355

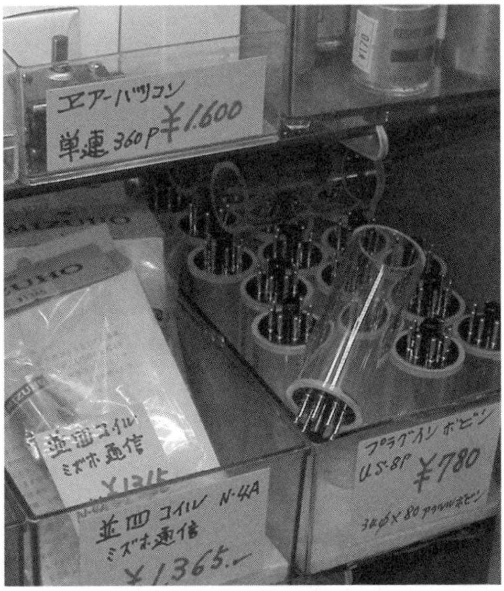

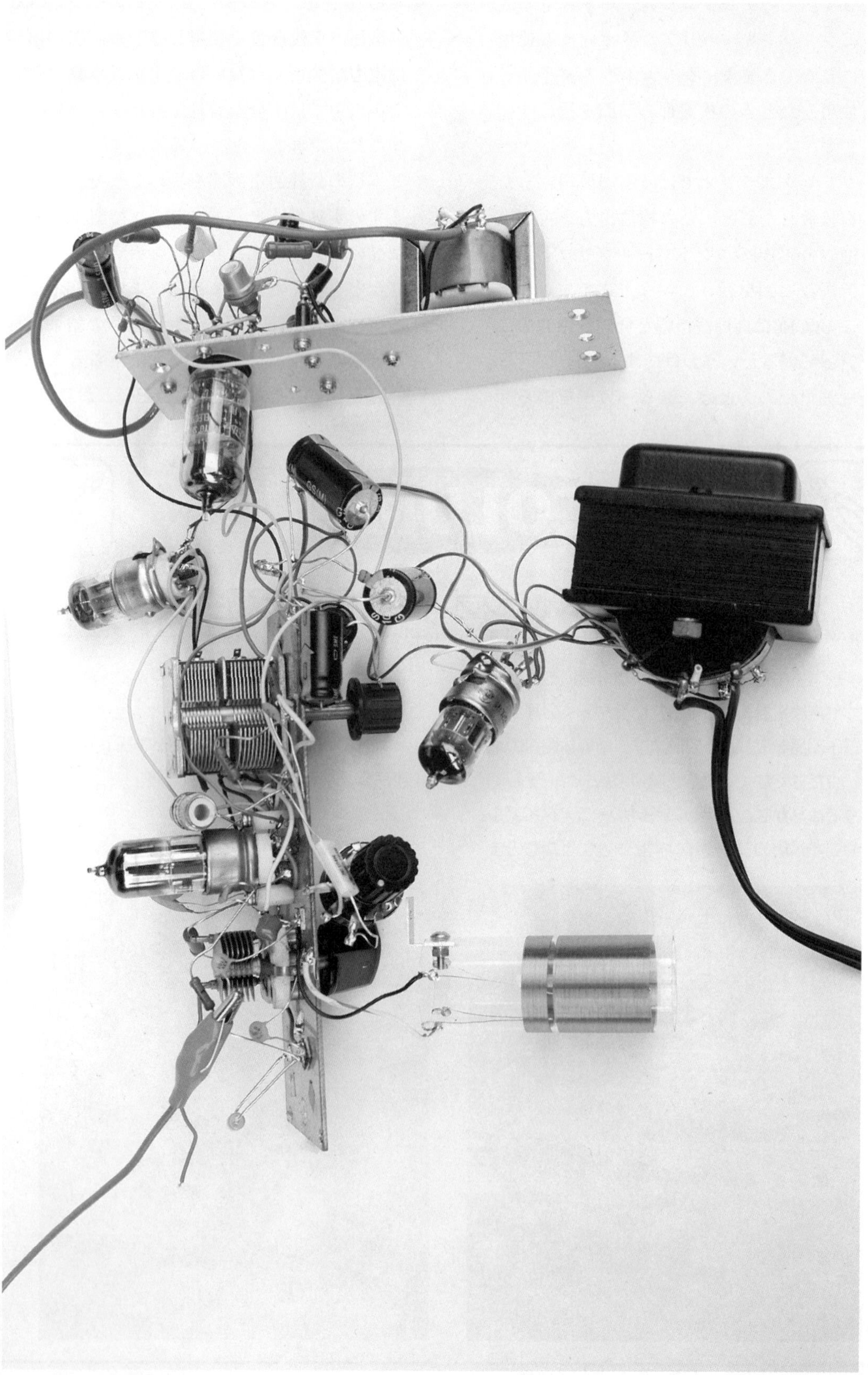

写真6-1　バラックセットで実験したレフレックスラジオ

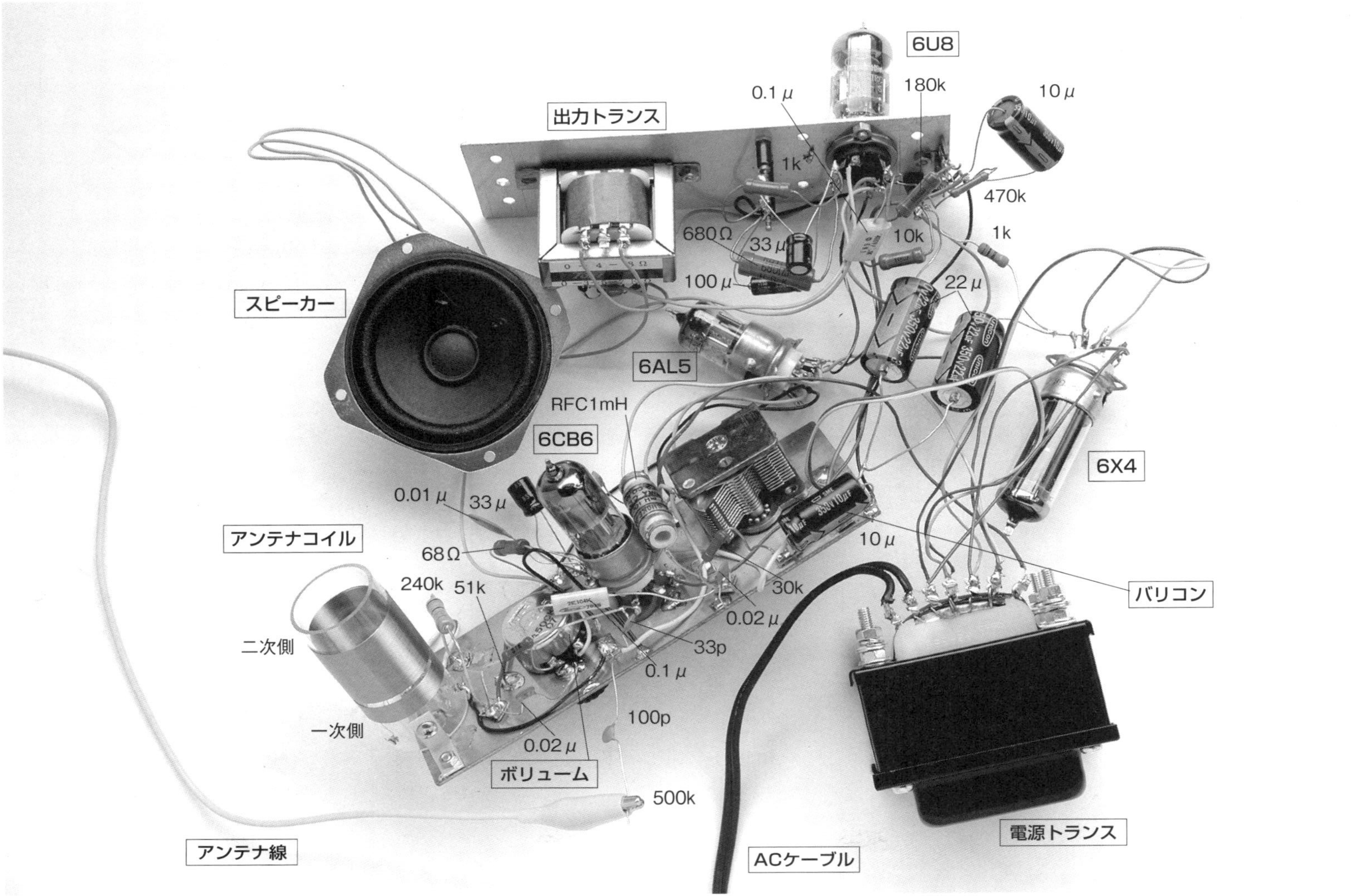


写真6-2　写真6-1で実験して最終的に回路定数を決めたレフレックスラジオのバラックセット

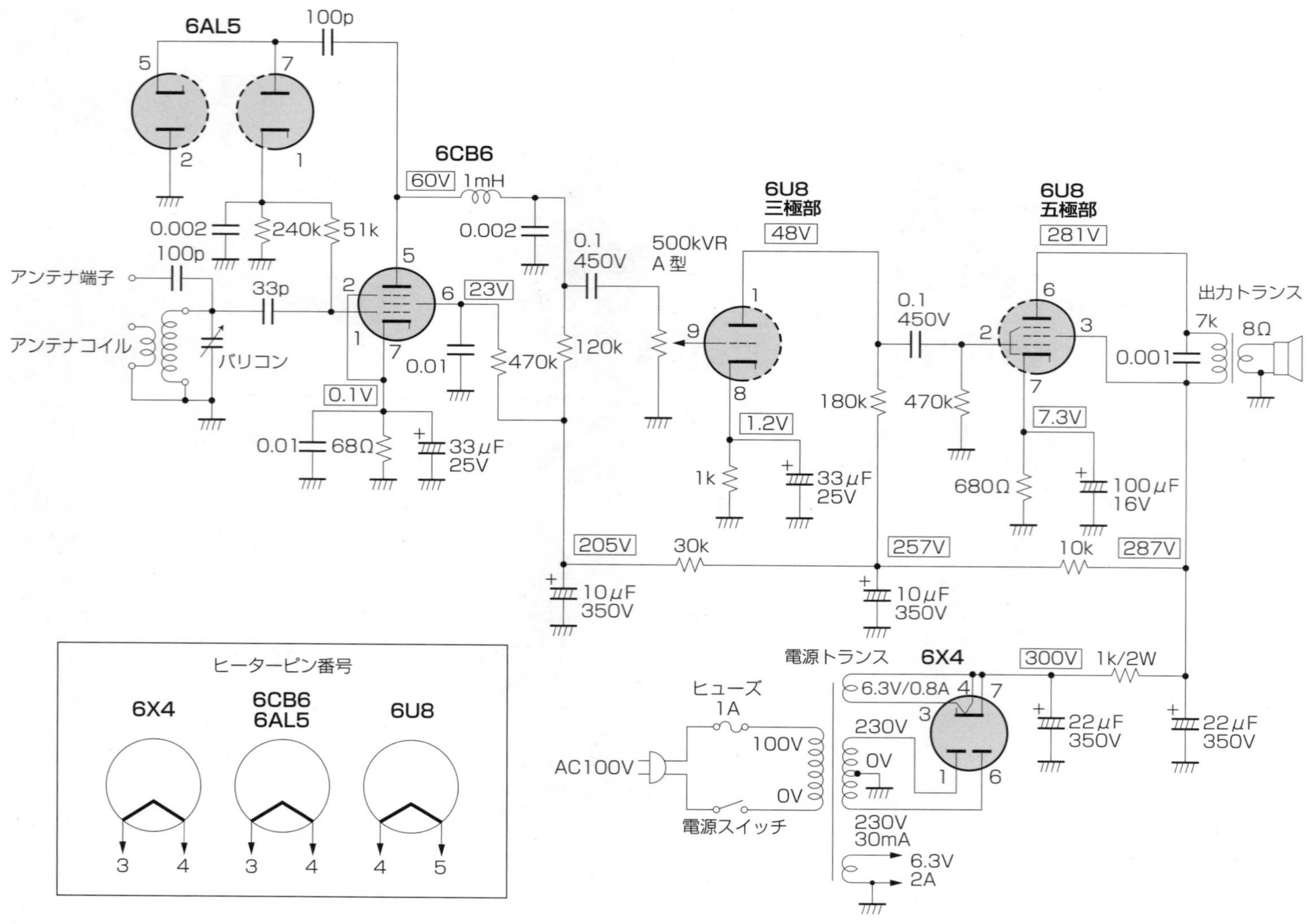


図6-2　レフレックス回路図

## 1.3 本機の電源

真空管はトランジスタやICと異なり、動作させるためには高い電圧が必要となります。一般には陽極（プレート）や遮蔽格子（スクリーングリッド）に200V以上の直流（B電圧という）を加えます。このため家庭の交流100Vから電源トランスを使って必要とする電圧に昇圧（電圧を上げること）し、これを整流して高い直流電圧を作ります。通常、並三ラジオやこのレフレックスラジオの電源トランスはB電圧用の巻線は単巻線で、これをシリコンダイオードや整流管の5MK9を使用しますが、本機では少し贅沢な両波整流用の小型の電源トランスを使用しました（**写真6-3**）。

整流にはシリコンダイオードなどの半導体を使用すると簡単にできますが、本機ではあえてオール真空管にこだわり、整流管には6X4を使用し、両波整流回路としています。シリコンダイオードによる整流回路の一例を**図6-3**に示します。シリコンダイオードには、電源用の耐圧が450V以上あるもの（1N4005、1N4006、1N4007など）を使用してください。

本機に使用した6X4はプレートが二つあり、カソードは共通となっています。両波整流は半波整流に比べてリプルが少なくハム（ブーンという雑音）が少ないので、オーディオの機器はほとんどが両波整流を使用しています。

単巻線のトランスと5MK9を使用して半波整流とする場合の回路を**図6-4**に示します。

**写真6-3　使用した電源トランス**

### ◆セミトランスレス方式の実験

トランスレス方式とは昇圧用の電源トランスを使わずに、真空管が動作できる高い直流電圧をAC100Vから得るという方式です。高価な電源トランスを使う必要がないため、格安にできることと、軽量化が図れます。ただしAC100Vを直接整流するため、シャーシがAC100Vに接続されているので感電の恐れがあり、金属の露出部がないように工夫する必要があります。

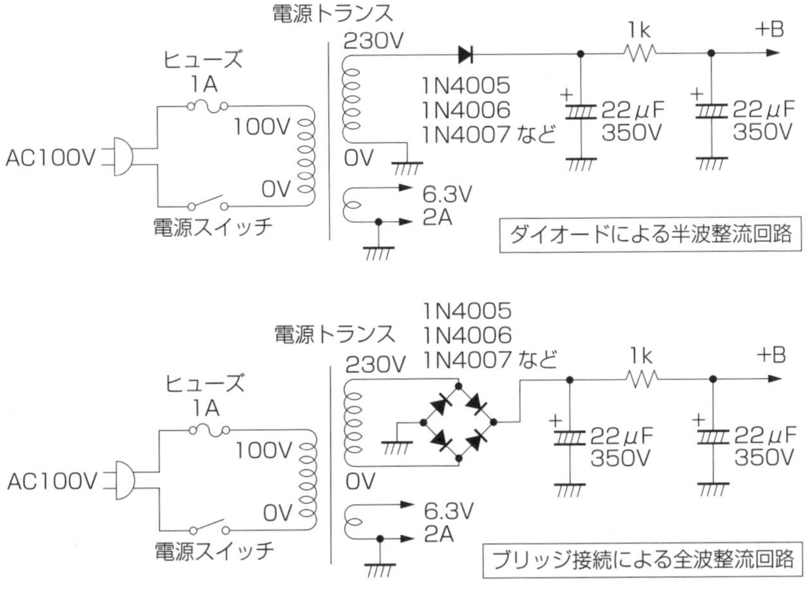


**図6-3　ダイオードを使った電源回路**

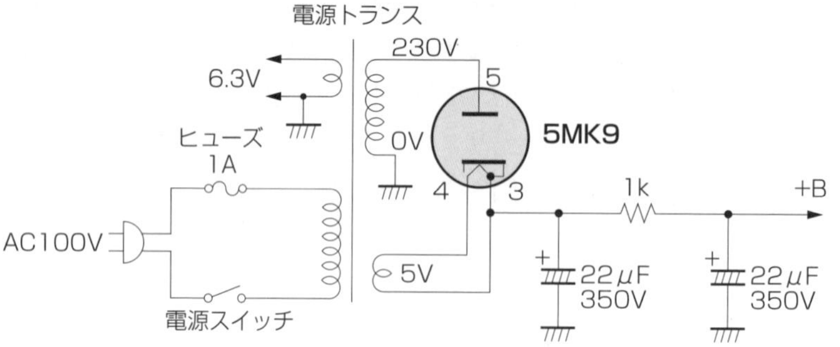


図6-4　5MK9を使用した半波整流回路図

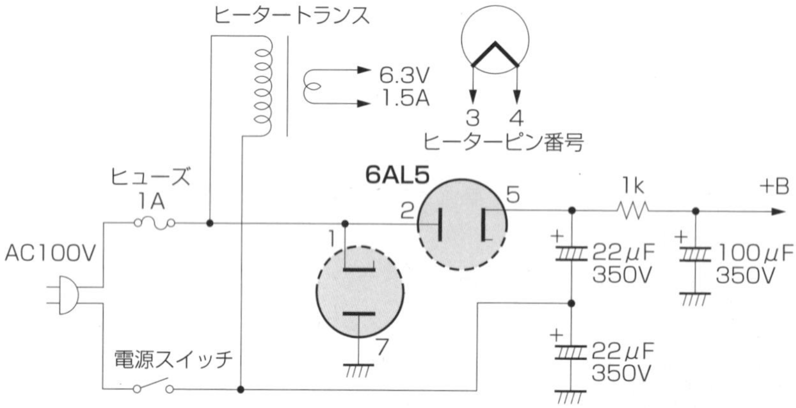


図6-5　セミトランスレス電源回路図

ここでは、検波に使用した6AL5を使って、簡単なトランスレス電源の実験をしてみました（**図6-5**）。

この回路は倍電圧整流回路で、入力電圧の2倍の電圧を取り出すことができます。

AC100Vを入力とすると、その最大値は$\sqrt{2}$倍ありますので、そのまた2倍の約280Vの電圧が出力されます。ただし、この回路は真空管のヒーターを点灯させる6.3Vのヒータートランスを使用しましたので、完全なトランスレスではなく、セミトランスレス方式です。

## 1.4　真空管の取り扱い方

通常の真空管はガラス管の中を真空にして、ヒーターやプレート、そしてグリッドなどの電極を封入し、その電極を外部の足（ピン）に接続したものです（**写真6-4**）。当然、真空管は電子部品ですので、定格というものがあります。中でも最大定格は、その部品を使用する場合、これを超えて使用してはならないという値で、通常はこの最大定格以下で動作させます。

最大定格を超えて動作させるとプレートが真っ赤になったり、各電極間で放電が起こったりして真空管が壊れたり、極端に寿命が縮まったりしますので、くれぐれもこの値を超えないよう注意してください。また、真空管はガラス管でできていますので、ていねいに取り扱わないとガラスが壊れたり、足が曲がったりしてしまいます。

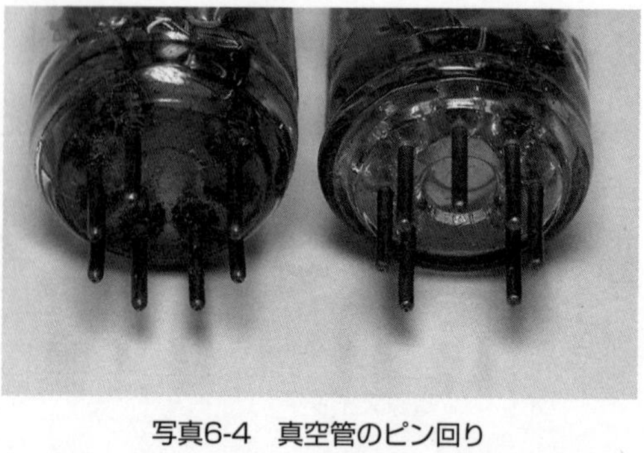

写真6-4　真空管のピン回り

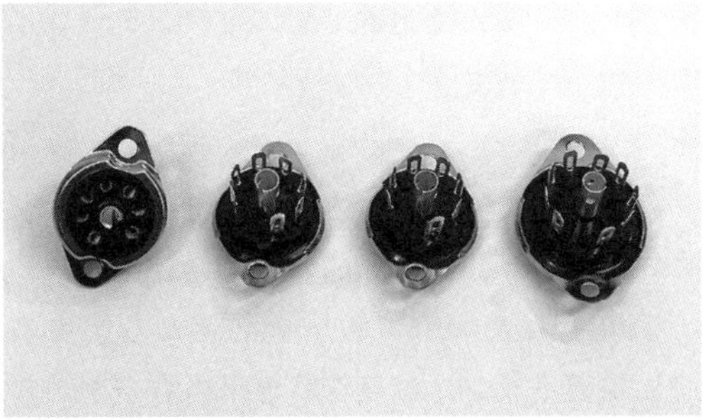

写真6-5　真空管ソケット（左三つが7ピンMT用、右が9ピンMT用）

真空管は真空管ソケット（写真6-5）を必ず使用しますが、この抜き差しには特に注意が必要で、斜めに差したり抜いたりすると足が曲がってしまいます。曲がった足を無理に直そうとするとガラス部分にひびが入ったり、壊れたりしてしまいますので、十分に注意してください。曲がった足を直す専用の治具もあります（写真6-6）。

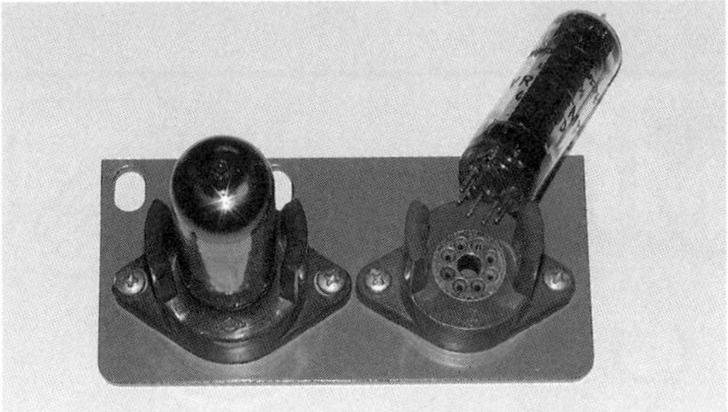

写真6-6　真空管のピンの曲がりを直す治具

### 1.5　真空管式機器の製作時の注意

トランジスタやICに使用する電源は直流の5Vや12Vで、高くても24V程度です。この程度の低い電圧でこれらの電源に直接触れることがあっても感電したり、ビリビリとすることはありませんが、真空管では200V以上もある直流電圧を加えないとうまく動作しません。扱う電圧が200Vともなると、この電圧に触れると感電してしまいます。感電して思わず手を払いのけたら別なものにぶつけて怪我をすることもありますから、くれぐれも感電しないよう十分な注意を払うことが必要です。

また、高電圧を扱う真空管セットでは電源スイッチを切ったから安全というわけではありません。真空管の高圧整流回路の平滑コンデンサーには電源スイッチをオフにしても充電された高い電圧が残っていますから、これに触れると感電してしまいます。これを防止するためには、電源スイッチを切ってから十分に時間をおいたり、数kΩの抵抗をこのコンデンサーとアース間に接続したりして残っている電気を放電させるようにします。

## 2　部品集め

### 2.1　真空管とソケット

真空管はどこの部品店にも置いてあるわけではなく当然、真空管を扱うショップで購入することになります。秋葉原には真空管専門店が数店ありますが、最近ではインターネットを利用して通信販売でも購入が可能です。

ここで製作するラジオは特殊な真空管を使用していないため、容易に入手可能です。

真空管販売店には真空管ソケットもありますので、同時に購入することをお勧めします。ソケットにはタイト（磁器）製のものとベークライト製のものがありますが、タイト製は高価ですので、このラジオのように高い周波数で使わないのでしたら価格の安いベークライト製でも性能に問題はありません。

### 2.2　バリコンやコイルなど

本機で使用する写真6-7に示すバリコンやバーニアダイアルは入手がむずかしい部品ですが、秋葉原のラジオセンターの2階にある内田ラジオ（03-3255-2547）や東京ラジオデパートの3階にあるシオヤ無線電機商会（03-

写真6-7　同調用バリコンとバーニアダイアル関連部品

3253-3987）などで購入することができます。このお店は通信販売にも対応が可能とのことですので、問い合わせてみてください。

古いAM-FMラジオが入手できれば、これには3連バリコンが付いているものがありますので、これの一部を使うこともできます。

アンテナコイルは並三用のものが市販されているので、これを使用することができます。しかし、せっかく自作ですのでアンテナコイルも作ってしまいましょう。

## 2.3 電源トランス

真空管は高い直流電圧を必要としますので、電源トランスは真空管専用のものが必要となります。これは今でも小型真空管アンプや並三ラジオ用のものが販売されおり、容易に入手可能です。

電源部の電解コンデンサーは、耐圧が高い（350V以上）ものが必要です。低い耐圧のものを使用すると爆発したりして、たいへん危険ですから購入のときは必ず耐圧を指定してください。

そのほかの部品は、抵抗やコンデンサーそして端子板などで、どこの部品店でも容易に入手することができます。**表6-1**に本機に使用する部品の一覧を示します。

## COLUMN

### いろいろな端子（ラグ）板

真空管セットなどの大きな形状のものを製作するとき、大型パーツなどを接続するには写真のような「端子（ラグ）板」があるとたいへん重宝します。

これらの端子板には「平ラグ」、「L型ラグ」、「縦型ラグ」と呼ばれるものがあります。

平ラグはパーツを並べて接続するとき、L型ラグは真空管の段間の接続やデ・カップリング回路などに使うと便利です。

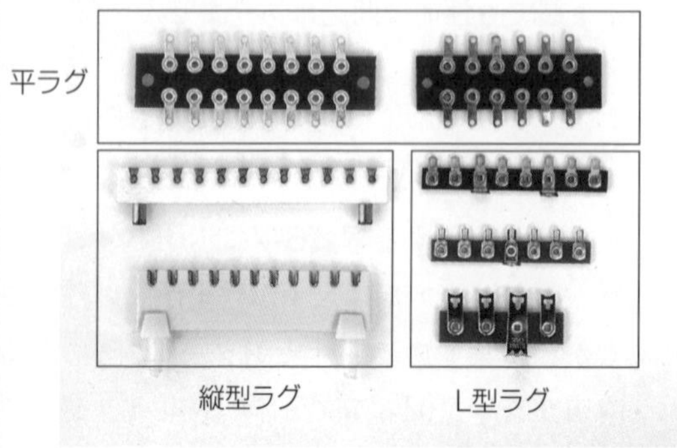

| 部品名 | 規 格 | 数量 | 備 考 |
|---|---|---|---|
| アルミ板 | 100×250mm×厚さ1.5mm | 1 | 既製のシャーシでもよい |
| アクリル板 | 270×190mm×厚さ2mm | 1 | ケース　上ぶた |
| | 160×190mm×厚さ2mm | 1 | ケース　下ぶた |
| | 110×105mm×厚さ2mm | 1 | ケース　前面 |
| 電源トランス | 230V/30mA　6.3V/2A　6.3V/0.8A | 1 | ノグチトランス PMC-35E |
| 真空管 | 6CB6 | 1 | 高周波増幅管 6AH6、6DC6など |
| | 6U8 | 1 | 低周波増幅管 |
| | 6AL5 | 1 | 検波管 |
| | 6X4 | 1 | 整流管 |
| 真空管ソケット | 7ピン | 3 | 6CB6、6AL5、6X4用 |
| | 9ピン | 1 | 6U8用 |
| 出力トランス | 一次側5kΩまたは7kΩ、二次側8Ω | 1 | |
| バリコン | 365pF | 1 | 中波用単連 |
| スピーカー | 直径60mm/8Ω | 1 | |
| 高周波チョークコイル | 1mH | 1 | |
| ボリューム | 500kΩ A型 | 1 | |
| ツマミ | | 1 | ボリューム用 |
| バーニアダイアル | 直径40mm | 1 | バリコンチューニング用 |
| シャフトカップリング | | 1 | バリコン接続用 |
| スペーサー | 直径6mm/長さ15mm | 1 | バーニアダイアルとシャフトカップリング接続用 |
| 電源スイッチ | 角形シーソースイッチ | 1 | |
| ACコード | プラグ付き／長さ1.5m | 1 | |
| ブッシング | | 1 | ACケーブル用 |
| ヒューズホルダー | | 1 | |
| ヒューズ | 1A | 1 | |
| ターミナル | | 1 | アンテナ端子用 |
| フォルマル線 | 直径0.2mm/長さ15m | | |
| アンテナボビン | アクリルパイプ　直径28mm/長さ60mm | 1 | |
| コンデンサー | 33pF | 1 | セラミックコンデンサー |
| | 100pF | 2 | |
| | 0.001μF | 1 | |
| | 0.002μF | 2 | |
| | 0.01μF/50V | 2 | |
| | 0.1μF/450V | 2 | フィルムコンデンサー |
| | 10μF/350V | 2 | 電解コンデンサー |
| | 22μF/350V | 2 | |
| | 33μF/25V | 2 | |
| | 100μF/16V | 1 | |
| 抵抗 | 68Ω/1W | 1 | |
| | 680Ω/2W | 1 | |
| | 1kΩ/2W | 1 | 電源部 |
| | 1kΩ/1W | 1 | |
| | 10kΩ/1W | 1 | |
| | 30kΩ/1W | 1 | |
| | 51kΩ/½W | 1 | |
| | 120kΩ/½W | 1 | |
| | 180kΩ/½W | 1 | |
| | 240kΩ/½W | 1 | |
| | 470kΩ/½W | 2 | |
| 配線材料 | 青、赤、黄、白、黒、シールド線 | 各1m | |
| 端子板 | 1L6P×2、1L3P×3 | 計5 | |
| ネジ | 3mmナベ　長さ10mm | 13 | 真空管ソケットなどの取付用 |
| | 3mm平ナベ　長さ10mm | 16 | ケース、前面パネル、スピーカー取付用 |
| | 3mmナベ　長さ15mm | 2 | バーニアダイアル取付用 |
| | 3mmナベ　長さ5mm | 1 | バーニアダイアル取付用 |
| | 3.5mmナベ　長さ8mm | 3 | バリコン取付用 |
| ナット | 3mm | 23 | |
| スプリングワッシャー | 3mm | 23 | |
| | 3.5mm | 3 | バリコン取付用 |
| L型金具 | 1辺15mm/幅7mm | 1 | アンテナコイル取付用 |
| バリコン取り付け金具 | 40×60mm/厚さ1.2mm | 1 | |
| ゴム足 | | 4 | |
| 結束バンド | 小 | 9 | |

**表6-1　レフレックスラジオの部品表**

## 3　アンテナコイルの製作

レフレックスラジオに使うアンテナコイルは絶縁体の円筒（ボビン）に細い導線（銅線）を100回程度巻くもので、このボビンには身の周りに転がっているいろいろなものを使用することができます。たとえば、トイレットペーパーの芯、ラップの芯、写真のフィルムケースなどがあります。また、紙でボビンを作ることもできます。

本機では、**写真6-8**のようにいくつかのものでアンテナコイルを作ってみましたが、いずれもきちんと放送を受信することができました。最終的に使用したものは、見栄えのよいアクリルパイプを使ったものです。

写真6-8　製作したアンテナコイル各種

### 3.1　コイルを作る

ここで3種類のコイルを製作してみました。

#### ◆クラフト紙を使ったコイル

**図6-6**のようにクラフト紙でできたA4の紙が入る封筒を開き、100×285mmのものを2枚切り出し、これを合計6枚作ります。

この紙の片面に均一に糊（紙用の液状糊で商品名「アラビックヤマト」を使用）を塗り、外径30mm程度のアルミパイプや木製の丸棒にしっかりと6枚巻き付けます。そして、こ

図6-6　クラフト紙を使ってアンテナコイルを作る

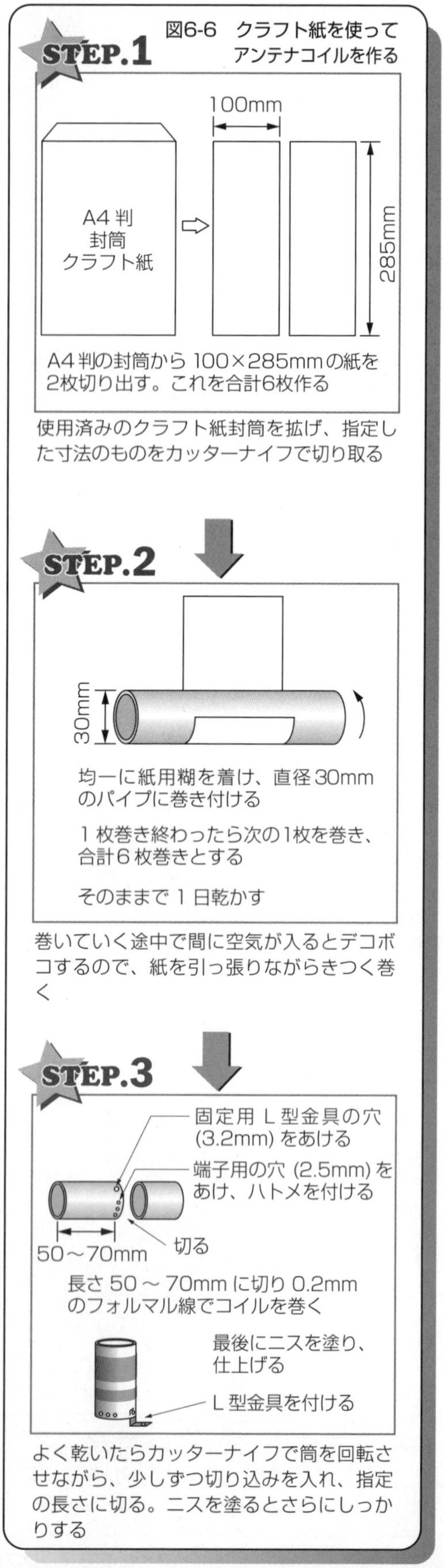

STEP.1
100mm
A4 判
封筒
クラフト紙
285mm
A4 判の封筒から 100×285mm の紙を2枚切り出す。これを合計6枚作る
使用済みのクラフト紙封筒を拡げ、指定した寸法のものをカッターナイフで切り取る
STEP.2
30mm
均一に紙用糊を着け、直径 30mm のパイプに巻き付ける
1 枚巻き終わったら次の1枚を巻き、合計6 枚巻きとする
そのままで 1 日乾かす
巻いていく途中で間に空気が入るとデコボコするので、紙を引っ張りながらきつく巻く
STEP.3
固定用 L 型金具の穴 (3.2mm) をあける
端子用の穴 (2.5mm) をあけ、ハトメを付ける
切る
50～70mm
長さ 50 ～ 70mm に切り 0.2mm のフォルマル線でコイルを巻く
最後にニスを塗り、仕上げる
L 型金具を付ける
よく乾いたらカッターナイフで筒を回転させながら、少しずつ切り込みを入れ、指定の長さに切る。ニスを塗るとさらにしっかりする

のまま1日ほど乾燥させたあと、長さ50～70mm程度の長さになるよう両端を切り取ると、厚さ1mm程度の紙のボビンができ上がりますから、これに一次側の巻線として0.2mmのフォルマル線を30回、二次側の巻線として95回程度巻きます。

コイルの巻き始めと巻き終わりは針などの先の尖ったもので穴をあけ、ここからボビンの内部を通して端子にハンダ付けします。端子は、2.5mmのドリルで穴をあけて、ここにハトメを付けます。

固定用の金具は、**図6-7**に示すように15mmのL型アルミアングルから7mm幅のものを作り、これをボビンにネジで固定しています。端子と固定用金具は、ほかのアンテナコイルも同じように作っています。作業は**図6-6**をもう一度参考にしてください。すべての取り付けが終了したら、全体にニスを塗って固めるとしっかりし、安定したアンテナコイルが完成します。ニスは、**写真6-9**に示すセラックニスを使用しました。このニスは浸透性もよく、乾燥すると柔らかな紙も硬くなります。そのほか、透明な接着剤やクリヤーラッカーなどで代用することができます。

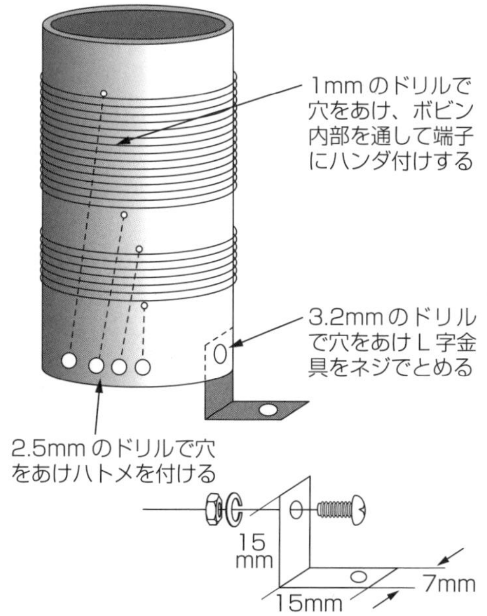

1mmのドリルで穴をあけ、ボビン内部を通して端子にハンダ付けする
3.2mmのドリルで穴をあけL字金具をネジでとめる
2.5mmのドリルで穴をあけハトメを付ける
15mm
15mm
7mm

**図6-7　アンテナコイルの端子**

透明仕上げ用
セラックニス
神東塗料

**写真6-9　セラックニス**

## ◆ラップの芯を使ったコイル

キッチン用品のラップの芯は紙でできていて、芯の外径が36mm、厚さが1.3mm程度あり、たいへんしっかりとしています（**写真6-10**）。

この芯をカッターナイフで長さ50mmに切り取り、0.2mmのフォルマル線を二次巻線として20回、一次巻線として80回程度巻きます。端子や取り付け金具は、前項と同じようにして作ります。

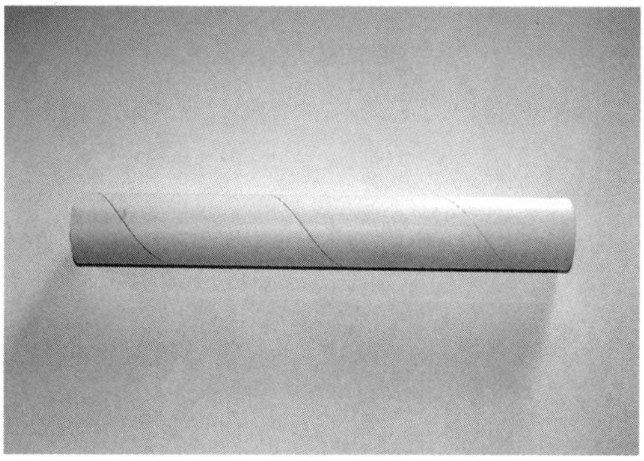

**写真6-10　ラップの芯**

## ◆アクリルパイプを使ったコイル

外径28mm、長さ60mmのアクリルパイプが手元にあったので、これを使用してアンテ

ナコイルを作りました。0.2mmのフォルマル線を一次巻線として30回、二次巻線として95回程度巻きます。端子や取り付け金具は、前項と同じように作ります。

**写真6-11**に示すこのアンテナコイルは、アクリルパイプのため透明感もあり、見た目にもきれいなので、最終的にはこれを使うことにしました。

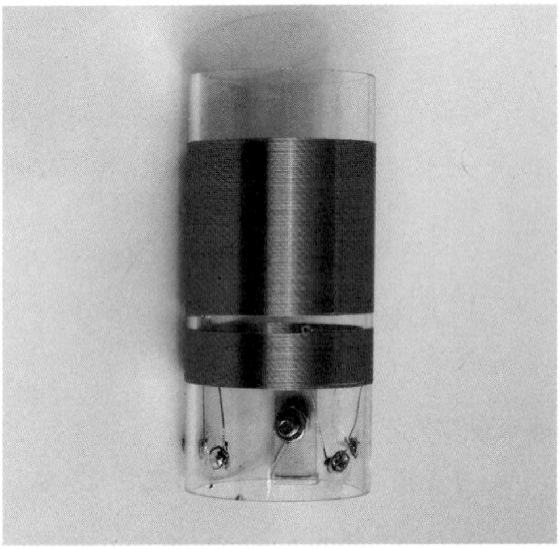

**写真6-11　アクリルパイプで作ったアンテナコイル**

### ◆市販の並三用アンテナコイル

数社のメーカーが並三用アンテナコイルを販売していますので、これを使用すればコイルの製作や調整の手間が省けます。このコイルは材質として紙をボビンとしたものや、ベークライトのボビンに巻いたものがあります。紙に巻いたものは全体的に柔らかく、取り扱いは慎重にしないと壊れてしまいますので、注意が必要です。

このアンテナコイルは、中波放送用のバリコンと同調するように作られてます。また、このアンテナコイルはバリコンを販売しているシオヤ無線電機商会で入手することができます。

## 3.2 アンテナコイルの調整

ラジオ放送などの特定の電波を受信するということは、そのラジオ放送局の周波数に同調することです。インダクタンス（アンテナコイル）とキャパシタンス（バリコン）で構成された同調回路が目的の周波数に共振したとき、その高周波電圧を最大にして取り出し、真空管の入力回路へ導きます。この同調回路では、バリコンの容量の一番多いところ（羽根が一番入ったところ）で一番低い周波数、一番少ないところ（羽根が一番抜けたところ）で一番高い周波数に同調します。**表6-2**に本機のコイルの巻数を示します。

なお、アンテナコイルの巻数の調整を行うと、さらに同調周波数を正確にすることができます。バリコンの容量最大点から少し右に回したところで、関東地方ではNHK第一放送（594kHz）が受信できるようにアンテナコイルの巻数を調整します。このとき、もしバリコンの位置を左に回さなければNHK第一放送が受信できないときは、コイルの巻数が足りないことになり、逆にバリコンの羽根を少なくしないと受信できないときはコイルの巻数が多過ぎるということになります。

次に、バリコンをさらに右回転させて容量を少なくして高い周波数の放送局が受信できることを確認します。これを何回か繰り返して最終的な巻数を決めます。

並三ラジオや本機のようなレフレックスラジオは、スーパーヘテロダインのようにいったん別の周波数へ変換することなく受信周波数から直接検波して低周波信号を取り出すので、どうしても混信に弱いということは避けられません。

| ボビンの種類 | ボビンの直径 | 一次巻線 | 二次巻線 |
|---|---|---|---|
| 紙で作ったボビン | 30mm | 30回 | 95回 |
| ラップの芯 | 36mm | 20回 | 80回 |
| アクリルパイプ | 28mm | 30回 | 95回 |

※線材はいずれも直径0.2mmのフォルマル線

**表6-2　アンテナコイルの種類と巻線**

# 4　工作を始める

写真6-12と表6-3は、本機を製作するのに使用した工具の一覧です。

トランジスタやICを使った電子工作ではプリント基板に部品を取り付けられますが、真空管で製作するセットでは、大きな部品を使用することからどうしてもアルミでできたシャーシなどを使って部品を取り付けなければなりません。そのため、シャーシの穴あけ加工や部品の取り付けなどが必要です。

なお本機はシャーシだけの剥き出しセットでは見栄えが悪いので、アクリルケースを付けることにしました。金属ケースとは異なりいわゆるスケルトンですから、ケース内の真空管を見て楽しむことができます。

## 4.1　シャーシの選択

どのような種類のシャーシを使用するかは好みの問題もありますが、はじめて製作する場合は、デザインは二の次として比較的ゆったりとした大き目のものを選ぶようにすると製作が楽です。また、「真空管セット」であることを強調し、真空管そのものを見て楽しむという趣向で作るのもよいでしょう。

本機は、1.5mm厚のアルミ板を折り曲げてシャーシを作りましたが、1枚のアルミ板から製作するのはたいへんだという方は、この大きさに相当する市販のシャーシを加工してください。

## 4.2　シャーシの加工

150×250mm、厚さ1.5mmのアルミ板を図6-8のように四隅を切り取り、図中の折り曲げ線に沿ってアルミ板を折り曲げて箱を作って、これをシャーシとしました。

シャーシとして製作するための折り曲げる線と切り取る線をアルミ板にケガキ、最初に金切りノコギリで四隅の四角形を切り落とし、次に折り曲げ器に挟んで四辺を折り曲げます。このとき、折り曲げ箇所にプラスチックカッターで浅い溝を作っておくと、楽に万力や机の縁(ふち)などを使って折り曲げることができます。

折り曲げの順序は、はじめに側面となる長い箇所を折り曲げ器にしっかりと挟み、ハンドルを両手に持って静かに直角になるまで曲げます。

左右の側面を折り曲げたあと、前面と後面となる部分を折り曲げ器の溝に合うように挟んで折り曲げます。

### ◆シャーシの穴あけ

まず最初に、シャーシの上面に取り付ける部品の配置を決めます。シャーシの上面に取り付ける部品には電源トランス、真空管、アンテナコイル、バリコン、出力トランスそしてスピーカーがあります。

基本的な配置は、これらの部品を信号の流れにしたがって最短距離で接続できるようにしますが、本機は取り扱う周波数も低いことからそれほど気を使う必要はありません。

本機のシャーシの穴あけ図は図6-8を見てください。穴あけ図にしたがい、シャーシにケガキ線を描きます。

簡単な方法としてはパソコンを使って実寸大の穴あけ図を印刷し、これをシャーシにぴったりと貼り付けて穴あけ位置に先の尖った千枚通しやキリで印を付けます。これを基にケガキ、あらかじめセンターポンチを打ちます（写真6-13）。

そして、ここに3〜3.2mmのドリルですべての穴をあけますが、この穴はそのままネジ止めに使うものもあれば、さらに拡大して真空管ソケットを取り付けたりするものがあります。真空管6CB6や6AL5、6X4の7ピンMTのソケット穴は16mmのシャーシパンチを使用して拡大します。

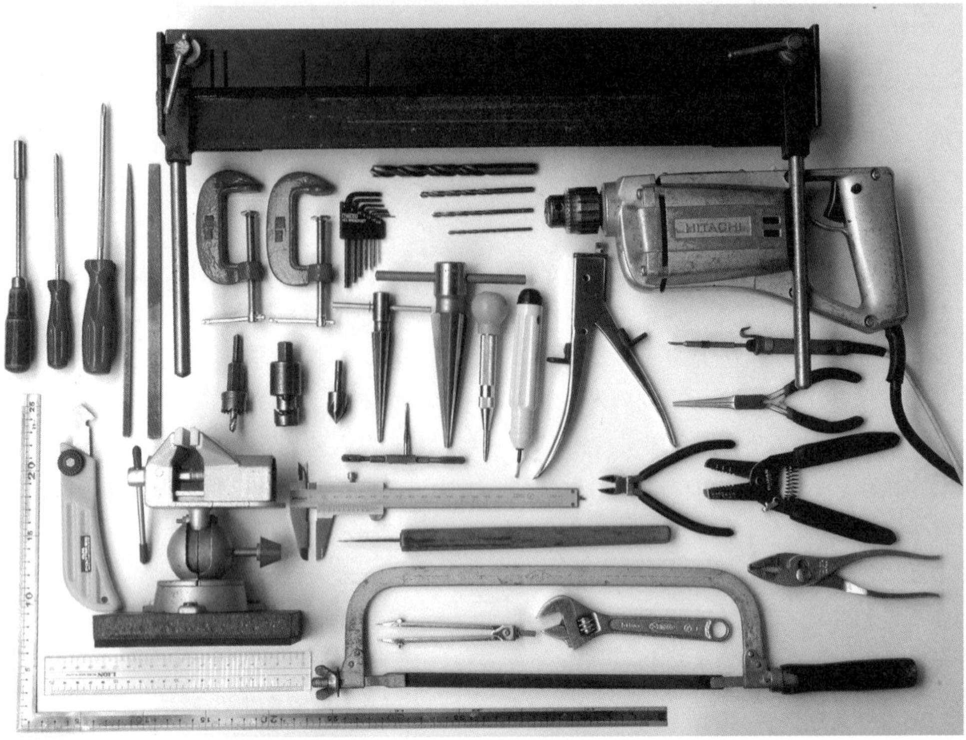

写真6-12　本機を製作するのに使用した工具

| 工　具　名 | 用　途 |
|---|---|
| C型クランプ | 折り曲げ器の固定 |
| アクリル板加熱器 | アクリル板折り曲げのための加熱。電気ストーブを代用 |
| 折り曲げ器 | アルミ板からボックス型シャーシの加工、バリコン取付金具の折り曲げ |
| 金切りノコギリ | アルミ板の四隅の切り落とし、バリコン取り付け金具の切り出し |
| 曲尺 | アクリル板の切り出し時の定規 |
| キリまたは千枚通し | 穴あけ位置の印 |
| ケガキ針（デバイダーで代用） | 穴あけ図面からのケガキ |
| シャーシパンチ | 真空管ソケット取り付けの穴あけ |
| 定規 | ケガキ用 |
| センターポンチ | ドリルのための穴あけ位置の印 |
| タップ | アクリルケースの固定用ネジ穴の作成 |
| 電気ドリル | 穴あけ |
| ドリルの刃 | 各種穴あけ |
| ニッパー | 電源トランス角穴作成のためのアルミ板切断、部品リード線、配線切断用 |
| ノギス | シャーシやケースの寸法取り |
| バリ取り工具 | 真空管ソケット用や電源トランスの角穴のバリ取り |
| ハンダごて | 部品、配線のハンダ付け |
| ハンダごて台とクリーナー | ハンダごて置きとこて先のクリーニング用 |
| 平ヤスリ | 切断箇所の整形、電源トランス角穴の整形 |
| プライヤー | トランス固定用ネジ、ターミナルネジの締め付け |
| プラスチックカッター | ケース、前面パネル用アクリル板の切り出し |
| プラスドライバー（小） | 平ナベネジの締め付け |
| プラスドライバー（大） | ナベネジの締め付け |
| ホールソー | 真空管（6U8）用9ピンソケット取り付けの穴あけ |
| ボックスドライバー | ナット締め付け |
| 万力 | シャーシ加工時のアルミ板の固定 |
| モンキーレンチ | ボリューム固定用ネジ、ヒューズホルダーの締め付け |
| ラジオペンチ | 配線、部品のハンダ付け時に使用 |
| リーマー | ヒューズホルダーなどの穴の拡大 |
| 六角レンチ | シャフトカップリングとバーニア、バリコンの固定用 |
| ワイヤーストリッパー | 配線材料の外皮剥き |

表6-3　本機を製作するのに使用した工具とその用途

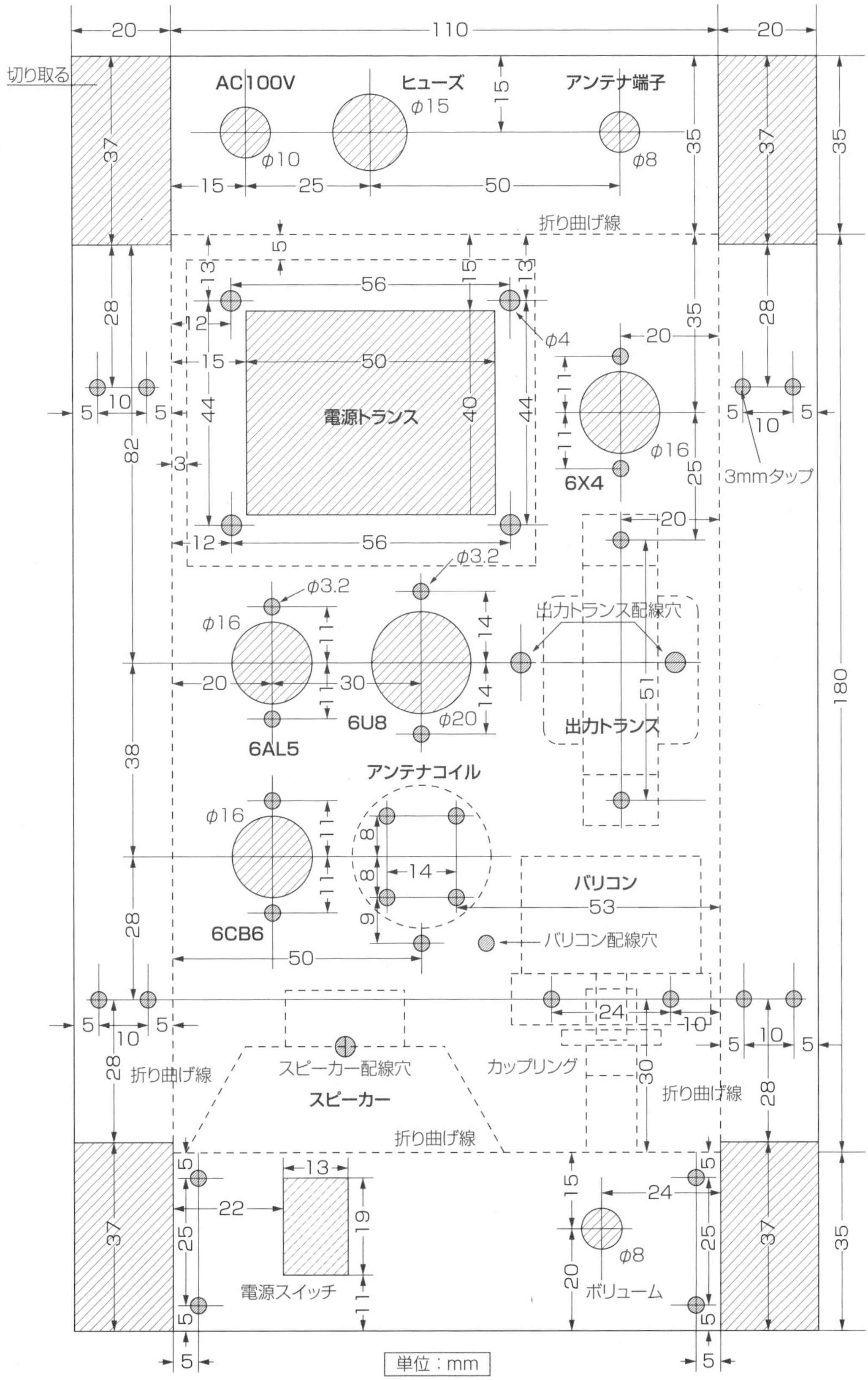


図6-8　シャーシ穴あけ図

写真6-13　アルミにセンターポンチを打つ

写真6-14　ホールソーで20mmの穴をあける

6U8の9ピンMTは、20mmの大きな穴ですから、シャーシパンチであけてもよいのですが、ここでは製作の過程でホールソーの使用例を紹介するため**写真6-14**のように、あえて20mmのホールソーを用いてあけました。

シャーシパンチの場合は、パンチの軸が入るよう6mmのドリルで穴をあけてリーマーで穴を拡大しておきます。シャーシパンチで穴をあけるとき、シャーシに傷が付かないよう凹型の金具とシャーシの間に紙を挟んでから切り抜くようにします。

ヒューズホルダーの穴は直径が12mmのものを使用しますので、10mmのドリルで穴をあけたあと、リーマーで12mmまで拡げます。

電源トランスの取り付け穴は角穴ですから、ニブリングツールを使う方法や金切りノコギリの歯で切り取る方法、そして小さな穴をいくつもあけてこれをニッパーで切り取る方法があり

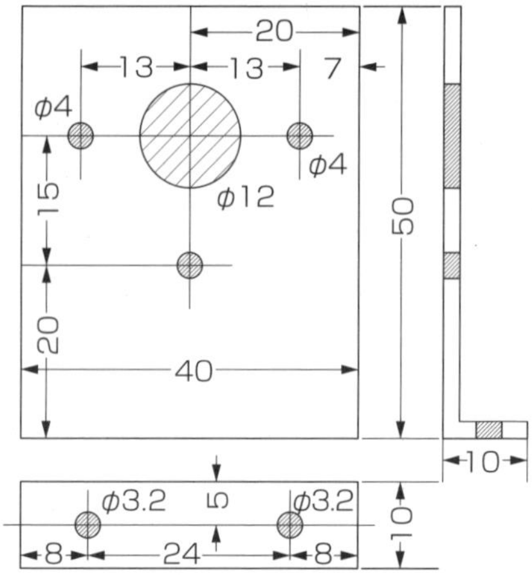


図6-9　バリコン取り付け金具

ますが、いずれも最後は平ヤスリできれいに仕上げておきます。バリコン取り付け金具は1.5mm厚のアルミ板を**図6-9**のように折り曲げてL型金具を作り、これにバリコンを取り付けてシャーシにネジで固定します。

### ◆角穴をあける三つの方法

・ニブリングツールによる方法

角穴をあける対角に直径10mm程度の穴をあけ、ここにニブリングツールの刃を挿入して矢印の方向に食いちぎっていき、四辺の内側を切り抜きます（**図6-10**）。1辺が終わったら進行方向を90度変えます。

・金切りノコギリによる方法

ニブリングツールと同じように角穴の対角に直径10mm程度の穴をあけ、これを平ヤスリや丸ヤスリを使って金切りノコギリの歯が入るように拡大します。次に切り取り線に沿って金切りノコギリで切り抜きます（**図6-11**）。

・ドリルの穴をつなぐ方法

切り抜く四角形の内側に5mm程度のドリルで、多くの穴をなるべく近接するようにあけます。そして、これらの隣り合う穴をニッパーで切りつないで全体を切り抜きます（**図6-12**）。

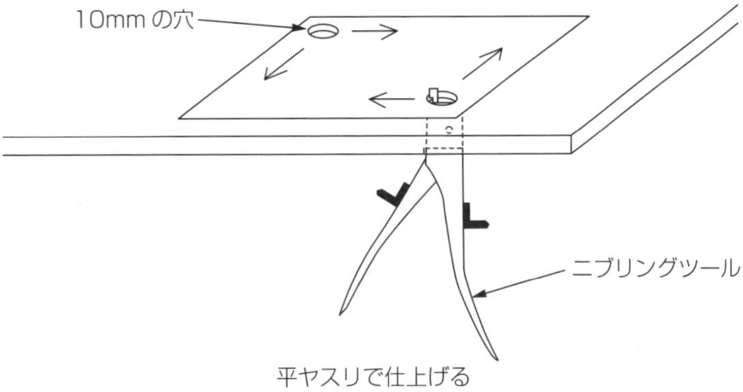


図6-10　ニブリングツールで角穴をあける

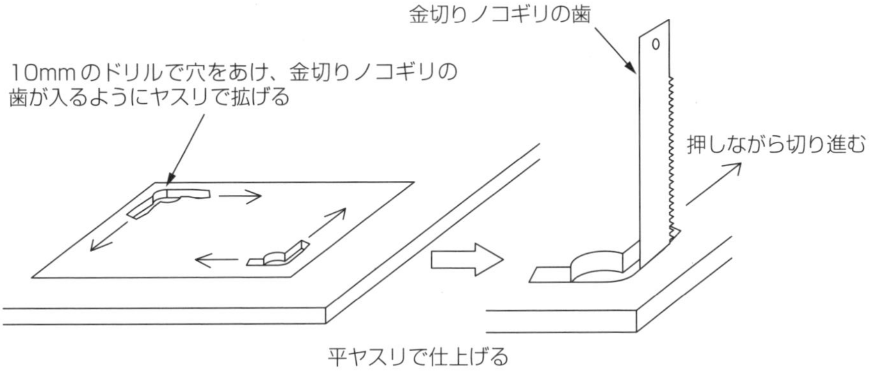


図6-11　金切りノコギリで角穴をあける

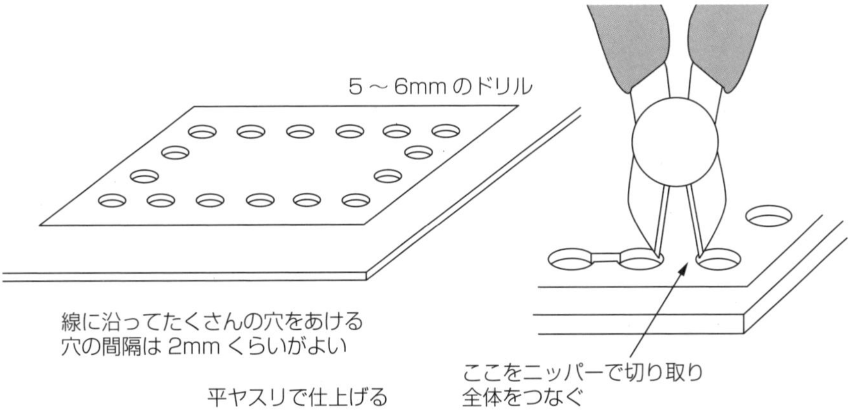


図6-12　小さな穴を切ってつなぐ

すべての穴あけが終わったら、バリを取っておきます。バリが出ていると怪我をしたり、ネジ止めがしっかりとできずにノイズ発生の原因となったりします。

穴あけが終わったシャーシを**写真6-15**に示します。

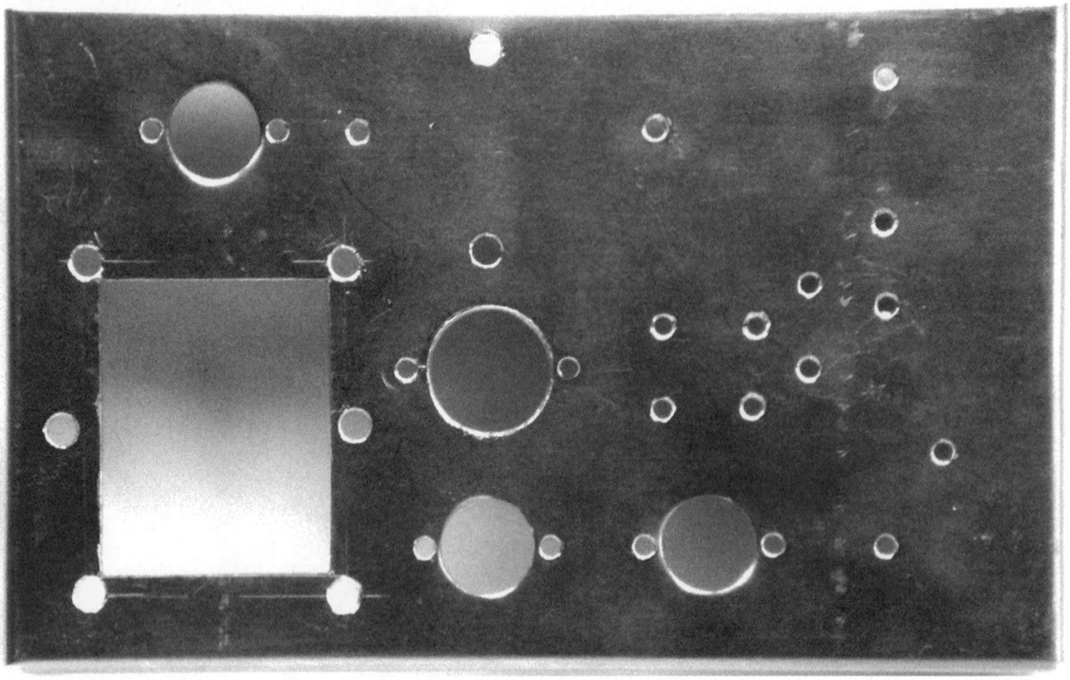

写真6-15　穴あけが終わったシャーシ

## 5　組み立て

### 5.1　組み立ての順序

セットの基本となるシャーシの準備ができたらいよいよ組み立てに入りますが、組み立ての順序を間違うとあとの作業がたいへん面倒になり、きれいな配線ができません。

セット組み立ての基本的な順序としては、小さくて軽い部品から取り付け、電源トランスや出力トランスのような重いものはあとにします。

また、コイルやバリコン、それにスピーカーなどに傷が付きやすく、壊れやすいものも最後に取り付けるようにします。

#### ◆真空管ソケットや端子

はじめに真空管ソケット、端子板をネジでしっかりと止めます。ネジは3mmのナベネジを使いますが、長さは10mm程度がよいでしょう。

#### ◆バリコンとバーニアダイアル

バリコンは取り付け金具に3本のネジとスプリングワッシャーを使ってしっかりとバリコンを固定し、これをシャーシにネジ止めしますが、前面パネルに取り付けるバーニアダイアルの軸とバリコンの軸が一致していないと、回転させたときに歪んでしまいます。これを防止するためにシャフトカップリングを使用すると、多少のズレはこのシャフトカップリングが吸収してくれます。

図6-13のバーニアダイアルに直径6mm、長さ15mmのスペーサーを入れてシャフトカップリングを固定し、もう一方をバリコンと接続します。

### 5.2　配線に取りかかる

主な部品のネジ止めが終わったら、次に配線にかかります。

はじめは電源回路、真空管のヒーター回路、出力トランス回りやアンテナ回路などの抵抗

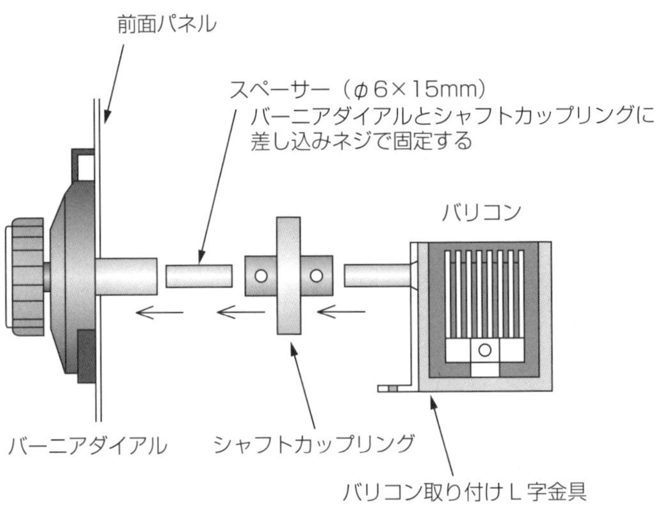


図6-13　バーニアダイヤルとシャフトカップリング、バリコンの取付図

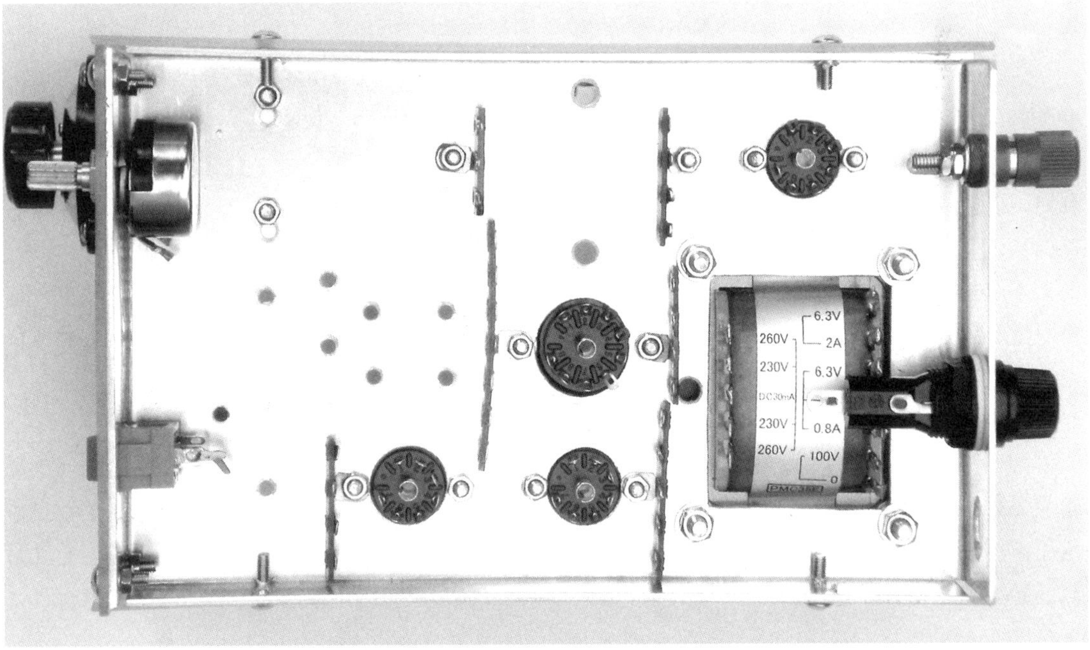


写真6-16　基本部品を取り付けたシャーシ

やコンデンサーを接続しないところの配線を済ませます。

次に抵抗やコンデンサーの配線を行いますが高周波部、低周波増幅部、電源部というようにブロックごとに回路図を見ながら配線していくと間違いもなく、部品の配置もきれいにできます。

はじめから抵抗やコンデンサーなどの部品を取り付けてしまうと、配線がその間をくぐるような形になってしまいゴチャゴチャな配線となってしまいます。

**写真6-16**は、基本部品を取り付けたシャーシ、そして**写真6-17**に基本配線が終わったシャーシのようすを示します。

**写真6-17**でもわかるようにヒーター回路の配線は、2本の線を捩っています。このようにすることで、ヒーターからのハムを軽減できるといわれています。

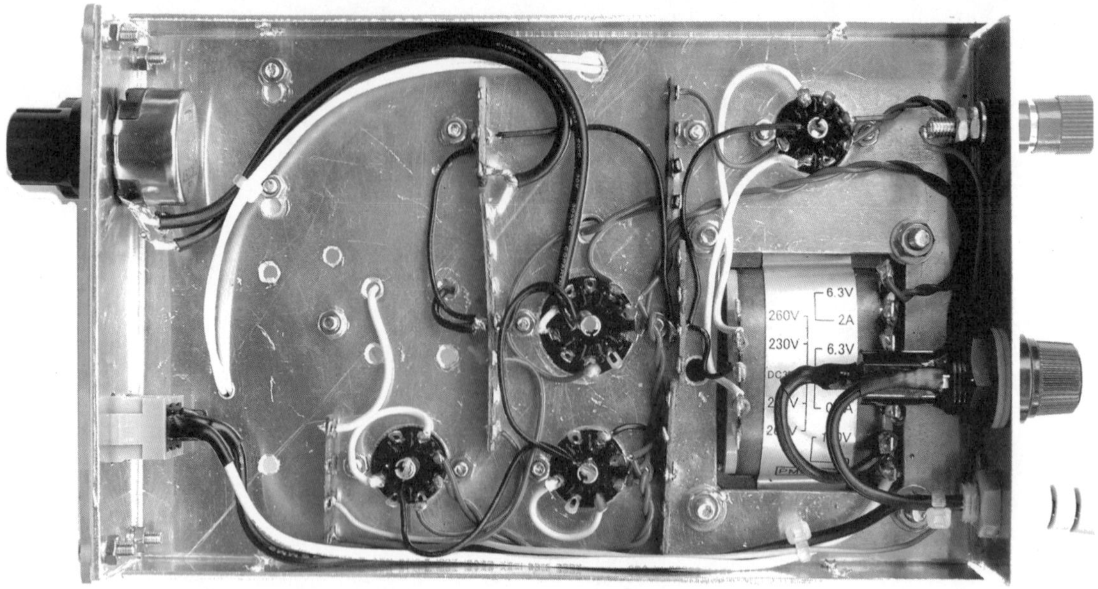

写真6-17　基本配線が終わったシャーシ

◆配線の色

配線の色は表6-4のようにJIS規格で決められていますが、必ずこれを守らなければならないということではありません。しかし、このように色分けをしておくと各部の電圧の測定や故障修理のときに、どこが目的の場所かなどが判別しやすくなりますので、色分けした配線をすることをお勧めします。

本機ではヒーター回路には青、プレート回路とスクリーングリッドには赤、アースには黒、そしてAC100Vの交流には白、信号回路には黄の5色を使用しました。

## 5.3　ネジ止めのコツ

真空管セットの製作ではネジを多く使用しますが、そのほとんどが3mmのナベネジです。このネジを使う場所は、真空管ソケットや端子板などで板厚も薄いものなので、長さは10mm程度のものです。

締め付けるナット側にはスプリングワッシャーを入れて、プラスドライバーとボックスドライバーでしっかりと締め付けてください。さらに、ネジゆるみ防止剤を垂らしておけば万全です。真空管ソケットの取り付けに

| 5色分けのとき | |
|---|---|
| 黒 | アース回路 |
| 赤 | プレートやスクリーングリッドなどの高い電圧の回路 |
| 黄 | コントロールグリッドなどの信号回路 |
| 青 | フィラメント、ヒーター、カソードなどの回路 |
| 白 | 交流回路、プラス・マイナス以外の電源回路、出力回路、制御回路など |
| 9色分けのとき | |
| 黒 | アース回路 |
| 茶 | プラスの電源回路 |
| 赤 | プレートの高い電圧の回路 |
| 黄緑 | スクリーングリッドなどの高い電圧の回路 |
| 黄 | コントロールグリッドなどの信号回路 |
| 緑 | カソード回路 |
| 青 | フィラメントまたはヒーター回路 |
| 紫 | マイナスの電源回路 |
| 白 | 交流回路、プラス・マイナス以外の電源回路、出力回路、制御回路など |

表6-4　配線の色分け（5色分けのときと9色分けのとき）

写真6-18　本機のシャーシ上面のようす

写真6-19　本機を横から見たようす

は、ナベネジを使用し、シャーシ内部で端子板（ラグ板）を共締めしています。でき上がった本機のシャーシ上面を**写真6-18**、横から見たものを**写真6-19**、そして内部を**写真6-20**に示します。

## 5.4　ケースと前面パネルの製作

### ◆ケース

真空管を使ったセットらしさを誇張するため、前述のようにケースにはアクリル板を折り曲げて、いわゆるスケルトンケースに仕上げました。

本機のシャーシにぴったりとはまるケースを作ります。

**図6-14**のように厚さ2mmの透明アクリル板を、底（下蓋）となる部分として160×190mmに、上蓋となる部分として270×190mmにプラスチックカッターで切り出します。切り出したアクリルは、切り口が直角になるよ

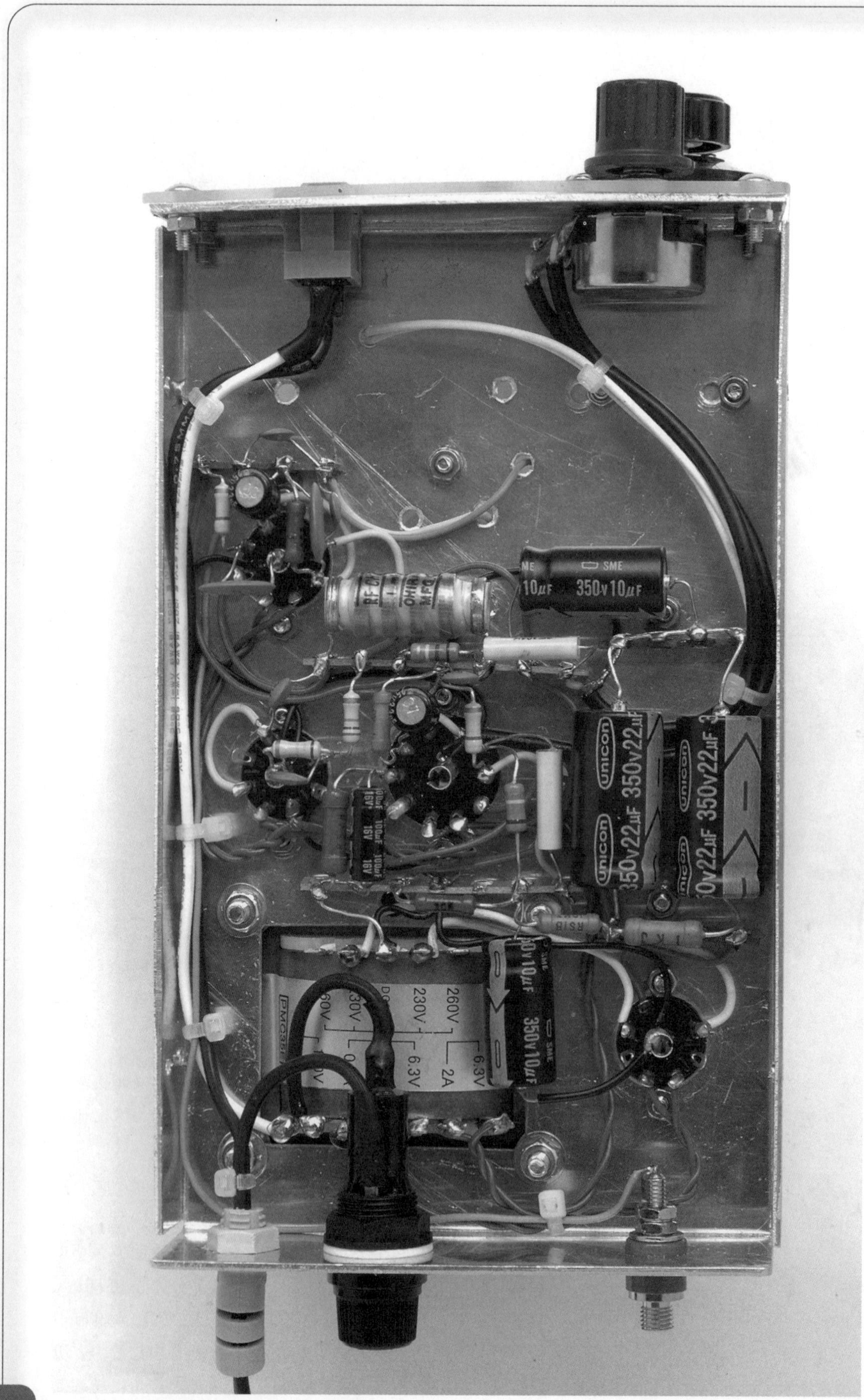


写真6-20　シャーシ内部の配線のようす

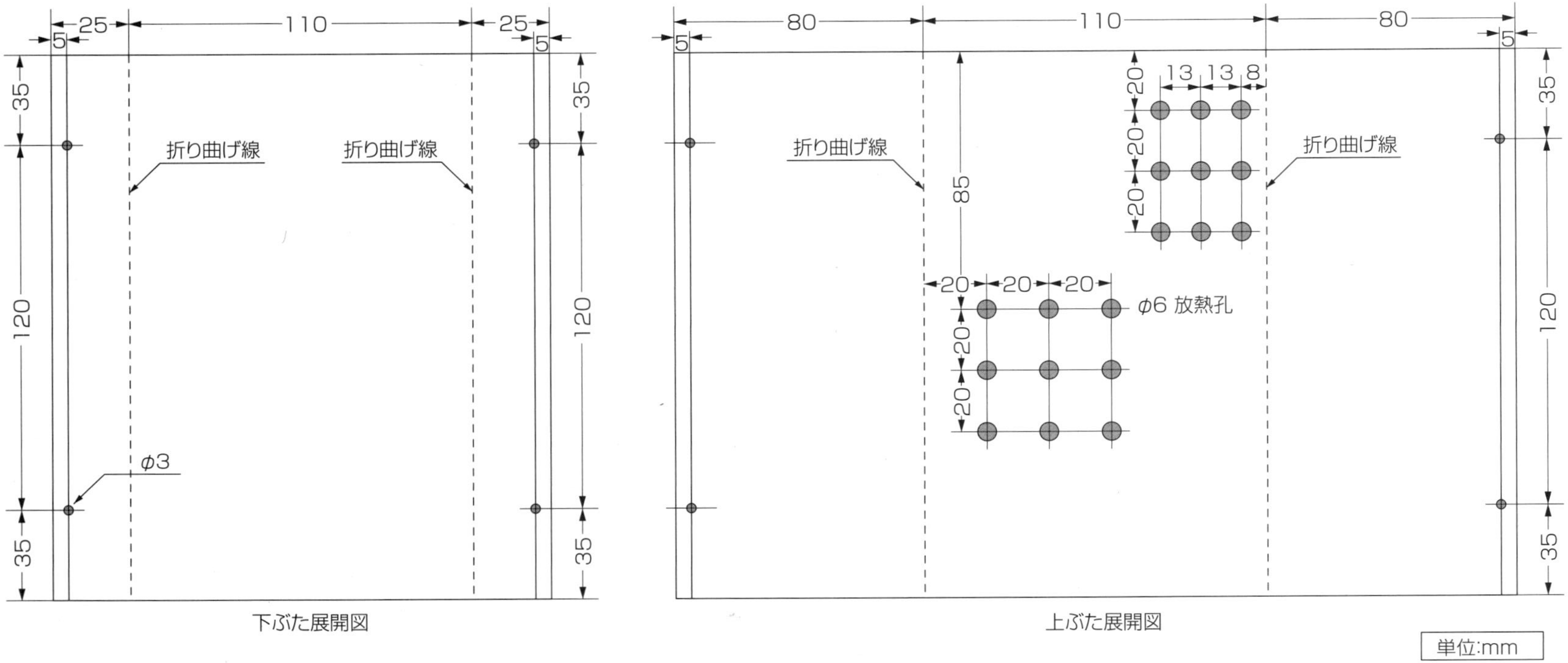


図6-14　アクリル板でケースの寸法

## 図6-15　アクリルケースの作り方

### STEP.1

アクリル板を寸法どおりに切り出し曲げる箇所に線を引く

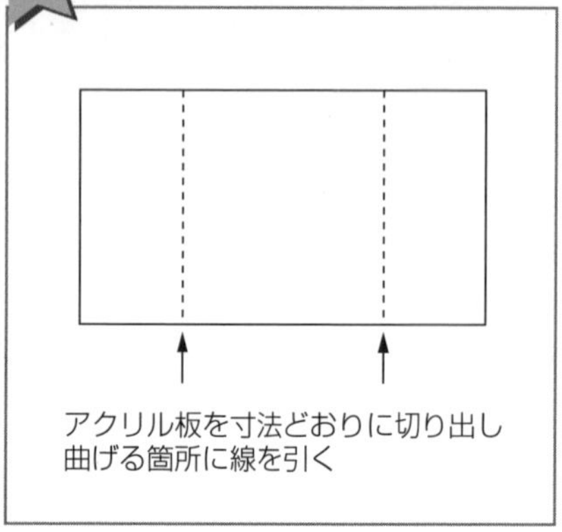

ケースの展開図から寸法どおりの線をアクリル板に引き、プラスチックカッターを使って切り出す。切り口はサンドペーパーで磨き、直角にする

### STEP.2

電気ストーブのヒーターを1本だけ点けて、この上に曲げるアクリル板を近づける。やわらかくなったらSTEP.3へ

電圧調整器

**熱を使うため取り扱い注意**

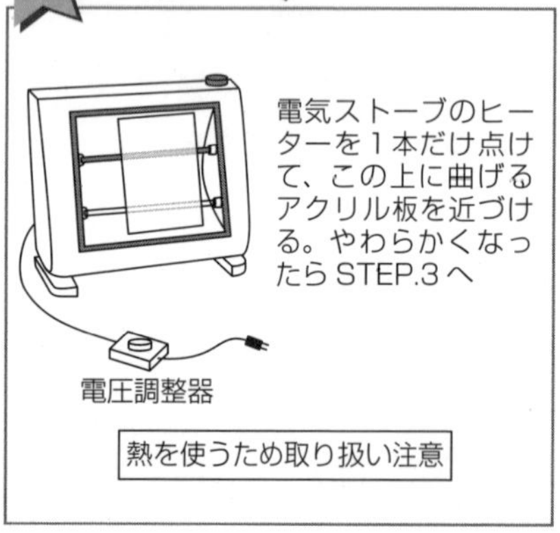

電気ストーブのヒーターの上にアクリル板を近づけて暖める。直接ヒーターに触れるとアクリル板が焦げたり、泡状の斑点ができたりするので、ようすを見ながら1cm以上離す

### STEP.3

直角の木材

角材で押し付ける

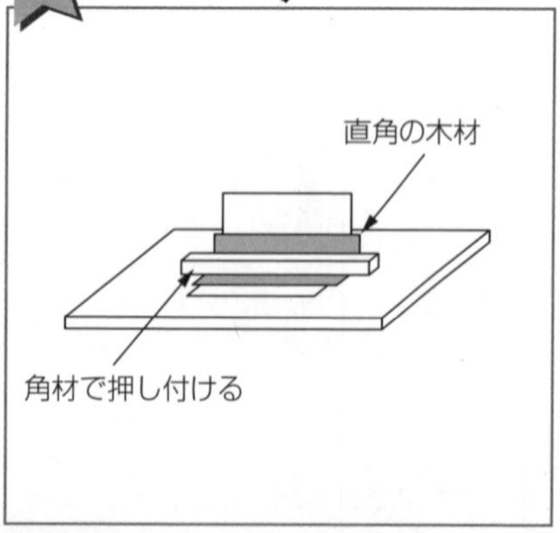

アクリル板が冷めて硬くならないうちに直角の部分に強く押し付けて、動かさないよう硬くなるまで待つ。角度や位置がずれたら再度STEP.2へ戻り、やり直す

---

うサンドペーパーを平らな台の上に置き、切り口を前後させて平らに磨いたあと、曲げる部分に細い線を引いて目印を付けておきます。

　アクリルは熱を加えると軟化しますので、折り曲げる箇所に均一に熱を加えます。専用の加熱器も販売されていますので、これを使うのが一番確実ですが、筆者は**図6-15**のように電気ストーブとサイリスターを使用した電圧調整器を用いてヒーターの温度を少し下げて、この上でアクリル板の曲げる箇所を加熱しています。

　アクリル板は直接ヒーターに触れないように5～10mmの隙間を作って加熱します。しばらくするとアクリル板は熱で軟化しますので、両手で軽く曲げて自由に曲がるようになったら、曲げる箇所に角材をあてて、壁などの直角のところに強く押し付け、冷えるまで動かさないようにしておきます。適当な壁がないときは、合板に角材を木ネジで固定し、この直角部分を使用するとよいでしょう。

　続いて上ぶたも同様に2辺を折り曲げ、上下がきちっと合うように角度の調整をします。アクリル板の折り曲げには熱を使用しますので、火傷や火災には十分に気を付けてください。

　アクリル板を曲げているようすを**写真6-21**、でき上がったケースを**写真6-22**に示します。

**写真6-21　アクリル板を曲げてるようす**

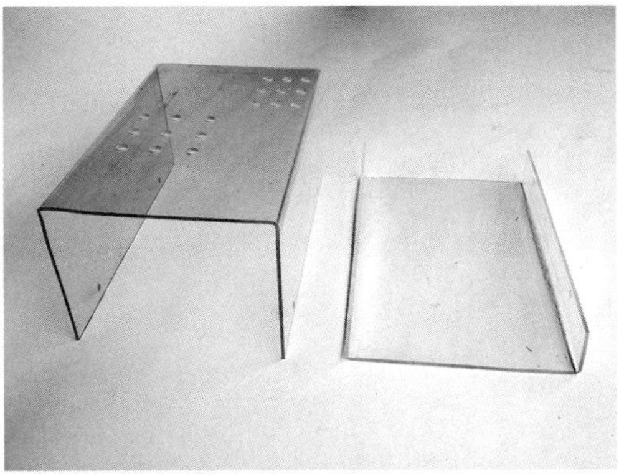

写真6-22　でき上がったケース

### ◆前面パネル

ケースと同じ厚さ2mmのアクリル材を使用して、前面パネルを作ります。この前面には、バーニアダイアル、ボリュームツマミ、スイッチとスピーカーを取り付けます。

スピーカーは直径60mmのものを使用し、音がケースの外によく聴こえるように前面パネルのスピーカー取り付け部に直径4mmの穴を**図6-16**のようにたくさんあけます。この穴が不揃いになると見栄えが悪くなりますので、シャーシの穴をあけるのと同じようにセクションペーパーやパソコンであらかじめ穴あけ位置を描いた紙をアクリル板に貼り付けます。

そして、先の尖ったケガキ針などで印を付け、はじめは1mmのドリルでガイドの穴を、そのあと4mmの刃で大きくします。

スイッチはシャーシにはめ込んでいますので、このパネルでは操作部が表面に出るように少し大きめな角穴をあけています。この角

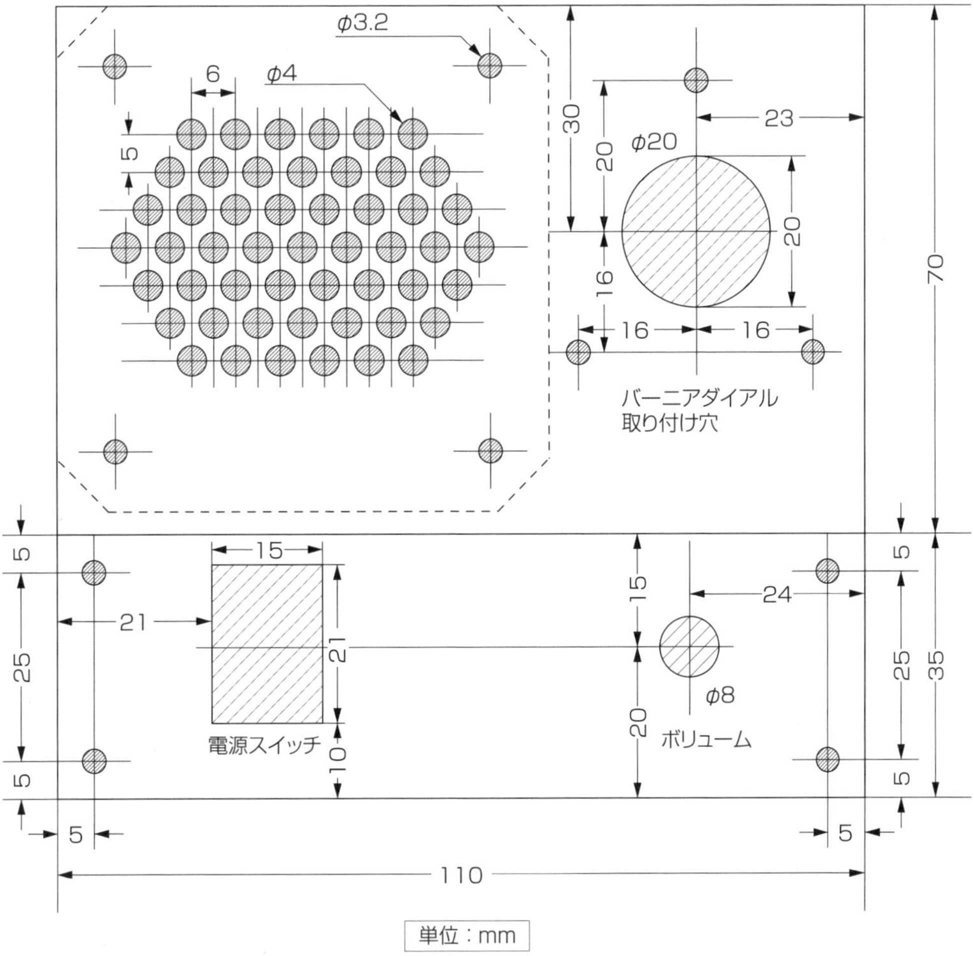


図6-16　前面パネル穴あけ図

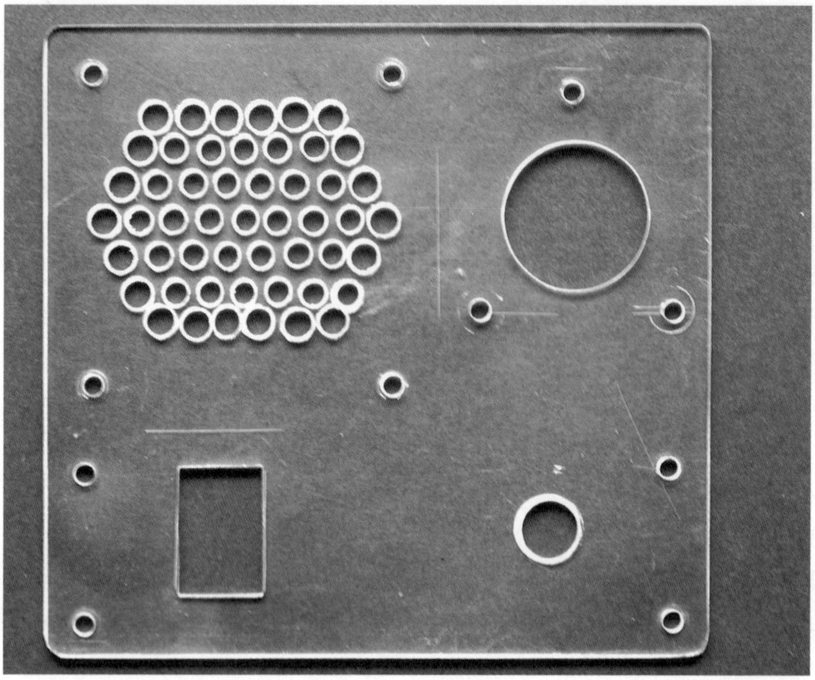

写真6-23　でき上がった前面パネルのようす

穴はあけたあとで平ヤスリできれいな四角になるように揃えます。

バーニアダイアルは3本のネジで前面パネルに固定し、シャフトカップリングをつないでバリコンと直線的になるように取り付けます。パネルのシャーシへの取り付けは、4本のネジとボリュームの取り付けネジで固定します。でき上がった前面パネルのようすを**写真6-23**に示します。

### ◆シャーシへの取り付け

ケースをシャーシへ取り付ける穴は3.2mmのドリルであけて、平ナベネジで固定します。シャーシには取り付け穴と位置が合うように印を付けて2.5mmの穴をあけ、ここにタップを使ってネジを切り、アクリルケースが固定できるようにします。前面パネルもアクリル板を使用し、スピーカーの音がよく聴こえるよう細かい穴をたくさんあけておきます。

アクリル板を使用したことから内部が透けて見え、真空管ラジオの味が楽しめます。ケースをかぶせて完成したレフレックスラジオを**写真6-24**に示します。

## 6　レフレックスラジオ調整と試聴

配線が終了しても慌てて電源を入れず、コーヒーブレークで気分を楽にし、配線忘れがないか、部品の付け忘れがないか確認します。

### ◆はじめにすること

このフレックスラジオは、特に調整らしき箇所はありません。

まずはじめに真空管を挿さずに電源を入れて、ショート箇所がないか、変な臭いがしないかを調べます。もし異常があるようでしたら直ちに電源を切り、配線の間違いや部品の良否をもう一度調べてください。

### ◆真空管をセットする

次に整流管の6X4を挿して電源を入れ、正常な電圧が出ていることをテスターで確認してください。このときも変な臭いなどが出ていないかを確認します。**図6-2**に示した値の±10%くらいは誤差の範囲としてもよいでしょう。ここで、いったん電源をオフにします。

写真6-24 ケースをかぶせて完成したレフレックスラジオ

次に電力増幅部の6U8を挿して再び電源を入れ、ボリュームの端子をドライバーなどの金属棒で触れてブーンというハム音が出れば、電力増幅部は正常に動作していることになります。また、いったん電源をオフにします。

◆放送を受信してみる

最後に高周波増幅部と低周波増幅を兼ねる真空管6CB6を挿します。ボリュームの位置は中位にセットし、電源を入れてバリコンを回してみます。このときアンテナ端子には1mくらいのビニル線などをつないでおいてください。電波の強い近くの放送局が受信できるでしょう。

このような簡単な構成のレフレックスラジオですが、感度はたいへんよく、多くのラジオ放送が受信できます。ただし、アンテナによいものを使用するかどうかで感度は左右されます。

また冒頭でも説明したように、ハイ$g_m$の真空管を使用することがレフレックスラジオの感度を上げるコツです。

このラジオは、アンテナから入ってきた電波をストレートに増幅し、それを検波して増幅するといった単純な構成です。このため、特に音を細工するような回路はありません。長い間聴いても疲れないラジオとして机の上やベットサイドに置き、真空管ならではの風貌を楽しみつつ、ラジオ放送を聴くのは「オツ」なものです。ケースは金属性でない透明なアクリル板で作ったため、真空管のヒーターが点灯しているようすが覗けます。

ラジオ放送は、今たいへん人気があります。これは昨今のインターネットや携帯電話の発達により、放送局とのインターラクティブな対応が可能となって多くのリスナーが番組に参加することができることから、たいへん身近な感じのする番組が多くなっています。特に深夜眠れない人や、早起きをする人を対象とした深夜番組などは、人気のある番組のようです。

参考までにNHK第1放送とNHK第2放送の周波数の一覧を表6-5に示します。

手作りのラジオで、工作のノウハウを身に付けるだけでなく、あなたもリスナーの仲間入りをしてはいかがでしょうか?

| 都道府県名 | 放送局名 | NHK第1 | NHK第2 |
|---|---|---|---|
| 北海道 | 札幌 | 567 | 747 |
| | 函館 | 675 | 1,467 |
| | 江差 | 792 | 1,359 |
| | 旭川 | 621 | 1,602 |
| | 名寄 | 837 | 1,125 |
| | 留萌 | 1,161 | 1,359 |
| | 稚内 | 927 | 1,467 |
| | 遠別 | 792 | 1,602 |
| | 室蘭 | 945 | 1,125 |
| | 浦河 | 1,341 | 1,602 |
| | 釧路 | 585 | 1,152 |
| | 中標津 | 1,341 | 1,539 |
| | 根室 | 1,584 | 1,359 |
| | 帯広 | 603 | 1,125 |
| | 北見 | 1,188 | 702 |
| | 新北見 | 1,584 | |
| | 遠軽 | 1,026 | 1,539 |
| 青森県 | 青森 | 963 | 1,521 |
| | 弘前 | 846 | 1,467 |
| | 八戸 | 999 | 1,377 |
| | 十和田 | 1,161 | |
| | 田子 | 1,026 | |
| | 深浦 | 1,584 | |
| | 野辺地 | 846 | |
| 岩手県 | 盛岡 | 531 | 1,386 |
| | 釜石 | 846 | 1,602 |
| | 宮古 | 1,026 | 1,359 |
| | 大船渡 | 576 | 1,359 |
| | 久慈 | 1,341 | 1,539 |
| | 遠野 | 1,341 | |
| | 山田 | 1,323 | |
| | 岩泉 | 792 | 1,602 |
| | 田野畑 | 1,224 | |
| 宮城県 | 仙台 | 891 | 1,089 |
| | 鳴子 | 1,161 | |
| | 気仙沼 | 1,161 | 1,539 |
| | 志津川 | 981 | |
| 秋田県 | 秋田 | 1,503 | 774 |
| | 横手 | 1,341 | 1,602 |
| | 湯沢 | 1,584 | |
| | 大館 | 1,161 | 1,359 |
| | 花輪 | 1,341 | 1,521 |
| | 小坂 | 1,584 | |
| | 本荘 | 1,026 | |
| | 二ツ井 | 1,026 | |
| 山形県 | 山形 | 540 | 1,521 |
| | 新庄 | 1,341 | 1,539 |
| | 米沢 | 1,026 | 1,359 |
| | 鶴岡 | 1,368 | 1,035 |
| | 温海 | 1,584 | |
| | 小国 | 1,584 | |
| 福島県 | 福島 | 1,323 | 1,602 |
| | 原町 | 1,026 | |
| | 郡山 | 846 | 1,512 |
| | 会津若松 | 1,161 | 1,539 |
| | いわき | 1,341 | 1,539 |
| | 双葉 | 1,161 | |
| | 田島 | 1,341 | 1,602 |
| | 只見 | 1,584 | 1,359 |

| 都道府県名 | 放送局名 | NHK第1 | NHK第2 |
|---|---|---|---|
| 福島県 | 西会津 | 1,368 | |
| 東京都<br>茨城県<br>栃木県<br>群馬県<br>埼玉県<br>千葉県<br>神奈川県 | 東京 | 594 | 693 |
| 新潟県 | 新潟 | 837 | 1,593 |
| | 高田 | 792 | 1,359 |
| | 津南 | 1,161 | 1,539 |
| | 糸魚川 | 999 | |
| | 六日町 | 1,323 | |
| | 十日町 | 1,341 | |
| | 柏崎 | 981 | |
| | 小出 | 1,368 | |
| 山梨県 | 甲府 | 927 | 1,602 |
| | 富士吉田 | 1,584 | |
| 長野県 | 長野 | 819 | 1,467 |
| | 小諸 | 1,026 | 1,539 |
| | 上田 | 1,341 | 1,602 |
| | 松本 | 540 | 1,512 |
| | 飯田 | 621 | 1,476 |
| | 岡谷諏訪 | 1,584 | 1,359 |
| | 駒ヶ根 | 999 | 1,512 |
| | 木曽福島 | 981 | 1,602 |
| | 伊那 | 1,341 | 1,539 |
| 富山県 | 富山 | 648 | 1,035 |
| 石川県 | 金沢 | 1,224 | 1,386 |
| | 輪島 | 1,584 | 1,359 |
| | 七尾 | 540 | 1,467 |
| | 山中 | 1,026 | |
| 福井県 | 福井 | 927 | 1,521 |
| | 敦賀 | 1,026 | 1,512 |
| | 小浜 | 1,161 | 1,359 |
| | 勝山 | 1,584 | 1,359 |
| | 三方 | 1,584 | |
| 岐阜県 | 名古屋 | 729 | 909 |
| | 中津川 | 1,161 | 1,359 |
| | 高山 | 792 | 1,125 |
| | 萩原 | 1,341 | 1,602 |
| | 白鳥 | 1,161 | |
| | 郡上八幡 | 846 | 1,521 |
| | 神岡 | 1,341 | 1,539 |
| 静岡県 | 静岡 | 882 | 639 |
| | 熱海 | 1,161 | |
| | 御殿場 | 1,026 | |
| | 浜松 | 576 | 1,521 |
| | 佐久間 | 1,341 | |
| | 水窪 | 1,584 | |
| 愛知県 | 名古屋 | 729 | 909 |
| | 豊橋 | 1,161 | 1,359 |
| | 新城 | 1,026 | |
| 三重県 | 名古屋 | 729 | 909 |
| | 上野 | 1,161 | |
| | 尾鷲 | 1,161 | 1,539 |
| | 熊野 | 1,368 | 1,602 |
| 滋賀県 | 大阪 | 666 | 828 |
| | 彦根 | 945 | |

| 都道府県名 | 放送局名 | NHK第1 | NHK第2 |
|---|---|---|---|
| 兵庫県 | 大阪 | 666 | 828 |
| | 豊岡 | 1,161 | 1,539 |
| 京都府 | 大阪 | 666 | 828 |
| | 京都 | 621 | |
| | 舞鶴 | 585 | 1,602 |
| | 宮津 | 999 | |
| | 福知山 | 1,026 | 1,359 |
| 大阪府<br>奈良県 | 大阪 | 666 | 828 |
| 和歌山県 | 大阪 | 666 | 828 |
| | 新宮 | 1,026 | 1,359 |
| | 田辺 | 1,161 | 1,602 |
| | 古座 | 585 | 1,602 |
| 鳥取県 | 鳥取 | 1,368 | 1,125 |
| | 倉吉 | 1,026 | 1,359 |
| | 米子 | 963 | 1,521 |
| 島根県 | 松江 | 1,296 | 1,593 |
| | 益田 | 1,341 | 1,539 |
| | 浜田 | 1,026 | 1,359 |
| | 江津 | 1,323 | |
| | 匹見 | 1,584 | |
| | 津和野 | 999 | 1,359 |
| | 川本 | 1,368 | 1,602 |
| | 石見 | 846 | 1,512 |
| | 六日市 | 1,323 | |
| 岡山県 | 岡山 | 603 | 1,386 |
| | 津山 | 927 | 1,152 |
| | 新見 | 1,341 | 1,125 |
| | 久世 | 1,323 | |
| | 北房 | 1,584 | |
| 広島県 | 広島 | 1,071 | 702 |
| | 呉 | 1,026 | 1,521 |
| | 三次 | 1,584 | 1,035 |
| | 東城 | 792 | 1,602 |
| | 福山 | 999 | 1,602 |
| | 福山木之庄 | 1,161 | 1,467 |
| | 庄原 | 1,161 | 1,359 |
| | 府中 | 1,026 | |
| | 世羅 | 1,224 | |
| 山口県 | 山口 | 675 | 1,377 |
| | 萩 | 963 | 1,125 |
| | 下関 | 1,026 | 1,359 |
| | 岩国 | 585 | |
| | 須佐 | 1,368 | |
| 徳島県 | 徳島 | 945 | |
| | 池田 | 1,161 | 1,359 |
| 香川県 | 高松 | 1,368 | 1,035 |
| | 観音寺 | 1,584 | |
| 愛媛県 | 松山 | 963 | 1,512 |
| | 今治 | 792 | 1,476 |
| | 新居浜 | 846 | 1,035 |
| 愛媛県 | 八幡浜 | 1,368 | 1,035 |
| | 宇和島 | 846 | 1,602 |
| | 大洲 | 792 | 1,476 |
| | 宇和 | 1,584 | |
| | 城辺 | 1,341 | 1,539 |
| | 野村 | 1,323 | |
| 高知県 | 高知 | 990 | 1,152 |
| | 中村 | 999 | 1,521 |
| | 宿毛 | 1,026 | |
| | 大正 | 1,368 | 1,035 |
| | 須崎 | 1,323 | |
| | 窪川 | 1,341 | |
| 福岡県 | 北九州 | 540 | 1,602 |
| | 福岡 | 612 | 1,017 |
| 佐賀県 | 佐賀 | 963 | |
| | 伊万里 | 531 | |
| | 唐津 | 1,584 | |
| 長崎県 | 長崎 | 684 | 1,377 |
| | 福江 | 945 | |
| | 島原 | 1,584 | |
| | 佐世保 | 981 | 1,512 |
| | 平戸 | 1,341 | |
| | 諫早 | 927 | |
| 熊本県 | 熊本 | 756 | 873 |
| | 人吉 | 846 | 1,602 |
| | 水俣 | 1,341 | |
| | 阿蘇 | 1,503 | |
| | 南阿蘇 | 1,026 | |
| 大分県 | 大分 | 639 | 1,467 |
| | 佐伯 | 1,161 | 1,521 |
| | 日田 | 1,026 | |
| | 竹田 | 1,323 | |
| | 玖珠 | 1,341 | |
| | 中津 | 981 | |
| 宮崎県 | 宮崎 | 540 | 1,467 |
| | 延岡 | 621 | 1,602 |
| | 都城 | 1,161 | 1,359 |
| | 小林 | 1,026 | 1,539 |
| | 日南 | 1,341 | 1,602 |
| | 高千穂 | 1,584 | 1,359 |
| | 串間 | 1,026 | 1,512 |
| 鹿児島県 | 鹿児島 | 576 | 1,386 |
| | 名瀬 | 792 | 1,602 |
| | 阿久根 | 1,026 | 1,467 |
| | 徳之島 | 1,341 | 1,539 |
| | 瀬戸内 | 1,026 | |
| | 大口 | 1,503 | |
| 沖縄県 | 那覇 | 549 | 1,125 |
| | 平良 | 1,368 | 1,602 |
| | 石垣 | 540 | 1,521 |
| | 名護 | 531 | |

周波数：kHz

表6-5　NHK第1放送、第2放送　周波数一覧表

## COLUMN

# 秋葉原ラジオセンター

JR秋葉原駅のガード下にある「秋葉原ラジオセンター」にあるパーツショップは次のとおりです（順不同）。

■コトブキ無線Part4
■東洋電化
■アムトランス
■サンライズラボ1号店
■小沼電気
■九州電気
■三栄電波
■東洋計測器3号店
■小池無線1F
■山菊ポータブル
■門田無線
■東邦無線
■東洋計測器2号店
■春日無線
■トモカ電気
■日の丸無線
■東栄変成器
■東洋計測器1号店
■万世書房
■山長通商
■山本無線第4店
■山本無線電材店
■三善無線
■小池無線電機株式会社
■平方電気
■スバル無線
■サンライズラボ2号店
■山一電気1号店
■島山無線
■つかさ無線3号店
■つかさ無線4号店
■山本無線第3号店
■山一電気2号店
■山長通商
■平方電気
■山長通商
■つかさ無線1号店
■ワイケー無線
■山本無線CQ3
■山菊ポータブル
■つかさ無線2号店
■ワチライトパーツ
■山長通商
■アストップケーヨーラジオセンター店
■山本無線第6店e-BOX
■山本電機
■あぼ電機
■東京科学無線電機
■菊地無線電機
■内田ラジオ

東京都千代田区外神田1-14-2

http：//www.radiocenter.jp/

第7章

# 電子工作の必需品　テスターの使い方

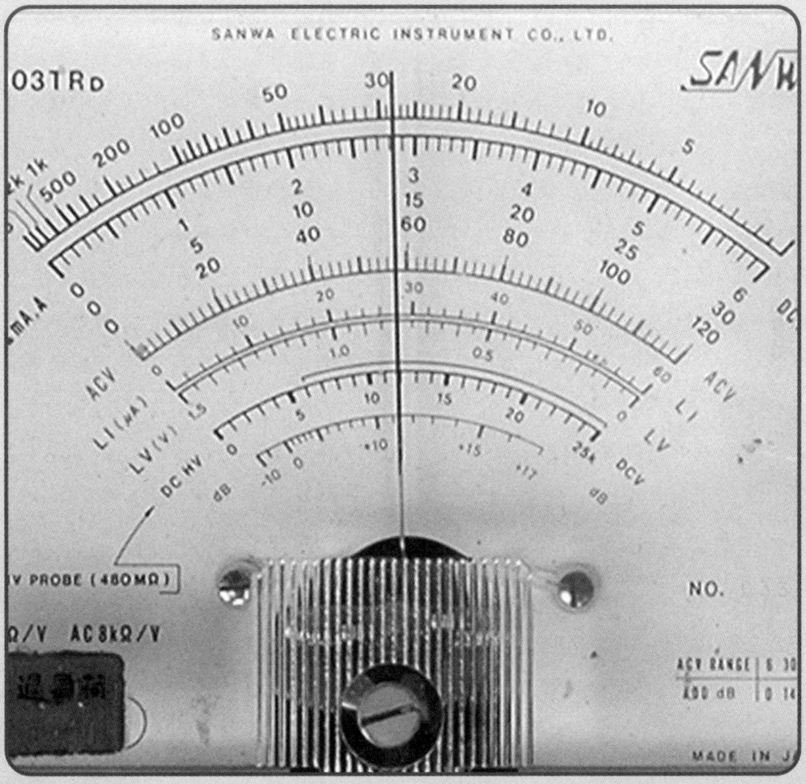

第7章

# 電子工作の必需品　テスターの使い方

ここでは電子工作でよく使われるテスターについて、その機能や原理そして取り扱い方などについて説明します。

テスターが1台あるとかなりの測定できますが、正しいテスターの使い方を理解しないと、正しい測定結果が得られないばかりか測定しようとするものに影響が出たり、ときには壊れたりすることもあります。

ここでは、アナログテスターとデジタルテスターについての簡単な解説と使い方についてお話しします。

## 1　テスターの機能

テスターはアナログ式のメーターを備えた「アナログテスター」が、長い間使われてきました。このテスターには高感度の直流メーターを用いて直流電圧、交流電圧、直流電流、そして抵抗値を測定する機能を備えたもので、測定するものの値によりレンジを切り換え、一番適切なレンジを選びます。

しかし現在では、アナログテスターに代わってデジタルテスターが使われるようになり、測定精度や読み取り精度が格段に向上しました。また、測定項目も電圧や電流、抵抗値のほかに周波数や温度、そしてトランジスタの電流増幅率というように多機能化されていて、まさに万能測定器といってよいほど高性能なものになっています。こんなことから、このテスターはデジタルマルチメーターとも呼ばれています。また、測定結果をシリアル通信機能によりパソコンへ送信することができるものもあり、測定結果を表にしたり、グラフにしたりして分析することも可能です。

測定原理はアナログテスターでもデジタルテスターでも同じで、測定情報を最終的にメーターで表示するか、A/D変換して液晶表示器に数字で表示するかの違いです。**写真7-1**に各種テスターを示します。

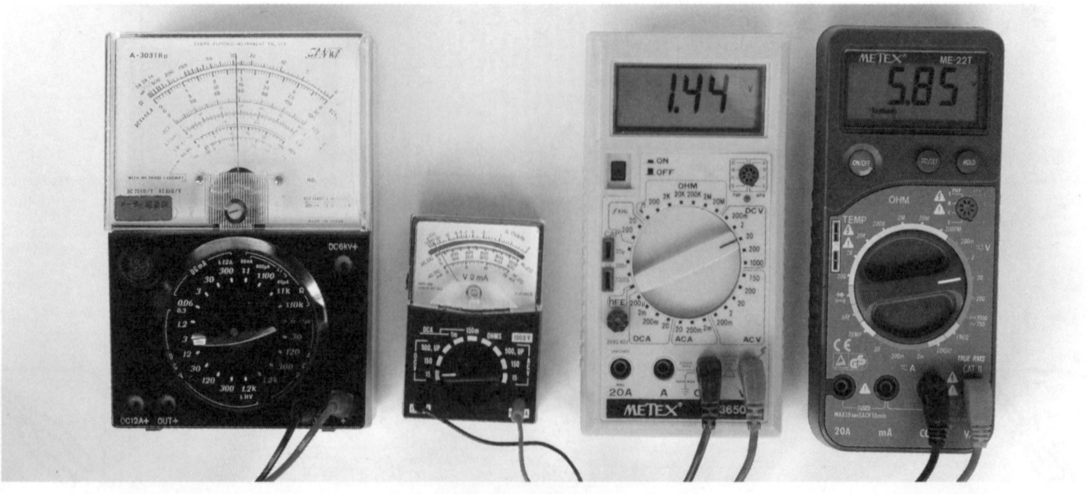


写真7-1　各種テスター

## 2 テスターの取り扱い方

簡単といえども、テスターは精密な測定器です。特にアナログテスターは、たいへん高感度のメーターを使用していますので、落としたりぶつけたりすると精度が狂ってしまうことがありますので、取り扱いはていねいにする必要があります。

アナログテスターは測定するときは水平に置かないと、メーターの針の重みで本来の測定結果が正しく出ないことがあります。

また、**写真7-2**にようにテスターの内部には電池が入っていて、この電池の電源を使用して抵抗値を測定しますから、電池が消耗してくると正しい測定ができませんので、早めの電池の交換が必要です。また、長い間使用しないときは、電池を抜いておかないと液漏れを起こす可能性があります。

各種機能や測定レンジの切り換えはロータリースイッチによりますが、このスイッチの接点が接触不良を起こすと正しい測定ができないことがあります。

ほこりの多いところや湿気の多いところでの使用は、ビニール袋に入れるなどの配慮も必要です。

## 3 テスターの構造

アナログテスターもデジタルテスターも入力切り換えの部分は基本的に同じで、各レンジを切り換える分圧器（倍率器）や分流器が付いていたり、抵抗値を測定する回路が付いていたりしています。この二つのテスターの大きく異なるところは、表示部です。

### 3.1 アナログテスター

アナログテスターに使われているメーターの構造は、値を示す針の根本に細い導線で巻かれたコイルがあり、このコイルの周りは強力な磁石で囲まれています。針の付いたコイルは、渦形をした弱いバネで常に左側に回転しようとしますが、ゼロのところでバランスし停止しています。

このゼロの位置調整は、メーターの外側の軸の近くに付いているネジをわずかに回すことで調整できます。コイルは2点で支持されていて、コイルに電流が流れるところを軸として回転する仕組みになっています。電圧や電流の測定でコイルに電流が流れるとコイルの周りには磁界が発生し、近くにある磁石の

写真7-2 テスターの内部
（横から見たもの）

磁界と反発して回転しようとします。

この原理は、フレミングの左手の法則で理解することができます。つまり、電流の向きと磁界の向きと力の働く方向を示すもので、電流の大きさによりコイルに発生する磁界の強さも変化しますから、回転しようとする力も変化します。

このとき、バネの力と釣り合ったところで針は停止し、測定した電圧や電流の値を示すことになります。

このようにメーターの部分はたいへん精密にできています。強い衝撃でバネやコイルが破損したり、過大電流でコイルが焼損したりすると、このテスターは使用できなくなってしまいます。これらのことからも取り扱いは、ていねいにする必要があることがおわかり頂けたと思います。

このメーターは各種測定に共通に使われますが、テスターの内部にある抵抗や整流器などをロータリースイッチで巧みに組み合わせることにより、いろいろな範囲の電圧や電流そして抵抗値などを測定することができます。

抵抗の測定には内蔵の電池による電源を使用しますが、電圧や電流の測定には電源を必要としません。

図7-1にアナログテスターの回路例を示します。

## 3.2 デジタルテスター(デジタルマルチメーター)

メーターの代わりに液晶パネルに測定結果を数値で表示するもので、内部には機械的な部分がスイッチ以外にないため、取り扱いは

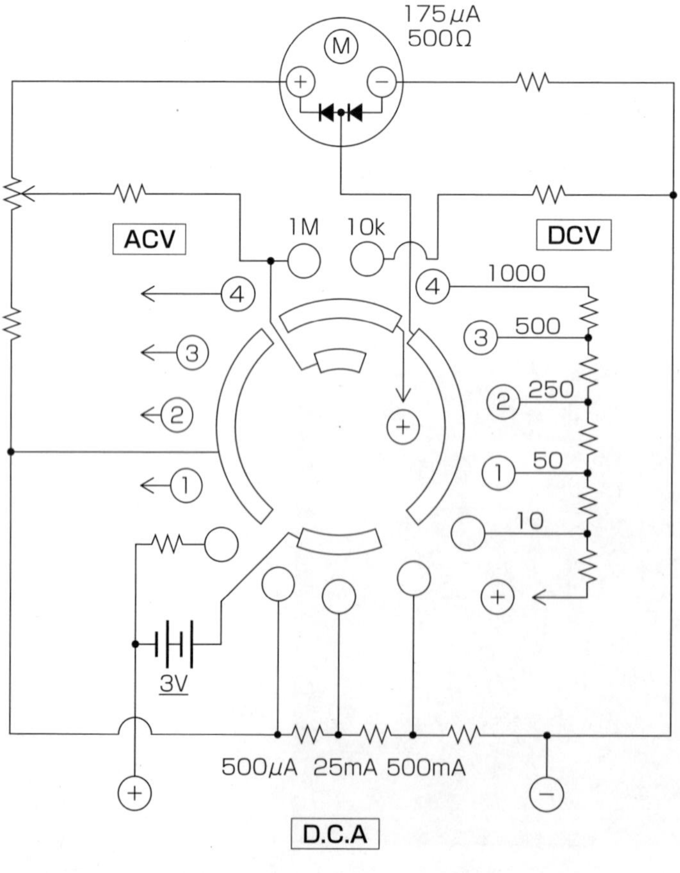


図7-1　アナログテスターの回路例

比較的楽です。入力切り換え部からの電圧や電流は、A/D変換回路と呼ばれる部分でアナログ電圧からデジタル値へ変換され、そしてこの値を表示・処理する回路によって液晶パネルに表示されます。

液晶パネルは7セグメントの数字表示が一般的です。桁数は4桁ほどありますので、たいへん精度よく読み取ることができます。いったんデジタル化してしまえば、あとは共通のところを使用できるため、温度の測定や周波数の測定もお手のものです。

このようにデジタルテスターでは電子回路を含んでいるので、内部に電源がないと動作はできません。したがって、ほとんどのデジタルテスターでは006Pと呼ばれる積層型の9Vのアルカリ電池を使用しています。

写真7-3 テスターの分圧器（倍率器）と分流器

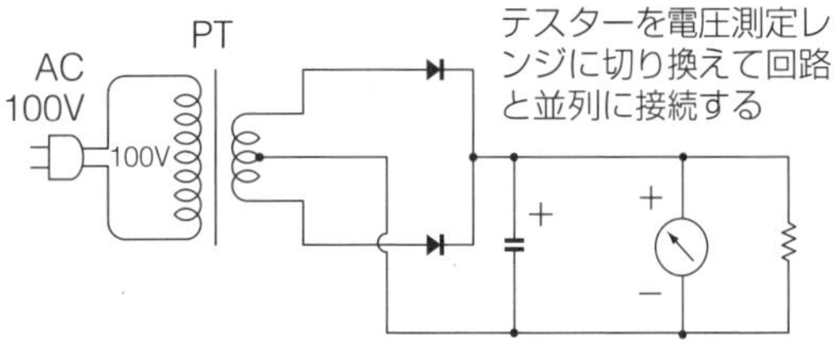


図7-2 電圧を測るには回路と並列に接続する

## 4 電圧の測定／分圧器

テスターの機能の中で一番多く使用されるのは電圧の測定です。ここでは電圧の測定について説明します。

### 4.1 分圧器（倍率器）

1,000V以上の高い電圧から1V以下の低い電圧までを1台のテスターで測るため、内部には分圧器（倍率器）と呼ばれる抵抗で構成されている回路があり、入力電圧をテスターの基本入力に変換する回路があります。この抵抗には、たいへん精度のよいものが使われています（**写真7-3**）。

電圧の測定は分圧器の抵抗をロータリースイッチで切り換えることにより、高い値から低い値まで測定が可能となります。

### 4.2 内部抵抗

電圧の測定は被測定回路とテスターが並列に接続されますので（**図7-2**）、わずかですがテスターにも電流が流れることになり、被測定回路に影響がまったく生じないわけではありません。したがって、測定回路に並列に接続されることになるテスターの内部抵抗の値はできるだけ高いほうが、被測定回路に影響を及ぼさないことになります。アナログテスターでは、メーターの感度の善し悪しがこの内部抵抗の値に影響してきます。高価なものほど内部抵抗は高いようです。アナログテスターの文字盤には**写真7-4**のように「20,000 Ω/V DC」といった表示がなされていますが、これはこのテスターの内部抵抗の値を示しています。値が高いほうがよいテスターといえます。

デジタルテスターは、アナログテスター式に比べてもともと内部抵抗が高くなっていますので、測定時の影響はあまり考える必要はありません。

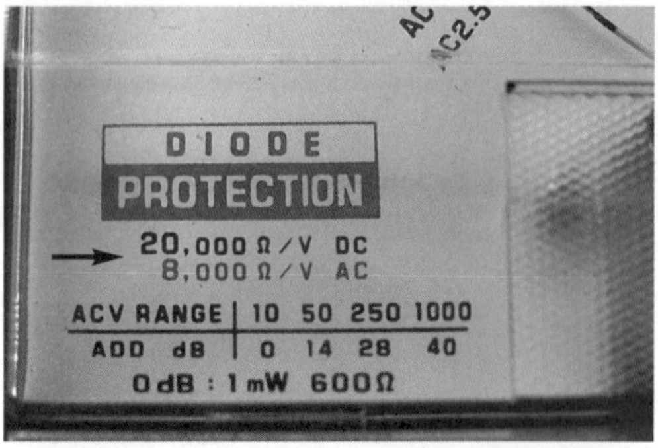


写真7-4　テスターの内部抵抗の表示（→部分）

### 4.3 直流と交流の切り換え

テスターの内部で取り扱う情報はもともと直流ですから、直流電圧を測定する場合は分圧器を通すだけでよいのですが、交流電圧では交流を直流にしてから測定する必要があります。

交流には最大値と実効値という値がありますが、テスターでは実効値を表示するようになっています。

たとえば家庭に来ているAC100Vというのは実効値で表示されていますから、このAC100Vの最大値は実効値の100Vの$\sqrt{2}$倍、つまり約1.41の141Vにもなります。

このように直流と交流とは電圧の入口が異なりますので、測定する電圧は直流か交流かを判別し、テスターの切り換えスイッチを測定する電気の種類の位置に合わせます。

### 4.4 電圧の測定

テスト棒の黒いほうを共通端子（COM）に、赤いほうをV/Ωまたは＋にしっかりと差し込みます。デジタル式テスターのときは電源スイッチをオンにします。

測定する電圧が未知の場合は、どのような高い電圧が加わっているかわかりませんので、測定レンジは一番高いポジションを選択します。黒いテスト棒の先端を電圧の低いほう（シャーシのアースや電源のマイナス側）にあててから、赤いテスト棒を目的の電圧の加わっているところにあてて、わずかの時間をおいて、表示が安定してから値を読み取ります。

選択したレンジの値より表示が小さい場合は、ロータリースイッチを切り換えて目的の電圧に対して適切なレンジを選択します。最初に選択したレンジが小さく、メーターが振り切れたり、デジタルテスター式の場合にオーバーフローが発生したりしたときは、レンジを高いほうへ切り換えます。

また測定する電圧が変化しているときは、アナログテスターではメーターの針がふらつき、デジタルテスターの場合は表示がバラバラと変化したりします。このとはアナログテスターの場合は比較的平均値的な値を表示しますが、デジタルテスターでは定まった値を読み取ることはできません。

なお、直流電圧や電流を測定するときには黒いテスト棒はマイナスに、赤いテスト棒はプラス極にあてますが、交流電圧を測定する場合はどちらでもかまいません。

## 5　電源の測定／分流器

### 5.1 分流器

テスターの電流の測定レンジは数mA（ミリアンペア）から数Aまでとなっています。このため、テスターの内部にはメーターと並列に接続された分流器という抵抗で構成される部品があります。この分流器の抵抗の値をスイッチの切り換えやテスト棒を差す位置を変えることにより、いろいろな範囲の電流を測定することができます。

### 5.2 内部抵抗

電流の測定は、被測定回路にテスターを直

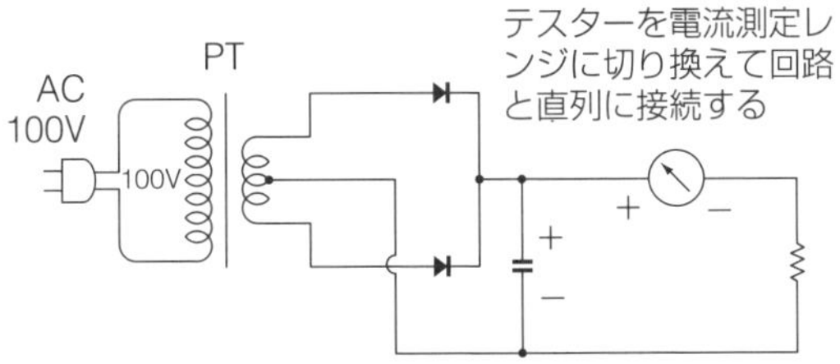


図7-3　電流を測るには回路に対し、直列に接続する

列に挿入します（**図7-3**）。このためテスターの内部抵抗が大きいと被測定回路に影響を与えてしまいますので、電圧の測定の場合とは逆にできるだけ低い値が望まれます。被測定回路に直列に入りますので、内部抵抗が大きいと本来の回路に流れるべき電流がテスターの内部抵抗により少なくなり、テスターを外したときの電流の値と異なってしまって正確な測定はできません。

電流測定のときは過大電流からテスターを保護するため、内部にヒューズが入っています。ヒューズも抵抗を持っていることから、厳密にはこの抵抗値も被測定回路に直列に入ることになります。このヒューズは速断ヒューズといい、規定以上の電流が流れると即時に切れるものです。速断ヒューズとは逆の動作をするもの、つまりしばらく時間をおいてから切れるものをタイムラグヒューズといいます。

## 5.3　直流と交流の切り換え

アナログテスターには交流電流の測定機能が付いたものはほとんどありませんが、デジタルテスターのものでは中クラス以上のものには交流電流を測定する機能が付いています。

直流電流か交流電流かの選択は、ロータリースイッチでの切り換え方式（**写真7-5**）と、押しボタンスイッチでの切り換えなどがあり、目的の電流の違いによってこれらを使い分けます。

写真7-5　テスターのロータリースイッチ

## 5.4　電流の測定

黒いテスト棒を共通端子（COM）に、赤いほうを電流測定端子にしっかりと差し込みます。デジタルテスターのときは電源スイッチをオンにします。

測定する電流が未知の場合は、どのような大きい電流流れているかわかりませんので、測定レンジは一番大きい電流のポジションを選択します。

直流電流の測定では、電流の向きは赤いテスト棒から黒いテスト棒のほうへ流れるように接続します。すでに動作している機器では、回路の一部を外してテスターをその回路に直列に挿入します。

テスト棒の接続が逆ですと、アナログテスターではメーターの針が左側へ動こうとしますが（**写真7-6**）、デジタルテスターではマイナスの表示が出ます。しかし値はそのまま読

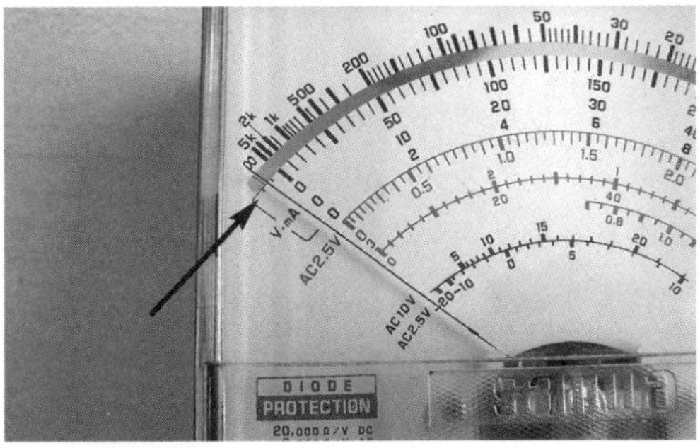


写真7-6　メーターの逆振れ（→部分）

んでもかまいません。ただし、流れている方向が逆になっていることは意識する必要があります。

交流電流の測定では極性はなく、測定する電流は実効値となります。

電流の測定では、選択した電流レンジの値より大きな電流が流れると内部にある速断ヒューズが瞬時に断となってテスターそのものを保護しますが、いったんヒューズが切れるとケースをあけてヒューズを交換しなければなりませんので、予備のヒューズを購入しておきましょう。

したがって、電流の最大値が未知である電流測定の場合は最大レンジを選択しておき、測定する電流によって徐々にレンジを下げていく必要があります。

また電流測定にして電圧を測定すると、大きな電流が流れてヒューズが断となったり、テスターが壊れたりしますので、くれぐれも測定誤りのないように注意が必要です。

## 6　抵抗の測定

テスターには抵抗の値を測定する機能があります。ロータリースイッチを抵抗測定の位置に切り換えると、赤と黒のテスト棒にテスター内部にある電池の電圧が現れます。したがって、この電圧を測定しようとする未知の抵抗の両端に接続すると電流が流れますので、この流れた電流の量（値）から抵抗値を求めることができます。

抵抗値の測定にあたって、アナログテスターではゼロ点調整が重要です。ゼロ点調整というのは、テスターが内蔵している電池の消耗の具合やロータリースイッチの接触抵抗などにより、測定するごとにわずかですが電流値が変化してしまいます。このため、抵抗値を測定する前には必ずテスト棒をショートさせて、テスターに付いているゼロ点調整用のボリュームを回し、メーターの針が0Ωを示すようにします（**写真7-7**）。

調整用ボリュームを回しても0Ωとならないときは内蔵の電池が消耗していますので、交換する必要があります。ただしデジタルテスターでは、このゼロ点調整の必要はありません。

写真7-7　テスターのゼロ点調整

### 6.1　抵抗測定のときの注意点

抵抗値の小さなレンジを選択して、大きな値の対抗を測定するとオーバーロードを起こしてしまいますので、未知の抵抗値の測定では大きいレンジから徐々に小さいレンジへ下げていきます。また高い抵抗値のものを測定するときに素手で抵抗のリード線やテスト棒を持ったまま測定すると、人体に流れる電流で人体の抵抗が並列に接続された回路となって測定されてしまいます。抵抗値の測定ではこれを避けるため、テスト棒を素手で触らないでミノムシクリップなどで挟んで測定します（**写真7-8**）。

写真7-8　測定に便利なミノムシクリップ（自作したもの）

アナログテスターでは数MΩ（メグオーム、1,000,000Ωのこと）までしか測定できませんが、デジタルテスターでは2,000MΩもの高抵抗値の測定ができます。

## 7 導通試験

テスターの便利な機能して、導通試験機能があります。

アナログテスターではロータリースイッチを抵抗測定の位置にセットします。そして測定レンジは一番低いポジションを選択し、抵抗値の測定と同じようにゼロ点調整をしたあと、テスト棒を目的の回路に接続します。このとき、テスターの指針が抵抗値ゼロを指せばこの回路は導通していることになります。

デジタルテスターでは、ロータリースイッチの部分にブザーのマークなどが記された場所があります。ここに目的の回路を接続し、回路が導通状態にあるとブザーが鳴動します。鳴らなかったときはこの回路は非導通です。この機能は音で判別できるため、テスト棒をつないでいるところに目を集中できるという便利さがあります。ただし、20〜30Ω程度までの抵抗値では導通があると判断してしまってブザーが鳴動してしまうため、0Ωでの導通かあるか否かはわかりません。正確に知りたい場合は、抵抗測定の一番低い測定レンジに回路を接続し、導通時の抵抗値が0であれば導通していることになります（**写真7-9**）。

写真7-9　デジタルテスターで導通テストをする

## 8 温度の測定

デジタルテスターには、温度測定の機能が付いたものがあります。この機能は熱電対という温度センサー（**写真7-10**）を用いて温度を測定するものです。熱電対は、二つの異なった種類の金属を接合すると、この二つの接合部に温度差が生じると電圧が発生します。この2種類の金属には銅やニッケルの合金が使われています。この現象はゼーベック効果と呼ばれていて高温から低温まで使用でき、簡単な構造で丈夫なことから温度測定用のセンサーとして広く使用されているほか、細くて小型なことから電子機器の部品の発熱測定にも使われています。**写真7-11**は、この機能を使って気温を測定しているところです。

写真7-10　熱電対による温度センサー

## 9 周波数の測定

デジタルテスターには、周波数の測定機能を持ったものもあります。ただし、周波数カ

写真7-11　熱電対で気温を測る

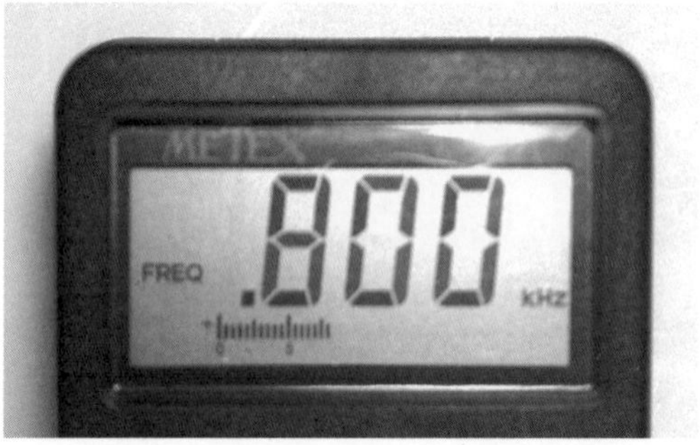


写真7-12　周波数の測定（0.8kHzと表示）

ウンターのようにMHz（メガヘルツ）やGHz（ギガヘルツ）オーダーなどの高い周波数の測定はできません。せいぜい数百kHz（キロヘルツ）の範囲で、オーディオ帯域の周波数の確認に使用できます（**写真7-12**）。

## 10　コンデンサーの容量の測定

デジタルテスターでは、簡単にコンデンサーの容量を測定することができます。測定方法はテスター本体にある測定用のソケットに、コンデンサーのリード線を差し込みます（→部分）。容量測定の位置でテスト棒を使用すると特に小容量のコンデンサーの測定時に、コンデンサーのリード線の影響がでてしまうため正確な容量の測定ができません。したがって、コンデンサーの測定には専用の測定端子を使用するのです（**写真7-13**）。

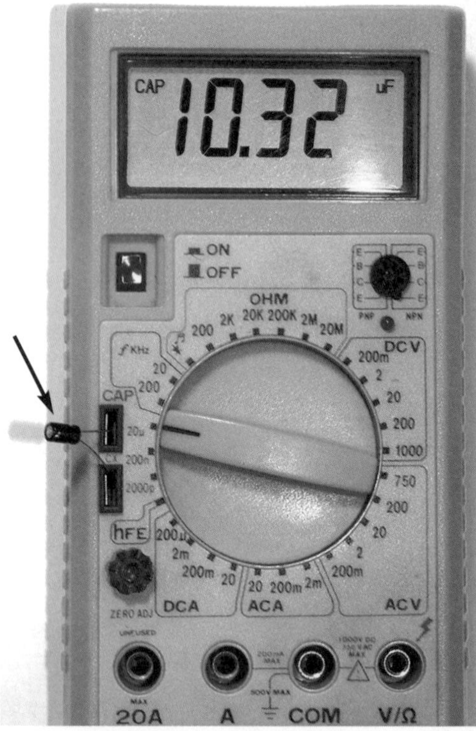


写真7-13 電解コンデンサーの容量を測定（10.32μFと表示）

測定範囲は数pF（ピコファラッド）から20μF（マイクロファラッド）程度です。コンデンサーの容量は、表示の値よりかなり大きい誤差があります。同じ容量表示のものを測定すると異なった容量を示しますので、意外に誤差が大きいことがわかります。

極性のあるコンデンサーは、測定するときに極性を逆にすると正しい測定ができませんので、正しい極性で接続してください。

## 11　トランジスタの$h_{FE}$の測定

トランジスタには、電流増幅率（$h_{FE}$）という定数があります。これはベース電流に対してコレクタ電流がどのくらい流れるかを示すものです。ベース電流に電流増幅率を掛けた値がコレクタ電流となりますので、電流増幅率が大きいほど効率よく増幅できることになります。この電流増幅率を、デジタルテスターで測定することができます。

テスター本体にPNPトランジスタやNPNトランジスタに対応したソケットが付いていて、ここにトランジスタのエミッタ、コレクタ、ベースのそれぞれのリード線を差し込み、レンジを$h_{FE}$にすると電流増幅率を表示します。

**写真7-14**はPNPトランジスタの2SA1015の$h_{FE}$を測定しているようすです。写真では118を示しており、メーカー発表のデータで示されているOランクの70から140の間にあることがわかります。

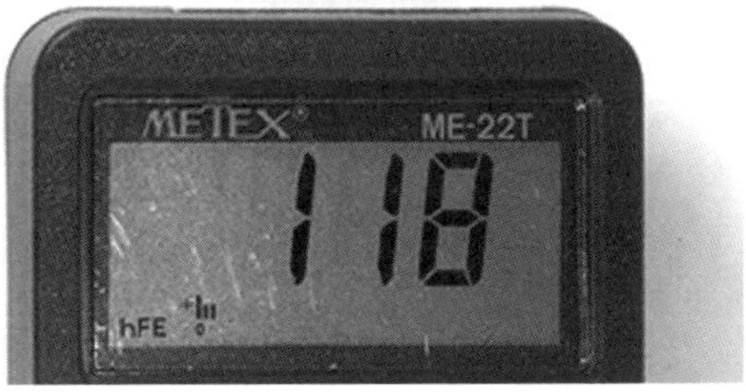

写真7-14　2SA1015の電流増幅率を測定（118と表示）

## 12　ダイオードやLEDの極性の判別

ダイオードの極性や抵抗値の測定では、テスト棒に電圧が現れて出力されますので、注意しておかなければならない点があります。それは、アナログテスターとデジタルテスターでは出力される電圧の極性が逆になっているということです。

アナログテスターでは「COM」や「－」の印のあるほうにプラスの電圧が、「V/Ω」または「＋」の表示にはマイナスの電圧が出ていますが、デジタルテスターはこれとは逆で、「COM」や「－」にマイナスの電圧が、「V/Ω」または「＋」にはプラスの電圧が出ています。したがって、これを間違うとダイオードやLEDの順方向の判定などを誤ってしまいます。

### 12.1　アナログテスター

抵抗値の測定の位置にロータリースイッチを切り換え、100Ω程度のレンジを選択します。黒いテスト棒にはプラスの電圧が出ていますので、**図7-4**のようにダイオードやLEDに接続したとき、メーターの針が振れれば「黒いテスト棒のほうがアノード」で、「赤いテスト棒がカソード」になります。同じ接続でまったくメーターの針が振れなければ、逆に「黒いテスト棒のほうがカソード」で「赤いテスト棒がアノード」となります。

いずれの場合も接続を逆にして、順方向では抵抗値が低くなっていることを確認しておきましょう。ときにはダイオードそのものが壊れていて、どちらの方向につないでも針が振れなかったり、逆にショート状態でどちらでも針が振れたりすることもあります。

テスターの赤いテスト棒をダイオードのAに、黒いテスト棒をKにあてる。逆方向では針は振れない。逆にすると振れる（順方向）

図7-4　ダイオードの極性を知る

### 12.2　デジタルテスター

デジタルテスターには、ダイオードやLEDの順方向電圧を測定する機能が付いているものがあります。

導通試験の位置では赤いテスト棒のほうにプラスの電圧が出ていますので、これをアノードに、そして黒いテスト棒をカソードに接続すると、この接続は順方向接続となりますのでダイオードに電流が流れ、順方向電圧が表示されます。逆方向に接続した場合は、OL（Over Load）の表示となって逆方向接続であることがわかります。素子そのものが壊れている場合もありますので、確認の方法はアナログテスターと同様です。**写真7-15**はスイッチング用のシリコンダイオードの順方向電圧を測定したもので、537mVを示しています。**写真7-16**はショトキーバリアダイオードの順方向電圧を測定したもので189mVと、たいへん低い値を示しています。また、**写真7-17**は赤色LEDの順方向電圧で、1,554mVとたいへん高い値を示しています。

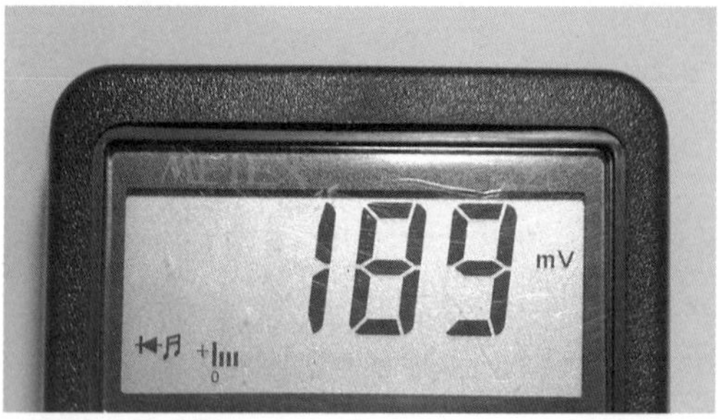

写真7-16　ショットキーバリアダイオードの順方向電圧を測る

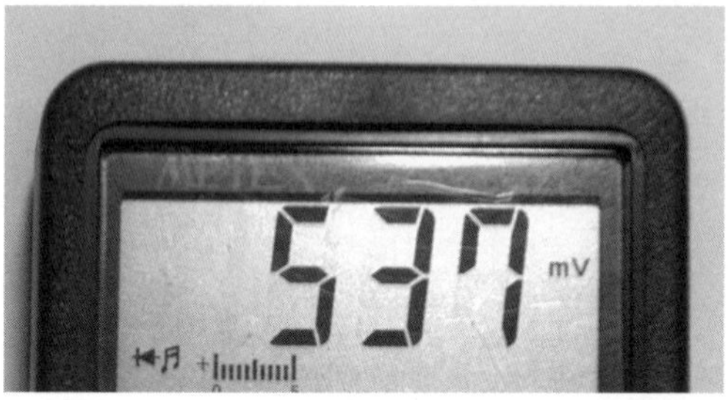

写真7-15　スイッチング用のシリコンダイオードの順方向電圧を測る

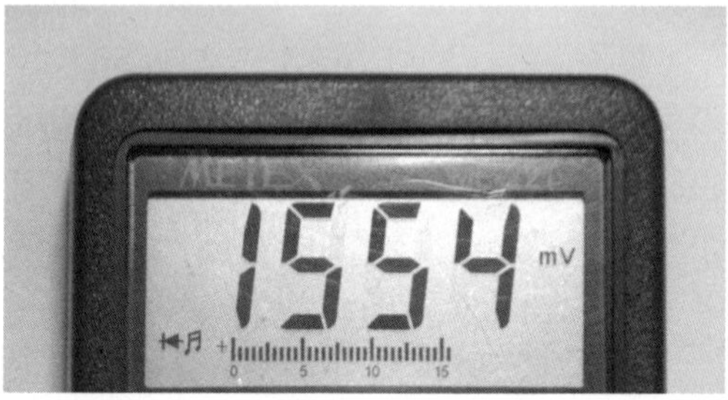

写真7-17　赤色LEDの順方向電圧を測る

## COLUMN

### 便利なオートレンジ機能搭載のデジタルマルチメーター

本文でのデジタルマルチメーターの説明には、測定レンジを手動で行うタイプでしたが、測定レンジが「オート」になっているものもあります。

ここで紹介する三和電気のCD772は、直流電圧／直流電流、交流電圧／交流電流、抵抗値、コンデンサー容量、温度、周波数、導通、ダイオードテストのマルチ機能を持ったもので、各測定項目を選択さえすればレンジ切換は自動になっていますので、いちいち「測定レンジ」の切り換えをする必要がありません。

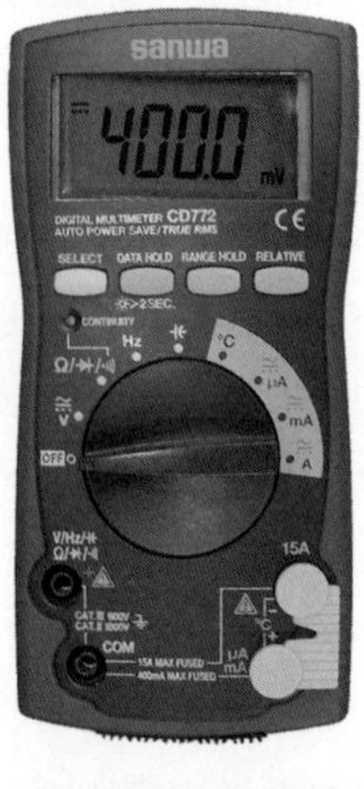

第8章

# 電子工作で知っておきたい用語集

第8章
# 電子工作で知っておきたい用語集

電子工作を楽しむには工作工具のことだけでなく、回路やそれを表す回路図などのことも知っておく必要があります。本書に出てくるいろいろな用語についてまとめてみました。

ここで紹介した工具などの名称は一般的に使用されているものですが、工具を作るメーカーによっては特別な呼び方をしたり、商品名が一般化したものなどもあります。これらの知識を得るにはインターネットなどでいろいろな工具について検索してみるのも面白いでしょう。

### 【A/D変換】

Analog to Digital 変換の略で、アナログ量を、数値で示すデジタル量へ変換することです。変換方式としては、逐次比較型A/D変換器と二重積分型A/D変換器などがあります。デジタルへ変換することでコンピューター処理での計算や比較、保存、伝送などが簡単にできるようになります。

### 【D/A変換】

コンピューターなどで処理したデジタルデータをアナログ信号へ変換することで、複数の抵抗を組み合わせたラダー抵抗型D/A変換方式などがあります。音楽CDなどはデジタル録音されていますが、スピーカーを鳴らすアナログ電圧に変換して人間の耳に聴こえるようにします。

### 【C型クランプ】

クランプ（clamp）とは留め金を意味する言葉で、アルファベットのCの形をしていることからこのように呼ばれ、ネジを回転させることにより、「もの」と「もの」とを挟み付けて固定する道具です。手のひらに乗る超小型のものから、挟み幅が数十cmのものもあります。また、電池とモーターを内蔵した電動式のものもあります。

### 【HEXレンチ（六角レンチ）】

HEX（ヘクサ）は6を表しています。六角形の凹型窪みを持ったネジの頭などを回すL型をした工具で、これをネジの頭の六角形の窪みに差し込みんで回転させます。太さは1mm以下から10mmを超えるものがあります。イモネジのほとんどは、頭が凹型のHEXレンチ対応のものです。

### 【NPNトランジスタ】

N型半導体の間にP型半導体をサンドイッチ状に接合したトランジスタで、電流はコレクタからエミッタに、ベース電流はベースからエミッタに流れます。少ないベース電流の変化によりコレクタ電流を大きく変化させることができ、増幅回路や発信回路などに使われます。トランジスタは真空管と比較して低い電圧で動作します（例：2SC1815）。

### 【PNPトランジスタ】

P型半導体の間にN型半導体をサンドイッチ状に接合したトランジスタで、NPNトランジスタとは逆の電流の流れ方をします。つまり、電流はエミッタからコレクタに、また、ベース電流はエミッタからベースに流れます。使用目的はPNPトランジスタと同様です（例：2SA1015）。

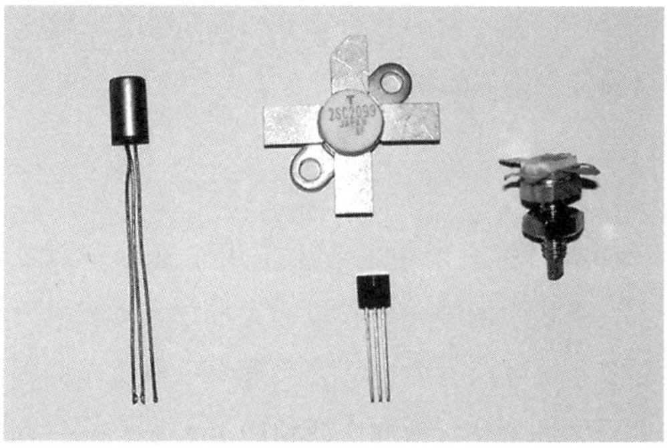

【圧着工具】

線と線をつないだり、線と端子を接続したりするにはハンダ付けがありますが、このほかに圧着端子を導線にカシメて、それをネジ止めする方法やスリーブという部品で線と線とを接続する方法があります。これらの端子をカシメるものが圧着工具です。

【圧着端子】

圧着工具を用いて線の先端に付ける部品で、ネジ止めする部分が丸形のものやU字型のものがあります。使用する導線の太さにより圧着端子の大きさも変えます。

【いもハンダ】

悪いハンダ付けを示す言葉で、ハンダ付けした箇所が「いも」のようにぼてっと付いている状態をいいます。見かけ上はハンダ付けできているように見えますが、実は内部がよく付いていなく、トラブルの原因となるハンダ付けです。

【イモネジ】

ボリュームやロータリースイッチのツマミの固定などに多く使用さている全ネジ（ネジ全体に溝が切られているもの）の頭に凹型の窪みがあるネジで、ネジ全体が締め付けるものの中に隠れてしまいます。

【オートポンチ】

punchのことで、直訳は「押す」、「棒でつつく」の意味です。ドリルで穴あけするときにドリルの刃が逃げてしまうのを防ぐため、きちっと目的の場所に穴があけられるように少し凹型の窪みを付ける工具です。ハンマーで叩かなくてもバネの力で叩いたのと同じ効果があります。

【オービタルサンダー】

サンダーとはサンドペーパー（紙ヤスリや布ヤスリ）を付けて磨くもので、ヤスリ単体で磨くより平らに磨くことができます。オービタルサンダーは電動式の研磨用の工具で、ベース部にサンドペーパーをセットして高速で回転させ部材を平面に磨くことができます。その運動の軌跡が円運動の軌道のようになることから、このように呼ばれています。

【オスネジ】

ネジには大きく分けてオスネジとメスネジがあります。オスネジは、棒状の金属やプラスチックにネジ山が刻まれたもので、通常はメスネジと組で使います。大きさは1mm以下のものから数cmのものまであります。

【オシロスコープ】

電気信号の形（波形という）を直接ブラウン管や液晶パネルに表示する測定器です。表示された波形から電圧を求めたり、周波数を求めたりすることができます。シンクロスコープとも呼ばれますが、これは商品名です。

【折り曲げ器】

自作のケースやシャーシを作るときに使用するもので、鉄板やアルミ板などの部材を目的の寸法に折り曲げる工具です。押さえ金具にある溝を利用して、ボックス型のシャーシを作ることができます。

【ガスバーナー】

料理の加熱用のカセットボンベに取り付け

て使用できるバーナーで、塩ビパイプを軟化させるときの加熱や、大きなもののハンダ付けの加熱に使用します。

**【片口レンチ】**

一方のみにボルトやナットを挟む口があるレンチです。

**【金切りノコギリ】**

アルミ板や鉄板を切断するための弓形のノコギリで歯は細かく、鋼鉄でできています。切れ味が落ちた場合は、弓から外して新しい歯と交換できる仕組みになっています。押すと切れる方向にセットします。

**【金切りバサミ】**

ブリキ、銅板、そしてアルミ板など厚さ1mm程度までのものならこのハサミで切断することができますが、金切りノコギリでの切断と異なり、切り口が歪む（湾曲する）場合があります。

**【曲尺】**

「かねじゃく」と読みます。もともとは大工道具の一種ですが、電子工作での寸法取りや直角の確認に使用することができます。いろいろな図形を描いたり、寸法を測ったりすることができる金属製の万能定規です。

**【ガムテープ】**

布製のテープに粘着物質が塗布してある強力な粘着テープで、梱包やものの固定などに使用できます。紙でできているものはクラフトテープと呼びます。

**【菊座ワッシャー】**

ネジやナットと部材の間にいれるワッシャーの一種で、周辺が菊の花弁のようにギザギザしていて、そのギザギザが交互にわずかに反り返っていることから、ネジの締め付け時に部材に強く食い込むように固定でき、確実な固定や電気的接続ができます。

**【キリ】**

日本に古くからある木工用工具の一つです。棒状の柄の一方に鋭く尖った金属製の刃を取り付けたもので、刃の形から槍状のものを三ツ目キリ、断面が四角いストレートのものを四方キリと呼びます。漢字で書くと「錐」になります。

**【組ヤスリ】**

平ヤスリ、丸ヤスリ、角ヤスリ、甲丸ヤスリなどの形状の異なるものを一組としたもので、組ヤスリを用意しておくとアルミ板などひととおりの形の加工ができます。

**【クリーナー】**

本来は掃除機ですが、電子工作の場合にはハンダごて先に付いているハンダくずを除去するときに使用する、湿らせたスポンジが入ったものを指します。

**【クリヤーラッカー（透明ラッカー）】**

合成樹脂塗料の一種です。名前のとおり無色透明で、この塗料を塗ることにより素材の色をそのまま保ちながら被膜面を形成するため、変色や傷から部材を保護することができます。速乾性に優れ、乾くと塗装面も硬くなります。

**【ケガキ針】**

金属板に切断位置、穴あけ位置、折り曲げ位置などを印すときに使用する先の尖った工具です。

**【ゲルマニウムダイオード】**

ゲルマニウムに点接触の構造をしたダイオードで、順方向電圧降下が低いため検波回路などに使われます。しかし、構造上の弱点などから今ではほとんど使われなくなりましたが、ゲルマニウムラジオの検波部品として今でも使用されています。

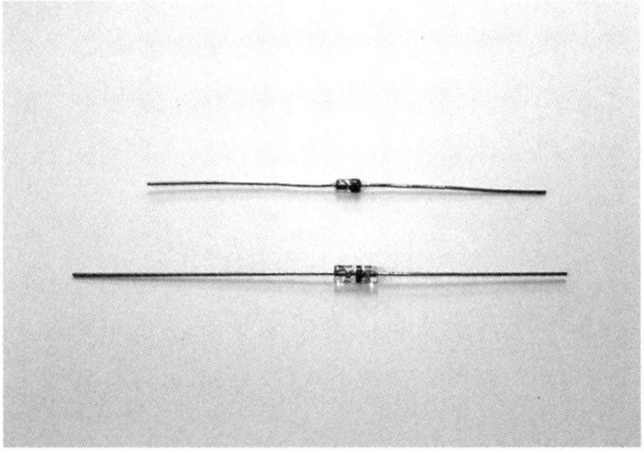

### 【高周波】

人間の耳には聴こえないような高い周波数の信号をいい、通常ラジオの電波や無線通信に使われている範囲の周波数を高周波と呼んでいて、その範囲は相当幅広くなっています。

### 【高周波チョークコイル】

細い銅線が多数巻かれた部品で、高周波信号に対して大きな負荷となり、この両端から信号を取り出すことができます。構造は単に銅線を巻いたものなので、直流に対してはほとんど負荷とならないため真空管のプレート回路などに入れて、信号を取り出す役目をします。

### 【合金ハンダ】

電子部品の接合に使用するハンダは合金からできています。これまで広く使われてきたものは錫と鉛の合金です。融点が低く使いやすいのですが、鉛を含んでいるため環境に影響があることから、最近では錫と銀の合金のハンダが使われるようになってきました。

### 【五極管】

プレート、カソード、コントロールグリッド、スクリーングリッド、サプレッサーグリッドの五つの電極で構成された真空管です。

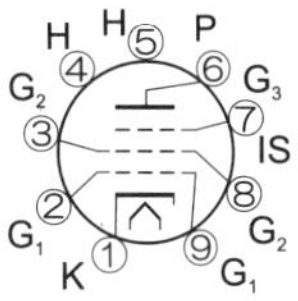


### 【ゴーグル】

安全メガネです。これを着用することで、電動工具の使用時に飛散する切り粉や金属片が目に入るのを防ぐことができます。

### 【コンクリート用ドリル】

ドリルの刃の種類には木工用、金属用（鉄工用）、コンクリート用などがあり、木工用や金属用に比べてコンクリート用のものは先端が超硬金属でできていて、コンクリートや石などに穴をあけることができます。

### 【コンパス】

製図のときに丸を描く文具です。

### 【差し金】

曲尺のことです。

### 【サラネジ】

ネジを横から見たときの頭の形が皿状になっていることからこの呼び名があり、ネジの頭を、接合する部材の中に埋め込みたいときに使用するネジです。部材にあるネジ穴の表面は皿状の凹状の窪みを作る必要があります。

### 【三極管】

プレート、カソード、コントロールグリッドの三つの電極で構成された真空管です。

## 【サンドペーパー】

細かい研磨材をベースである紙や布に塗布してあり、木材や金属などの部材を磨くのに使用するものです。研磨材の粒子の大きさにより番号で区別しています。番号が小さいほど目は荒く、大きくなると目は細かくなります。また、水を流しながら研磨するときに使用する耐水ペーパーもあります。

## 【ジグソー】

電動ノコギリの一種で、ブレードと呼ばれる細いノコギリの歯がモーターの力で上下に高速に動き、目的の部材を切断したり、切り抜いたりするときに使用します。

## 【シャーシパンチ】

ドリルではあけられないような大きな穴をあける工具です。凸凹の形をした二つの金具をネジの力で締め付けることにより一気に目的の大きさの穴をあけることができます。真空管のソケットやコネクターなどを取り付ける、大きな穴をあけるときに使用します。

## 【シャコ万力】

C型クランプと同じです。

## 【ショットキーバリアダイオード】

順方向の電圧降下が低く、高速で動作可能なダイオードで、高い周波数での回路で使用されます。特にスイッチング電源ではAC100Vをいったん高い周波数へ変換してから目的の電圧にして整流しますが、高効率にするため周波数を高くしています。この整流回路にはショットキーバリアダイオードが使われています。

## 【周波数カウンター】

未知の周波数を測定するもので、ゲートと呼ばれる部分をある単位時間（1秒や0.1秒などの単位）に通過した信号の数（パルス数）を数えて数字表示器に表示するもので、正確な周波数の測定ができます。また、入力信号の1周期分だけゲートをあけて、この間に通過する基準信号の数を数えることにより、入力信号の周期を求めることもできます。

## 【振動ドリル】

ふつうのドリルは単にドリルの刃が回転するだけですが、この振動ドリルは刃を打撃しながら回転させる構造で、コンクリートに穴をあけるドリルとして使用します。

## 【スーパーヘテロダインラジオ】

レフレックスラジオや並三ラジオは受信周波数を直接検波して低周波信号を取り出しますが、スーパーヘテロダインラジオは選択した高周波信号をいったん別な一定の周波数（中間周波数といい、通常は受信周波数より低くします）へ変換し、これを検波して低周波信号を取り出します。一定の中間周波数にしてから増幅や検波をすることで選択度の向上が図られ、近接する周波数の放送の混信が防止できることや安定度がよくなるなどの特長があります。

## 【スクリュードライバー】

ネジのことをスクリューともいいます。これを回す工具、つまりネジ回しのことです。飲み物のカクテルの一種にもスクリュードライバーというものがありますが、これは工具と関係ありません。

## 【スケール】

布製のテープ状のものに長さを示す目盛を印刷したものは一般的に巻尺と呼ばれていますが、スチール製のテープ状のものに目盛を印刷したものを、特にスケールと呼ぶ場合があります。

**【ストレートビット】**

ルーターやトリマーと呼ばれる、木材などに溝を作る工具に取り付ける刃で、単純な凹型の溝を作る刃で真っすぐなことからストレートビットと呼ばれます。

**【スパナー（レンチ）】**

ボルトの頭の形状は通常六角形で、この対面する幅（二面幅という）に差し込んでボルトを締め付けたり、ゆるめたりする工具です。先端が開放されていて、横からボルトの頭に差し込めるものを一般的にスパナー（レンチ）と呼んでいます。これに対して、ネジ頭にスッポリとかぶせて締め付けたりゆるめたりする工具はボックススパナーと呼んでいます。

**【スライダー】**

長さや厚さなどを測るノギスを構成する一部で、主尺を自由に移動する部分をスライダーと呼びます。この部分には副尺（バーニア目盛）が付いています。

**【精密ドライバー】**

通常のプラスドライバーやマイナスドライバーでは大き過ぎるときに使用するドライバーで、1mm以下の小さなネジも回せるように先端が細くできているものです。全体が金属でできており、頭に自由に回転する受け金具が付いていて、ここを固定して軸を回すことで安定したネジの締め付けや、ゆるめることができます。

**【絶縁ドライバー】**

分電盤の電気工事などでは通電したまま電線を端子にとめたり外したりすることがありますが、このときふつうのドライバーでは金属部分が露出しているため、感電やショートの危険性があります。ドライバーの先端を除いて、すべての金属部分が絶縁物で覆われているドライバーで、高い電圧にも耐えられる構造となっています。

**【セラミックコンデンサー】**

誘電体としてチタン酸バリウムなどの誘電率の大きなものが使われており、高周波特性がよく、受信機や送信機の高周波回路や電源のノイズの除去などに使用されています。

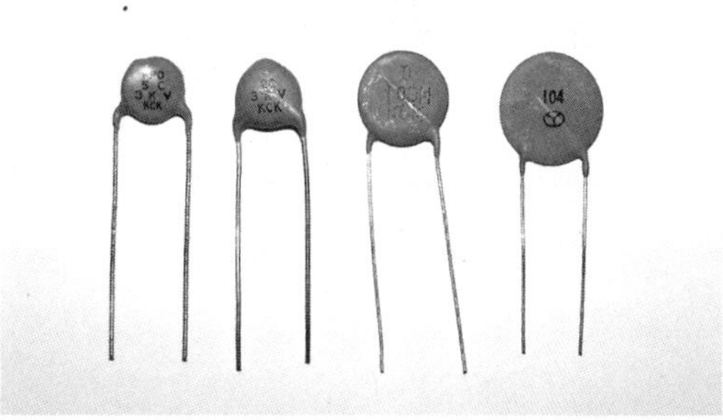

**【センターポンチ】**

ドリルでの穴あけは目的の位置に正確に穴をあける必要がありますが、高速で回転する刃は目的の位置から逃げてしまうことが多いため、あらかじめ目的の位置に凹形の窪みを作る工具です。先が尖っていてハンマーで軽く頭を叩き、印を付けます。

**【全波整流】**

交流のプラス（正）のときとマイナス（負）のときの全周期を整流する方式で、正または負のいずれかが連続した出力となることから半波整流に比べてリプル（電源のハム）が少ないのが特長です。整流回路のほとんどがこの方式を採用しています。両波整流とも呼ばれます。

**【千枚通し】**

文房具の一種で、書類を綴(と)じるときに紙に穴をあける先の尖ったキリ状のものです。

**【ソケットレンチ】**

ネジ回しの一種で、ネジのサイズは小さいものからたいへん大きなもので各種ありますが、それぞれのネジのサイズにレンチやボックスレンチを用意すると数が多くなります。このためハンドルは1本だけとし、その先にいろいろなネジのサイズに合うボックスを用意し、目的のサイズのものをハンドルにセットして使用します。ハンドルにはラチェット機構の付いたものもあります。

**【ダイス】**

棒状の金属にオスネジを作る工具です。丸形の金具の中心にネジ山を刻む刃が付いていて、これをハンドルにセットし、金属棒にかみつかせて回転させながらネジ山を作ります。

**【ダイヤモンドホイール】**

卓上電動ノコギリなどの回転式切断工具にセットする円盤の一種です。表面にダイヤモンドの粒子がコーティングされていて、高速回転させて硬い金属や石材などを切断したり磨いたりする円盤形のものです。

**【裁ちバサミ】**

洋裁や和裁で使用する布を裁断するためのハサミです。

**【タップ】**

金属の部材にメスネジを作る工具です。先の尖った超硬金属にネジ山に相当するピッチ（刃）が付いていて、これをハンドルにセットし、回転させることで部材にメスネジを作ることができます。最初はピッチの浅い先タップ、次に中位の中タップ、最後は深い仕上げタップの3種類を使用します。

**【チャック】**

ドリルの刃を固定する部分です。内部に3本の爪があり、ここにドリルの刃を挟んでチャック回しで回転させることにより爪の間隔が狭まり、ドリルの刃をしっかりと固定することができます。チャック回しを使わない方式のものをキーレスチャックといいます。

**【チャック回し】**

ドリルの刃を固定するチャックの爪を挟むために、チャック部分のネジを締め付ける道具です。チャック部分にあるギアの歯とチャック回しの歯とをかみ合わせて回転させます。

**【蝶ネジ】**

オスネジの頭やメスネジ自体が蝶が羽を広げたような形をしているネジです。スパナーやドライバーを使用しないで、手で締め付けることができるネジです。頻繁に付けたり、外したりするものに多く使用されています。

**【直流式ハンダごて】**

ハンダごてのほとんどはAC100Vで動作する交流式ですが、野外や車で使用するためバッテリーの直流で動作するようにしたハンダごてです。

**【ちょん付け】**

悪いハンダ付けを示す呼び名です。ハンダ付けする線やプリント基板に少しのハンダで、わずかに付いている状態を示しています。ちょん付けハンダは接触不良や断線の原因となり、いろいろなトラブルの発生のもととなりますので、正しいハンダ付けの必要があります。

**【ツノ】**

ハンダ付けする際に、ハンダごてを目的のものから外すタイミングが悪いとフラックスの効果である表面張力や温度の関係で、きれいにハンダが丸まらず、ハンダがハンダごてに付いてきて角状になる状態をいいます。

**【ディスクグラインダー】**

手持ち式の電動グラインダーです。回転す

る砥石が円盤状（ディスク）になっているもので、ディスクを交換することで金属の切断や研磨に用いられます。

**【低周波】**

一般的には人間が聴こえる範囲の周波数帯のことをいいますが、正確に周波数を示したものではなく、曖昧なものがあります。耳で聴こえる範囲をより高い部分を含めていう場合もあります。

**【定電流回路】**

ある負荷抵抗に電圧を加えると電流が流れますが、電圧が変化たり負荷が変化しても常に一定の電流を流し続ける回路のことです。

**【ディプスバー】**

ノギスのスライダー部分に付いている深さや高さを測定する棒状のものです。溝や穴の中にこの部分を差し込み、スライダーを移動させて深さや高さを測ることができます。

**【デジタルノギス】**

ノギスの読み取り部分がデジタル表示するもので、主尺や副尺の目盛の読み取りをしないで直接この数字から目的のサイズを読み取ることができます。

**【テスター】**

電圧値、電流値、抵抗値などを測定するもので、もともとはアナログメーターによる指示から測定結果を読み取るものでしたが、最近のテスターのほとんどがデジタル式になっています。測定レンジはローターリースイッチにより切り換えることができます。たとえば電圧の測定では200mVから1,000Vまでの5レンジ、抵抗値は200Ωから2,000MΩ（メグオーム）までの7レンジの切り換えができるものもあります。これらの測定のほか温度や周波数、トランジスタの電流増幅率、導通試験などの機能を持ったものもあります。

**【デバイダー】**

製図用具の一種で、コンパスの針が両方に付いているものです。長さを写し取ったり、円周を分割したりするときに使用します。電子工作では、この針を用いてケガキ針の代用とすることができます。

**【電解コンデンサー】**

コンデンサーは電気を蓄えたり放出したりする働きをするものです。この電解コンデンサーは薄いアルミ箔を電極として、それを電解液を浸み込ませた誘電体で挟んだものです。大容量のものが作れ、電源回路などに多く使用されています。極性や耐圧があり、これらは目的の回路に適合したものを選ぶ必要があります。

**【電気ドリル】**

部材に穴をあけるときに使用する電動工具です。モーターとギアとチャックなどからできていて、チャックにドリルの刃をくわえて高速で回転させるものです。

**【電動スプレー】**

吹き付け塗装工具の一種です。吹き付け塗装にはコンプレッサーで空気を高圧にして、それを使って塗料を噴射するものが多く使われていますが、電動スプレーはAC100Vを用いてモーターや電磁石で塗料に圧力を強くかけて押し出し、霧状にするものです。

【天ぷらハンダ】

悪いハンダ付けの呼び名です。天ぷらの衣のように外側にたくさんのハンダが付いていますが、中はスカスカで目的のものがしっかりとハンダ付けされていない状況をいいます。

【電力増幅】

ラジオの検波後の出力やCDプレーヤーなどの信号の電圧はたいへん小さく、そのままではスピーカーを鳴らすほどの力はありません。このため、十分な電圧と電流が取り出せるまで目的の信号を増幅しますが、この増幅を電力増幅といいます。

【砥石】

金属の刃物は使っているうちに刃先が消耗して切れ味が落ちてきます。刃が露出していたり、刃が外せる構造の刃物はそれを研ぐことで再び切れ味が戻ります。このとき使用する研磨のための道具が砥石で、自然石を使用したものと人造石を使用したものがあります。目の細かさで荒砥、中砥、仕上砥に区別されます。

【ドライバー】

ネジ回しの工具です。ネジの頭の形によりプラスやマイナスのものがあり、またネジの大きさにより先端の大きさが異なります。メスネジのナットを回すドライバーのことをボックスドライバー、またはナット回しと呼びます。

【トリマー】

木工工作で木材に溝を切ったり、面取りをしたりする電動工具です。高速で回転するモーターの先端に鋭い刃のビットを装着して、この刃で木材を削り取ります。

【中タップ】

メスネジを作るためのネジ切り工具のタップで最初はネジの溝が浅い先タップ、次に中タップ、最後に仕上げタップを使ってネジを切っていきます。

【ナット回し】

ナットを回すドライバーで、ボックスドライバーともいいます。

【ナット】

メスネジのことです。

【並三ラジオ】

電源部の整流管、高周波増幅と検波用の真空管、そして低周波増幅用の真空管の3本で構成されたラジオです。高周波増幅された信号をさらに入力に戻し、発振寸前まで入力信号を増幅するという高感度にしたラジオです。簡単な構成の割には感度がよく、入門用のラジオの製作として人気が高い方式です。

【ニッパー】

抵抗やコンデンサーなどの部品のリード線や配線などの線材を切る工具です。電子工作には必須の工具です。あまり太い線を切ることはできません。柔らかい銅線で直径2mmくらいまでです。

【ニブリングツール】

金属板を食いちぎりながら進めることで、シャーシやパネルに大きな角穴や丸穴をあけるための工具です。ハンドニブラーという名称のものもあります。

【ネジ回し】

ドライバーのことです。プラスドライバー、マイナスドライバー、ナット回しなどの工具を総称してネジ回しといいます。

### 【ノギス】

ものの厚さや直径、深さ、高さなどを正確に測る道具です。金属でできていて、主尺と副尺に付いた目盛から1/20mm程度の精度で寸法を測ることができます。

### 【バーニア】

副尺を意味する言葉です。ものの厚さや深さなどを測定するノギスの副尺や無線機のチューニングダイアルなどに付いているもので、精度よく値を読み取るための構造です。主尺目盛とバーニア目盛とが一致した箇所のバーニアの値の読みと、主尺の値に加えたものが、真の値となります。

### 【バイス（万力）】

ものを挟んで固定する工具のことをバイスといいますが、一般的には万力のことをいいます。

### 【倍電圧】

整流回路や検波回路において、ある回路で整流（検波）した信号（電圧）にもう一つの回路で整流した信号を重ね合わせて、出力電圧を2倍にすることです。低い電圧から高い電圧を取り出すときに使用されます。

### 【バリ】

ドリルやシャーシパンチなどで穴をあけると穴の周辺にササクレができますが、このササクレのことをバリと呼びます。これをそのまま残しておくと見た目によくないのはもちろんのこと、いろいろなトラブルの原因となります。これを除去することをバリ取りといいます。

### 【バリコン】

バリアブルコンデンサーの略です。日本語では可変容量コンデンサーといい、ラジオや無線通信機でコイルと組み合わせて周波数の同調回路に使用する部品です。回転軸上に多数の羽根があり、ステーターと呼ばれる固定の羽根と、ローターと呼ばれる回転の羽根とが交互に組合わさることによりコンデンサーの役目をします。この容量は数pF（ピコファラッド）から数百pFまでとなっています。

### 【ハンダ】

金属と金属を接合するための接着剤的な役割をするものがハンダで、一般的なものは錫と鉛の合金です。糸ハンダと呼ばれるものは細い糸状の内部が中空になっていて、ここにヤニと呼ばれるハンダが付きやすくする物質が入っています。近年、環境にやさしい錫と銀などの合金で鉛の成分を含まないものが使われるようになっています。

### 【ハンダごて】

電子工作とハンダ付けは切っても切れない関係にあります。ハンダは錫と鉛の合金が一般的ですが、このハンダを溶かして目的の部材に融着させるための工具です。ハンダごてには、こて先（ビット）と呼ばれる銅でできている部分があり、これをハンダごての内部にあるヒーターで熱します。こて先は使用しているうちに腐食し、先端が変形してしまうことがありますが、腐食しにくくするため純鉄でメッキしてあるものがあります。電気ヒーターの代わりにガスで加熱する方式のものもあります。

### 【ハンダごて台】

ハンダごてを使用していないときに、一時的に置くための台のことです。こて先クリーナーと一体になっているものが一般的です。

### 【ハンダ吸い取り器】

プリント基板から部品を外したり、余分なハンダを除去したりするときに使用するものです。シリンダーとピストンで構成されていて、あらかじめシリンダー内にあるピストンを押し込んでおき、ハンダごてで溶かしたハンダに吸い口を近づけ、レバーを押すことによりピストンがバネの力で戻り、ピストン内の気圧が下がることを利用して、溶けたハンダを一気に吸い取るものです。

### 【ハンドニブラー】

ニブリングツールのことです。アルミ板などを食いちぎって、大きな角穴や丸穴をあける工具です。

### 【半波整流】

電源の整流回路において、正または負の一方だけを整流する方式です。その出力は入力電圧の半分となることから、半波と呼ばれています。出力には交流成分が多く残っていることから、全波整流に比べてリプル（電源のハム）が多くなります。半波整流は使用するトランスの巻線が単巻線で済み、部品の数も少なく経費の節減を図るときに使われます。

### 【万能プリント基板】

メーカーで製造される電子機器は、回路図に従ったパターンで作られた専用基板に各種部品が搭載されています。しかし電子工作や試作の段階ではこのような専用基板は作られず、ランドと呼ばれる小さな銅箔面がたくさんある基板を用いて部品を取り付けたり、配線をしたりして製作します。このような実験や試作などで使用する基板のことを万能プリント基板といいます。

### 【非磁性体ドライバー】

磁化されない金属でできたドライバーで、強磁界の環境でも使用できるドライバーです。

### 【ビス】

小さいネジのことをいいます。フランス語で「小さなもの」を意味することが語源といわれています。

### 【平ナベネジ】

ネジを横から見たときにナベの底をひっくり返したような形をしているものをナベネジといいますが、平ナベネジはこの頭がさらに平べったくなったもので、締め付ける部材との接触面積がナベネジより広いことから締め付け強度が大きいことと、頭が出っ張らない特長があります。

### 【平ヤスリ】

目が刻まれている面が平らなヤスリです。

### 【平ワッシャー】

ビスとナットで部材を接合するときに部材とネジの間に入れる丸い平らな金属で、接合面積が増えることにより締め付け強度の増加とネジの回転による部材へ傷が付くのを防止する効果があります。

### 【フィルムコンデンサー】

薄いポリエステルフィルムを誘電体として作られたコンデンサーです。

### 【複合管】

二つの性能の異なる真空管を一つの真空管の中に封入したものです。同じ性能のものを一つの真空管の中に封入したものは、たとえば双二極管や双三極管といいます。

### 【プラスネジ】

オスネジの頭が＋型の凹みがあるネジで、

プラスドライバーと組み合わせて使用します。

【フラックス】

ハンダ付けをするときは、目的の金属面に酸化物があるとうまく接合できません。フラックスは、酸化物を除去する役目や表面張力を低下させて溶けたハンダのなじみをよくする機能を持っています。松ヤニなどの成分で作られています。

【プレヒート】

あらかじめ予熱しておくことをいいます。ハンダごてに通電しっぱなしにすると高温になり、こて先が劣化します。このため連続してハンダ付けしないときは、電圧を下げて高温になり過ぎないようにしておくこともプレヒートといいます。

【ペースト】

ハンダ付けのときに使用するフラックスと同じ効果を持ったものですが、強い酸化作用がありますのでプリント基板などに使用するとパターンを痛めることがあります。使用後は、きれいに除去する必要があります。

【保護メガネ】

目の中にほこりや切りくずが入らないよう目の周囲全体を覆い、保護するメガネです。ゴーグルも保護メガネです。

【ホゾ】

柱などを組み合わせて構造体を作るときに凹凸の部分を組み合わせますが、この凹の部分をホゾと呼びます。スピーカーボックスなどの木工工作で使われる用語です。

【ボックスドライバー】

ナット回しと同じです。

【ホットメルト】

樹脂でできた棒状のもので、これをホットガンに装着し、ヒーターの熱でホットメルトを溶かします。レバーを握ると溶けたホットメルトが押し出て、目的のものを接着しますが、これは接着というより、動かないように固定するためのものといったほうがよいでしょう。

【マスキングテープ】

塗装をするときに、余分な箇所に塗料が付かないよう覆いをかけることをマスキングといいます。マスキングテープとは、覆いをかけるビニルシートや新聞紙などをとめるための紙でできた粘着テープで、粘着力が弱いため簡単に剥がすことができます。

【丸ヤスリ】

先端が細くなった金属の丸棒の全面に目が付いているヤスリです。

【メスネジ】

シャーシなどの金属面に直接作られたものも形状はメスネジですが、一般的には単体のネジで、オスネジと組み合わせて使用するものでナットとも呼びます。

【木工用ドリル】

木材に穴あけるためのドリルです。先端が木ネジのような構造をしていて回転と共に進むものと、単純なキリのような構造のものがあります。

【モンキーレンチ（モンキースパナー）】

ボルトを回す工具です。頭が六角形や四角形のボルトの対面する幅（二面幅）をウォームギアにより任意の幅に変えられる構造のレンチです。

【ヤニ入りハンダ】

ハンダには錫と鉛の合金が多く使用されて

いますが、糸ハンダと呼ばれるものは糸状の中心が中空になっています。ここに松ヤニの成分が入っていて、ハンダののりをよくする効果があります。

### 【ラグ板】

電子工作でラジオやアンプなどを組み立てるとき、抵抗やコンデンサーなどの電子部品をハンダ付けしますが、このときいろいろな部品のリード線を端子を使って中継します。この端子の役目をするのがラグ板です。ベークライトやタイト（磁器）などでできています。

### 【ラジオペンチ】

先が細くなっているペンチで、電子機器の組み立てのとき抵抗やコンデンサーなどの電子部品のリード線を端子やラグ板などに絡みつけるときに使用します。

### 【ラチェット機構】

一方向には回転するが、反対方向には回転しない構造のもので、ギアとその回転をストップさせる爪とてできています。爪を切り換えることにより、回転方向を逆にすることができます。

### 【ラチェットドライバー】

ラチェット機構を持ったドライバーで、ネジを締めたりゆるめたりするときに、いちいちネジの頭からドライバーを外さなくても連続して回転させて締め付けることができるドライバーです。

### 【リード線】

抵抗やコンデンサーなどの電子部品には、必ず本体から引き出してある導線が付いています。この線のことをリード線といいます。通常は実際に使用する長さより長めですので、目的の長さにニッパーで切断して使用します。

### 【リーマー】

シャーシなどの加工用の工具で、あらかじめドリルであけた穴を大きくするのに使用します。円錐状の金属の全面にひだがあり、これが刃になってい、手で持って時計方向に回転させながら目的の部材を少しずつ削り取っていくものです。傘をわずかに開いたような形をしています。テーパーリーマーともいいます。

### 【両口レンチ】

ハンドルの両側にボルトを回す口が付いているレンチで、口のサイズがそれぞれ異なります。

### 【レタリング】

広義では文字を書き込むことをいいますが、電子工作ではパネルなどに文字を入れることを意味します。インスタントレタリングは、あらがじめフィルムシートなどに文字を付着させてあり、これをパネルなどにあてがって上から擦ることで目的の文字をパネルなどに転写することができます。

### 【レフレックスラジオ】

一つの部品（真空管やトランジスタ）で高周波増幅と低周波増幅の二つの機能を持たせた方式のラジオで、高周波増幅し、受信信号を検波したあと、その信号を高周波増幅に使用した真空管の入力に戻し、これを低周波増幅として動作させるものです。単純で高機能なラジオとして人気があります。

### 【ワイヤーストリッパー】

配線材料である絶縁された被覆線の外皮を除去する工具です。線の太さによりいろいろなサイズの挟む場所があり、適合したところで挟むことにより芯線には傷を付けずに外皮のみを除去することができます。

**【ワイヤーブラシ】**

ブラシの毛に相当する箇所が金属でできているもので、錆び落としやヤスリの目に詰まった異物を除去したりするときに使用します。この金属には、鋼鉄や真鍮やステンレスなどがあり、目的に部材により使い分けます。

**【ワッシャー】**

ネジで部材を接合するときにネジと部材の間に入れる丸型の小さな金属でできたものでスプリングワッシャー、平ワッシャー、菊座ワッシャーなどがあります。ネジをゆるみにくくしたり、締め付ける面積を広くし、しっかりと締め付けたりする効果があります。

## COLUMN

### 電子工作に使われる電子部品

私たちが好んで製作するアンプやラジオなどには、写真に示すようないろいろな電子パーツが使われます。

製作するセットの内容によっては使用するパーツは異なりますが、たいていは共通のパーツというものがあります。

写真には、

・抵抗類

・コンデンサー類

・端子やラグ板

・ヒューズホルダーやブッシング、ツマミ類

が写っています。

# さくいん

【さ行】

【た行】

【な行】

【は行】

【ま行】

【や・ら・わ行】

電子工作工具活用ガイド

2008年9月10日　第1版第1刷発行

著　者　加藤芳夫（かとうよしお）
発行者　平山哲雄
発行所　株式会社　電波新聞社
〒141-8715　東京都品川区東五反田1-11-15
電話　03-3445-8201（販売部ダイヤルイン）
振替　東京00150-3-51961
URL　http://www.dempa.com/

企画・編集　株式会社　QCQ企画
印刷所　奥村印刷株式会社
製本所　株式会社　堅省堂

Printed in Japan　ISBN978-4-88554-968-7

落丁・乱丁本はお取替えいたします
定価はカバーに表示してあります